农村心理教育普及读本

徐永成　主编

中国海洋大学出版社
·青岛·

图书在版编目(CIP)数据

农村心理教育普及读本/徐永成主编．—青岛：中国海洋大学出版社，2014. 4(2021. 7 重印)

ISBN 978-7-5670-0577-8

Ⅰ. ①农… Ⅱ. ①徐… Ⅲ. ①农民—心理健康—健康教育 Ⅳ. ① B844. 3

中国版本图书馆 CIP 数据核字(2014)第 064052 号

出版发行 中国海洋大学出版社
社 址 青岛市香港东路 23 号 邮政编码 266071
出 版 人 杨立敏
网 址 http://pub.ouc.edu.cn
电子信箱 youyuanchun67@163.com
订购电话 0532-82032573(传真)
责任编辑 由元春 电 话 0532-85902495
印 制 日照日报印务中心
版 次 2013 年 12 月第 1 版
印 次 2021 年 7 月第 5 次印刷
成品尺寸 170 mm × 240 mm
印 张 14.5
字 数 245 千
定 价 42.00 元

PREFACE
前言

当前的农村，虽然人们生活的水平是在逐步提高，但是有一个问题是不容忽视的，这就是健康的问题，尤其是心理健康的问题。心理健康的基本含义是指心理活动过程处于一种良好或正常的状态。心理健康的理想状态是保持性格完美、智力正常、认知正确、情感适当、意志合理、态度积极、行为恰当、适应良好的状态。与心理健康相对应的是心理亚健康以及心理病态。近年来，人们已经不单单追求身体健康，也把关注点转向了心理健康，但是从目前的报道和调查来看，对心理健康的关注点主要还是放在了对城市人群的关注上，对农村人群心理健康的关注仍然较少。

中国是个农业国家，我国用不到世界9%的耕地养活着世界21%的人口，农业对于我国这个世界第一人口大国来说具有特别重要的地位和作用，人口普查结果显示，农村人口占我国总人口很大一部分比例。因此，关注农村，关注农村人群对于维持社会稳定，促进社会健康发展，构建和谐社会具有很重要的意义。

近些年来，农村大量人群外出务工，城市里的一些信息大量涌入，农村人群的心理面临着种种问题，从“留守儿童”到“新生代农民工”再到“留守妇女”“留守老人”，他们都或多或少地遭遇着一些心理问题。然而由于农村地区缺乏相应的咨询机构，缺乏心理健康方面知识的传播，农村人群在遭遇心理问题时手足无措，不知如何处理，往往加深了心理问题，严重者会造成不可逆转的后果。

关注农村人群的心理健康刻不容缓，要关注他们的心理健康，就要对农村不同年龄段人群的心理特征及成因，不同年龄段人群容易患上的心理疾病，以及不同年龄段人群如何根据自身特点进行心理调试、心理保健进行全面的了解。这本《农村心理教育普及读本》，就用简洁生动的语言，丰富有趣的案例，全面而系统地讲解了农村人群需要了解的心理健康知识。

CONTENTS 目录

第一部分　农村不同人群的心理特征及成因

一、农村青少年的心理特征及成因

什么是青少年时期？虽然国内外心理学家和教育学家们对青少年的年龄阶段的划分范围不尽相同，但是大家一致认为，青少年期是从童年期向成人期过渡的时期。整个青少年期年龄的区分大体规定为11、12岁到25～28岁。少年期，即为初中阶段，年龄范围为11、12岁到14、15岁；青年初期即为高中阶段，年龄为14、15岁至17、18岁；而青年晚期的年龄范围为17、18岁到22、23岁，大致属于大学阶段，而有些学者把青年晚期延长到28岁，这也并不影响青年晚期的特征的概括。

青春期通常被称为“黄金时期”，因为它是一个人一生中精力充沛、兴趣广泛、对人生充满美好幻想和有强烈的竞争精神和创造力的上升时期。与青春期相伴的，是青少年身心发生最大变化并逐步走向成熟的时期。青春期的到来，标志着性成熟的开始。但是这个时期也会令人烦恼。由于青少年缺乏生活知识和社会经验，他们在升学、就业或爱情等一系列问题面前，容易产生焦虑、困惑不安的情绪。所以这个阶段是人生成长发展过程中的一个十分特殊而又非常重要的关键时期，在心理学上我们就把一个人在成长过程中，以第二性征出现为起点和明显特征的、在生理心理上都发生重大变化的时期，叫做青春期。

男性和女性青春期来临的年龄会有所差别，一般而言，女性会比男性提早一年到两年。不同的人由于性的成熟和所处的环境以及生活条件的不同，青春期来临的具体年龄也有差别。结合中国的情况，一般认为，女性青春期大约在

12 到 14 岁，男性大约在 13 到 15 岁。性发育成熟期大约在 18 岁完成。有的学者认为，青春期应从 12 岁至 25 岁左右。随着社会的发展和科学技术的进步，目前青春期来临的年龄已有提前的趋势。

青春期的到来，就是性成熟的开始。这时，机体内分泌腺加强了活动，由脑垂体产生的促性腺素打开了性腺活动的大门，使得沉静的生殖器官蓬勃地发育起来，引起了青少年男女身心的一系列变化。其中最突出的就是第二性征（也称副性征）的发育导致男女两性形态上不同的性别特征，性器官的变化及其性功能的逐渐成熟。心理学家霍尔称青春期为“暴风骤雨”的时期。他指出，青春期的到来，青少年的身心发展与以前相比不大相同，而发展的趋势是跳跃式的，即忽高忽低，因此，他将青春期又称为“危险时期”。

青少年期是个体从不成熟走向成熟的过渡时期。处于这个时期的农村青少年，生理成熟水平显著提高的同时，其心理发展也呈现出一系列特征。这些心理特征主要表现在智力发展、情感和意志表现、个性及言语表现上。

1. 认知能力发展

一个人进入青少年时期之后，学习内容、学习方法和教学活动向学习者所提的要求有了质的变化，加上活动范围的扩大，使得个体的认知能力和言语都有了新的发展。这些发展主要表现在：

（1）高度发展的概括化观察力

观察力向成熟发展的重要标志就是概括化。显然，儿童由于抽象思维能力差，所以其观察能力虽然是敏锐的，但缺乏概括性，观察得不够深刻、不够全面。青少年则不同，他们可以利用日益发达的抽象思维能力组织、调节和指导观察活动，以提高观察的概括性。

（2）获得成熟的记忆力

与儿童期相比，青少年的记忆力达到一个空前的成熟阶段。意义识记代替机械识记而成为识记的主要手段；识记的目的性增强，有意识记超过无意识记而居于支配地位；进入了记忆最佳时期。

（3）形成理论型的抽象思维能力

从思维类型上看，少年学生的抽象逻辑思维主要是经验型的，在一定程度上仍需具体形象的支持，理论思维发展得不是很好。到了17、18岁之后，其抽象逻辑思维由经验型水平急剧向理论型水平转化，理论型的抽象逻辑思维成为一种成熟的思维形式，并导致辩证思维的发展，使青少年有可能形成极其活跃的创造性思维。

2. 个性的成熟

少年时期是个性形成的重要时期，这个时候的少年个性很容易受到外在因素的影响，可塑性强，稳定性很低。然而进入青年期，个性虽然还有受内外因素的影响而发展变化的可能，但已相对稳定。青少年个性成熟的主要标志是：

（1）自我意识趋于成熟

随着知识的积累、智力的发展，青年的自我意识日渐成熟。他们倾心于认识自己的身心发展及其社会价值；独立地评价自己和别人，并逐渐克服评价的片面性，力求全面分析；初步形成稳定的性格特征；能较好地进行自我教育。这也就是为什么很多家长发现孩子到了青少年时期会产生种种叛逆行为一样，其实这只是青少年自我意识趋于成熟的表现。随着年龄的增长，青少年与社会的交往越来越广泛。他们渴望独立的愿望日益变得强烈，与家庭的联系逐渐疏远，对父母的权威产生怀疑，甚至发生反抗行为。他们要摆脱家长和其他成人的监护，摆脱由这些成年人规定的各种形式的束缚。由于价值标准受到同辈和社会的影响逐渐大于来自父母的影响，因此，当与父母发生冲突时，往往会出现“摆脱家庭束缚”的倾向。

(2) 世界观初步形成

世界观萌芽于少年期，初步成型于青年初期(此时尚不太稳定)，到青年中后期进一步成熟。青年对世界全面而深刻的认识，学校的思想政治教育和社会政治活动以及青年中后期生活道路给青年的锤炼是青年期世界观形成的基础。青年世界观的成型表现在他们对自然、社会、人生和恋爱都有了比较稳定而系统的看法。当然，随着以后知识的丰富和生活经历的增多，他们的世界观还会经历调整和重塑，但青少年时期仍旧是世界观初步形成的重要时期。

(3) 兴趣、性格趋于稳定，能力得到提高

兴趣是个性倾向性的一个重要方面。青少年的兴趣广泛而多样，并逐步稳定，持久性提高，日益深刻。性格和能力都是最能表现个性差异的心理特征。性格在青年初期基本定型，此后的改变十分细小。我们知道，有很多著名的科学家、发明家、作家、数学家，都是在青春期时就对以后奉献终生的事业产生了浓厚的兴趣。能力有各种类型，不同类型能力发展的速度不尽相同，但观察力、记忆力、思维能力、注意力等一般能力都要到青年期才能趋于成熟，并在青年后期都先后达到高峰。但一些父母也应该知道，不要在青春期强行逼迫孩子做一些其不感兴趣的事情，这种“培养”可能会有适得其反的效果。

案例 **疲惫的“明日之星”**

小杰的妈妈看见同事们让孩子上补习班，不是学唱歌就是练钢琴，不甘人后的她决定让小杰学跳舞，有朝一日进京发展，当明星。于是从3岁开始，小杰就被母亲逼着整日压腿，经常是补完这个课，立即赶场去上那个课。“她累的时候也会不听我的话，跳着跳着就溜出去玩了，我把她叫回来，让她站在获奖证书前面思过，直到她承认错误才准吃饭，虽然我知道这种做法有些严厉，但为了孩子好，我只能这么做。”小杰的妈妈这样说道。10年间，小杰先后学会了多种舞蹈，跳得都不错。

为了让女儿跳出名堂，小杰的妈妈特意为女儿高薪请来从北京学成归来的老师，提前进行魔鬼训练，但在集训后的第二个月，女儿出现了反常举动，她把舞鞋和化妆镜从练功房的三楼扔了下去，吓坏了指导老师，而后她站在窗边，眼里尽是失望，她大喊没人关心她，没人想过她的感受。小杰的妈妈匆忙赶到，见此情景大惊失色，哭着跟她说这一切都是为她好，可她的情绪反而愈加激烈。

小杰的妈妈说，那次之后，小杰还有过两次轻生的行为，结果都被家人制止住了。小杰感到痛苦，小杰的妈妈也感到痛苦。她问过女儿到底为什么这么做，女儿说自己根本不喜欢舞蹈，她不想当一只被家长拴住腿的小鸟，她想要自由。"我们想让孩子有一个好前途，难道这样也错了？我们每天拼命地挣钱，全是为了她，难道我们错了？小杰太不懂事，太不理解我们的苦心了。"小杰的妈妈经常独自叹息。

---

(4) 道德意识和道德行为水平提高

青少年早期的价值和道德标准主要来自父母，他们的自尊基本上来自父母对他们的看法。当进入中学这个较广阔的世界以后，同伴群体的价值观，以及老师和成年人的评价日益重要。他们对原先的道德标准及自己的价值和能力都要作重新的评价，并试图把这些价值和评价综合起来形成一个稳定的体系。青少年时期他们开始进入自觉的道德水平阶段，形成信念，知道自己行动的原则。这一方面表现在道德意识在道德行为中的作用日益加强，所掌握的道德准则范围广、质量高。另一方面表现在道德情感中的直觉式情感逐渐减少，伦理道德式的情感体验开始占优势。此外，道德理想更为现实，知行脱节的现象也日趋减少。

3. 情绪、情感特征

青少年的情绪和情感已趋向成熟和稳定，但与成人相比，又显得动荡不稳，具有青春期特有的特点。其主要特征有：

（1）热情、容易激动

青少年办事积极、富于热情，伤感易被激发，行动迅速，表现为奔放、果断。但由于生理和自我意识上的急剧变化，有时青少年的情绪容易过于激动。近些年来，青少年犯罪的案件层出不穷，有很多都是因为一时激动而造成的人生悲剧。青少年情绪上的这一点特征需要引起关注。

（2）情感的内容越发丰富、深刻

青少年的几种基本情绪如愤怒、恐惧、欢乐、悲伤和爱的起因以及表现特点与儿童期不同，表明其情绪情感已经从不成熟发展到成熟。由于智力和社会需要的不断增长，青少年慢慢地形成许多具有明确道德意识的社会性情感，如集体荣誉感、社会责任感、义务感、正义感和民族自豪感等，其深刻性和持久性明显提高。

（3）对情感的自我调节和自我控制的能力提高，情感逐渐稳定

这一方面表现在青少年情感持续的时间延长，情感不再像儿童那样容易转换，受外部情境的影响减少；另一方面表现在青年的情感类型正从外倾型向内隐形过渡，他们能根据条件的需要在一定程度上支配和控制自己的情感，表现出外部表情与内心体验的不一致。

4. 意志特证

青年的意志发展迅速，其特征是：

（1）完成意志过程的自觉性和主动性增强

青少年在遇到困难时，往往乐于独自思考，想办法克服困难，不会像儿童那样轻易求助于他人，表现出良好的主动性；同时青少年能不依靠外力的督促和管理，自觉性日益增强。

(2) 行动的果断性增强

由于认识能力的发展和逐渐成熟，青年面对充满矛盾的问题时，能够按照一定的观点、原则、经验，比较迅速地辨明是非、作出决定并执行决定。与少年相比，青年的轻率和优柔寡断现象都相对减少，动机斗争过程也逐渐内隐、快捷。

(3) 自制力增强

青少年控制和支配自己行为的能力逐渐增强。此时，他们努力使自己的行为服从于原定的目的和计划，能较好地调节自己的激情。行动的理智性比较强，当然有时也表现出冲动。

(4) 富于坚持精神

由于神经系统功能尤其是内抑制功能的发达，以及动机的深刻性和目的水平的提高，青少年在面对困难时表现出坚持性，不过在这方面，青年人比少年人强得多。他们勇于求成，凡事不肯轻易服输，即便受挫，亦不灰心。

5. 言行特征

言语和行为特征是表达青少年心理发展状况的重要标志。它像一面可以折射的透镜，将青少年的内心活动反射出来。

(1) 成熟的言语表达能力

其主要表现是：青年人的词汇已很丰富，且内容日渐深刻；口语表达中的独白言语趋于完善；书面语言表达基本成熟；内部言语已达到完全“简约化”的水平。

(2) 行为动机、表现上的成年型，行为控制上的童年型

他们要求完全摆脱成人干预，独立行事；要求社会承认他们行为的社会价值；要求两性交往、恋爱等。他们要求像成人一样地参与社会生活，但是又往往不善于控制自己的行为。特别是在情感受到触动的时候，容易冲动。在这方面，少年尤其突出。

6. 性心理

进入青春期的青少年，随着性生理机能的成熟，其性意识也开始觉醒，性心理的发展随年龄的升高而变化。在这个变化过程中，必然伴随着相应的行为表现。比如，对性知识的追求，对自我形象的关注，对导性的爱慕、向往，对爱情的渴望，性的幻想与欲望，性冲动与自慰行为等。这些性心理活动的表现是青少年走向成熟的必然。但是由于社会文化因素中的不良影响、家庭和学校的性教

育的相对缺乏、个人认知模式偏差或早期性经验缺少等原因，使得青少年不能以正确的态度和行为方式来应付自己性心理的变化和表现，有的还因此而导致心理障碍的发生。

目前我国正处于青春期的农村男女青少年有几亿，他们的性心理发展一般都是正常的、健康的。大多数都能较好地调节性欲、性冲动，表现出符合社会规范的言论与行为，都能正确地对待两性交往。但是，有些青少年在某些方面也存在着不少问题，有的甚至是很严重的。性作为一种生理、心理和社会现象，始终伴随着每一个人，深刻地影响着每一个人的健康、幸福和人格的完整。它既能给人以欢乐，也能给人以痛苦。它可以引导人们走向崇高的境界，也可以诱人误入歧途与深渊。

对处于青春期的青少年来说，正是性生理发育成熟、性心理逐渐趋于成熟的时期，他们的性生理成熟与性心理尚未完全成熟的矛盾以及性的生理需求与性的社会规范的冲突之间就构成了青少年男女心理卫生中的一系列问题。对这些问题如果处理得好，他们的学习成绩就提高，工作就顺利，思想就进步，生活就幸福；否则就会直接影响他们的身心健康与事业发展。然而，长期以来，“性”问题在我国一直是个十分敏感和忌讳的问题，可谓“谈性色变”，性的不适应问题也表现得比较复杂、隐蔽，它的影响也就更为深刻、持久。因而，现在我们学习与研究这一问题，也就显得更为急迫和重要。我们应该面对现实，打破“性”这个禁区，承认性生理、性心理都是科学，尤其是要把青春期的性卫生知识教给男女青少年，让他们用科学知识来保护自己的健康，促进正常发展，引导青少年顺利度过青春期。为此，我们必须要对青少年全面进行性教育，把青春期的性健康教育作为社会主义精神文明建设中不可缺少的重要组成部分，通过健康、科学的生活方式提高全民族的素质，达到全国人民自身健康、家庭健康和社会健康。

案例

今年40岁的赵女士，丈夫早逝，自己一个人带大孩子小雨，唯一心愿就是盼女儿有出息，时刻提醒女儿要好好学习。在这种环境下长大，小雨没朋友，没爱好，唯一的人生目标就是考上好大学。懂事的小雨没有辜负母亲的希望，获得的荣誉证书摞成了摞。“每次亲戚朋友来玩，我都拿出来给他们看，多荣耀啊！”赵女士说，女儿曾问过她什么是早恋，她没回答，只是告诉女儿，早恋的孩子将来都没出息。然而，2011 年 7 月的一天，本来说好去学校补课的小雨突然失踪了，直到 2012 年 9 月份抱着孩子再次出现。

小雨告诉母亲，一次同学聚会，她认识了帅气的小彤。那天，小雨旷课和小彤出去玩，聊起了两性话题。小雨因为好奇和不懂事，与小彤发生关系导致怀孕，而当时的小雨还只有 14 岁……小彤告诉小雨，他家有钱，只要小雨肯跟他就有好日子过。后来小彤给小雨租了一处民房，还雇了个保姆照顾她，可生下孩子后小彤突然变了，越来越少去看小雨，再后来干脆就不来了，等小雨去找他，他家早已人去楼空，电话也变成了空号。这个 14 岁的孤独少女，只有抱着孩子回到了家里，等待她的，不知是怎样的人生。

此外，青春期还有着心身发展快速而不平衡，依恋关系改变等心理特征。我们都知道，在青春期到来时，青少年在躯体和心理方面快速发展。这种快速发展表现为身体急剧的生长和变化。肌肉、骨等组织全面地急剧成长，生殖系统的成熟，第二性征逐渐显露。随着身体的发育，青少年必须适应发展中的新自我，同时还必须适应别人对于他的新形象所表现出的反应。然而，由于身心方面的成长不一定能平衡发展，会产生不稳定的现象，在“幼稚”与“成熟”的尺度上会有大幅度的徘徊。青少年渴望脱离“幼稚”而走向“成熟”，反而在追随“成熟”的道路上做出很多“幼稚”的举动，其实，这只是和青春期特殊的发展状态有关。

青少年依恋关系的改变主要表现在独立意识的增强和同伴关系的密切这两个方面。青春期的朋友非常重要。这是因为同龄人是青少年在社会交往中非常重要的社会关系。进入青春期，随着活动范围的扩展，青少年对家庭的依恋逐渐转向伙伴群体，形成亲密的伙伴关系。他们的言行、爱好、衣着打扮等相互影响。信任伙伴胜过信任家长和老师。在伙伴关系中，同伴之间对共同问题的讨论及反面的经验提供了大量的解决问题的技术。

案例

小玲从小就想当老师，不想高考失利，为此她很沮丧，想辍学回家做生意，她本以为一向支持她和她以姐妹相称的妈妈会同意，没想到妈妈拿出家长的身份压她，一气之下小玲离家出走，逼着妈妈做出让步。小玲的妈妈张文之说，为了搞好和女儿的关系，她从书上学会一个办法，就是平时与女儿以姐妹相处，“她放学回来告诉我喜欢班里哪个男生，对老师的做法有什么看法等，这在以前是根本不会说的，而我也买来一些关于与人相处和早恋的书籍给她看，她也觉得我很关心她。”然而得知女儿有辍学的念头后，张文之“装”不下去了，大骂女儿，说她不学无术，“女儿走了，让我很生气。我给她打电话关机，发了近百条短信，她才给我回了几个字。”冷静之后的张文之十分苦恼，一边想放下身段和孩子搞好关系，一边是担着做家长的责任，怕孩子误入歧途，“现在的家长太累，孩子都很早熟，也很聪明，家长一边要忙工作照顾家，还要看着人精似的孩子不出问题，我们这些做家长的真不知道该怎么办了。”

以“留守儿童”和“新生代农民工”为例看农村青少年心理特征

虽然青少年在心理的发展上大致有着这样一些特征，但我们要承认的是，农村地区的青少年因为成长环境的不同，有着一些独特的心理特征。这里，我们以农村的“留守儿童”和“新生代农民工”为例，看一下农村青少年的心理特征。

（1）“留守儿童”的心理特征

留守儿童是指农村地区因父母双方或一方长期在外打工被留在家乡，需要他人来抚养、教育和管理的16岁以下的孩子，在学龄上一般为小学生和初中生。就全国而言，留守儿童是一个庞大的群体，不容小觑。由于从小缺乏父母关爱，许多留守儿童产生了不同程度的心理问题。

调查显示，农村留守儿童会出现以下一些心理特征：

1）情感冷漠，自卑心强

儿童正是情感、品德、性格形成和发展的关键时期，由于长期与父母分离和缺乏沟通，得不到完整的家庭温暖，生活上缺少必要的关爱，加上常受到周围孩子的歧视、排挤和欺辱等，留守儿童缺少倾诉和寻求帮助的对象，与外界不愿意接触，不少留守儿童情绪消极，失落自卑。与其他儿童相比，留守儿童的自我认识和评价明显偏低，自我消极情绪体验较多。因为这些儿童与家长接触较少，一旦在某些方面落后于其他同学，往往会产生自卑心理。留守儿童的交往活动很需要父母、老师和同伴的积极反馈和成功经验的指导，但留守儿童不能及时得到父母的积极评价，有些教师视他们为“差学生”，挫伤了他们交往的勇气，使他们在冷淡中变得苍白无力，渐渐地便会导致其形成自卑心理，并愈来愈严重。

2）厌学情绪严重

学习和教育可促进儿童情绪的发展，情绪的发展又成为制约儿童认知活动，影响儿童心理发展的重要因素。儿童的心理在成长发展中，可塑性极大，他们的品德、观念、行为习惯都在形成中，容易接受正面教育也容易受到不良影响。而从小学起，学习就是影响学生发展的主导因素。调查显示，有95%的留守儿童与祖父母或外公外婆生活在一起。隔代抚养往往只求物质、生活上全方位的满足，缺少精神和道德上的管束与引导；另外，由于祖辈与孙辈年龄相差一般都在50岁左右，且祖辈大都受教育程度不高，绝大多数是文盲，无法对孩子进行课外辅导，以至孩子成绩一落千尽，从而无心向学。

另外，随着改革开放的不断深入，人们的价值观逐渐多元化，农村中流行着许多不良亚文化。比如，“学习无用，打工赚钱”，这主要是许多留守儿童从他们没上学也能挣钱的父母那里得到的直接感受。一些家长目光短浅，也鼓励自己的孩子放弃学习去打工挣钱。同时，部分农村留守儿童认为自己上学是迫于父母和老师的要求或压力，这就潜移默化地使孩子产生厌学、甚至放弃学习的心理。

3）缺乏安全感，叛逆心强

留守儿童缺乏安全感，对周围的一切充满了怀疑，他们总是戴着有色眼镜看世界。他们拒人于千里之外，对人与人之间的关系更是充满不信任，他们这种潜意识中的不信任导致了他们的逆反心理极强，对抗情绪严重。他们爱与人对着干，即使老师和家人的话也不肯听。常表现为“不听话”“不礼貌”“不谦虚”“恶作剧”等。

4）心理负担重，情绪焦虑

留守儿童的父母常年在外务工，饱尝了人间的艰辛与无奈。特别希望自己的孩子能出人头地，对孩子的期望值过高，让孩子觉得自己不好好读书就对不起在外艰辛打工的父母。孩子越想提高成绩越不见进步，孩子为此总觉得对不起父母，觉得自己没用，思想负担沉重，内心焦虑不堪。过度的焦虑，对惩罚的恐惧和地位丧失感，会使儿童产生强烈的不适、无力等身体反应，不能把注意力集中于解决学业课题，而指向个人所担心的事情，出现失眠、噩梦、食欲减退、腹泻等自主神经系统功能紊乱，导致思维混乱，记忆和动作准确性降低，抑制了原有技能水平的正常发挥，对完成学业产生负向的力，也称为“妨碍焦虑”。长期的过度焦虑会使儿童对学习失去兴趣，出现逃避和退缩行为，产生学校恐惧症，甚至造成逃学、出走、自杀等严重后果。

5）依赖心、虚荣心强

留守孩子多由祖辈抚养，祖辈怕对孩子照顾不好会遭到子女的责备，所以对留守孩子千依百顺、百事包办，除了学习，一切家务农务全不让孩子做，导致孩子形成了较强的依赖心。另外，由于无法与孩子生活在一起，为了弥补对孩子的爱，父母宁肯自己省吃俭用、吃苦操劳，也要想方设法满足孩子的物质需求。他们给孩子大把大把的钱，以为这样便能补偿对孩子的爱。殊不知，孩子根本无法体会父母的艰辛不易，根本不懂得父母的良苦用心，反而觉得理所当然，经常把父母的血汗钱请同学吃喝玩乐，在同学面前显阔，虚荣心日渐增长。

6）道德判断能力差，越轨行为严重

少年儿童的道德观念是从大量的道德情境里抽象出来的。他们看到行为榜样或听到道德议论，于是就仿效着尝试着去行动，在实践中得到表扬或批评，受到宽容或谴责，获得成功或失败的经验，这样头脑逐渐形成一定的道德观念。儿童道德发展的一个重要阶段是由“他律道德”向“自律道德”的过渡。儿童期的道德判断大部分停留在他律阶段，离不开道德情感的培养和内化，离不开成人的监督。在广大农村社区里，社区文化设施相对匮乏，同辈群体的孩子没有来自父母的关心指导，隔代的长辈往往对其过分溺爱放纵，缺乏及时有效的约束管教，孩子的生活、学习无人督促，留守儿童大多数会出现行为偏差，如好吃懒做、自由散漫、不服管教；再加上留守儿童缺乏正确的判断能力，所以很容易受到一些不良文化、越轨行为的影响，甚至抽烟喝酒、拉帮结派、沉迷网络，被不良青年利用，参加一些盗窃、斗殴、寻衅滋事等违法行为。

关爱留守儿童

对于留守儿童产生这些心理特征的原因，社会学家早已做了各种各样的研究，整理总结起来有以下几点：

1）留守儿童的监护存在“盲区”

留守儿童的监护一般来说有以下几种情况：爷爷奶奶的隔代教育，托付给姑姑叔叔婶婶之类的亲戚照顾，进入托管学校或者全封闭学校，一方家长留在家照顾。这四种方式其实都存在着各自的缺点。首先来说隔代教育，这也是留守儿童中最普遍的一种状况，差不多占到留守儿童总人数的75%，祖辈与孙辈年龄相差一般都在50岁左右，祖辈大都文化程度偏低，多数是文盲或半文盲，思想观念与孙辈有很大差距，难以与孩子交流沟通，有的还要干农活维持生活，无时间照顾孩子，有的体弱多病无能力监护孩子，有的同时照看几个孙辈无精力照顾孩子，加之缺乏科学的家庭教育知识，往往只满足孩子物质、生活上的需求，缺少精神、道德上的教育引导，甚至娇生惯养、放任自流。隔代教育显然力不从心。把孩子托付给亲戚朋友如叔婶、姑舅或朋友监管也有不妥之处，这些监护人通常把孩子的安全放在第一位，学业成绩和物质上的满足次之，而较少关注孩子行为习惯的养成以及心理、精神上的需要。一般亲戚朋友也都有孩子，由于对待不尽公平，留守儿童常常因感到自己是“外来人”而产生自卑心理。还有一部分上初中的学生，他们进入寄宿学校，进行自我管理。父母长期在外觉得欠孩子太多，因而在财、物方面尽量满足孩子的需要，而对孩子其他方面的需要关注较少。这类留守儿童由于处在青春期初始阶段，易受外界影响，发生问题较多。其余的父母之中有一人在家对孩子进行监护也会出现一些问题，关爱不健全，缺乏父爱或母爱，造成父爱或母爱教育缺失。比如，父亲外出的孩子表现出胆怯、缺乏自信；母亲外出的孩子表现出不细心、缺乏友爱等。

2）家庭的教育存在“误区”

留守儿童的父母多为农民，通常文化程度较低，没有受到过良好的教育，他们长期出门在外，会对孩子产生负疚感，而许多父母为了消除这种负疚感，采取的多是物质弥补和生活上放任自流，偶尔打电话，也只是关心孩子的学习情况，对孩子的心理教育、伦理教育以及法制教育都严重缺乏。这些留守儿童非但不存在经济上的压力，与其他孩子相比，反而有更多的零花钱，导致他们好逸恶劳、奢侈浪费、摆阔气，产生“拜金主义”等思想。据调查，部分留守儿童厌学，缺乏进取心和刻苦钻研的精神，不求上进，成绩普遍较差。又由于监护人的特殊性，只要孩子不犯大错，监护人对其行为一般不过问，因而缺乏及时有效的约束管教，导致部分留守儿童纪律散漫，在学校道德品行较差，不遵守规章制度，迟到、旷课、逃学、迷恋网吧等，甚至与社会上一些有不良习气的人混在一起，走上违法犯罪的道路。

(2)“新生代农民工”的心理特征

“新生代农民工”通常被称为“无根的一代”。他们在农村长大却对生长的土地没有太大的眷恋，在城市拼搏却总觉得不被城市所接纳，缺乏归属感。他们比父辈受过更多的教育，对自我价值的实现有着更高的要求，然而，经过现实的“撞击”后，挫败感也比父辈要来得更加直接和猛烈。

“新生代农民工”是一个由农村青少年组成的农民工群体，这个“80后”和

"90后"的群体约有1亿，占农民工总数的60%左右。根据近来某项关于新生代农民工群体的抽样调查数据显示，54.2%的新生代农民工外出是因为要开阔眼界、提高自身素质，9.7%的人是因为家乡生活单调、打工所在地生活较为丰富，还有4.2%的人希望从农民变成市民，把自己的农村户籍改成城市户籍，仅有31.9%的人的外出目的是为了满足经济需要。由此可见，新生代农民工既不同于传统的父辈农民工，也不同于留守在家乡的农村青少年，因此，他们也有着自己独特的心理特征。

首先，新生代农民工更注重自我价值的实现。与老一代农民工相比，新生代农民工几乎没有务农经验，对农村缺乏留恋，对城市生活具有强烈的认同感。他们进城打工的动机已经从生存需要转变成发展需要。他们往往对未来有着较大的期望值，更加注重自我价值的实现，更加希望获得尊重和认可。在身份定位、情感需求以及个人价值的追求等方面，他们都与老一代农民工存在着较大的区别。

其次，成长环境导致的敏感心理。心理失衡和缺乏归属感是最容易出现在新生代农民工身上的心理特征。这和他们的成长环境有着密不可分的关系。很多新生代农民工其实是原来的"留守儿童"，由于从小缺乏父母的关爱，缺少正常的家庭教育，他们缺乏安全感，情感也比较脆弱，个性上比较任性、敏感、自我、自卑等。如此的成长背景和性格特点，让新生代农民工在面对问题时更容易出现挫败感或者逆反心理，对于困难的承受力也相对更低。新生代农民工通常怀有改变命运的抱负，对自我价值的实现有着较高追求，这会促使他们努力向上，然而过高的追求会导致新生代农民工因为巨大落差导致严重的心理失衡感。此外，城市里歧视的眼光，不公平的社会制度，让他们总是有一种"人在异乡为异客"的感觉，对所工作和奉献的城市缺乏归属感。

种禾栽树，农民需懂得农业知识和发展规律。同样，培养青少年，也要了解他们在青春期过程中独特的心理特征和容易出现的心理问题。当前社会，农村在高速发展着，农村青少年也在一代又一代地成长着。我们不能忽视他们与城市青少年相比特殊的心理特征，只有认识和了解这些心理特征，并知道这些心理特征产生的原因，我们才能更好地与他们沟通交流，给予指导和支持。农村青少年心理健康问题十分迫切，无论是青少年自身，还是青少年的父母，都应积极学习一些心理健康知识，无论是在农村还是在城市，都能在人生的大舞台上尽情展现着自己的风采。

二、农村中年人的心理特征及成因

在我国古代,中年和青年的界限被定为30岁。《黄帝内经》上说:三十以上为壮。杨上善作注补充道:三十以上为长。《礼记》中也有“三十曰壮、四十曰强”的记载。所言壮、长、强,皆指中年。古人又以50岁划分中年和老年,现代社会60岁以上才称老年,故中年期是自30～60岁间漫长的30年,也有以35～55岁或40～60岁这一种划分方法的。其中女性45～55岁和男性50～60岁称为更年期。

中年是一个全面成熟的时期。一方面是身体机能的健全与完善,保持着机体的健康状态;另一方面是机体与环境的适应良好,在集体中能出色完成任务。因此,中年人体魄健全、精力充沛,知识渊博、经验丰富,是社会的中流砥柱。但中年人工作负担繁重,随着生产力的飞速发展,我们先来看看中年人,尤其是农村中年人容易面临着哪些压力。首先是来自家庭的压力。在农村家庭里,中年人是主心骨,在家庭里扮演着多重角色。既要扮演丈夫或妻子的角色,又要扮演父亲或母亲的角色,还要扮演儿子或女儿的角色,多重角色的转换常使他们感到心理上的不适应。同时,人到中年还面临着繁杂的家务,子女的教育,婆媳关系,家计的安排等问题,这些经常会使得他们疲惫不堪。同时人到中年,往往轻易对婚姻生活产生“厌倦心理”。夫妻双方从往日的罗曼蒂克到婚后的锅碗瓢盆,需要极强的适应能力,稍不留神,夫妻关系便会出现危机,矛盾丛生,家庭内部无停止的争吵与冲突会对中年人的身心健康造成严重伤害。

除了来自家庭的压力,中年人还承担着来自自身的压力。在很多人眼里,好像一生中最值得骄傲的正果都应该在中年时期修得,他们迫不及待地想在事业上有所建树,于是不断地给自己加鞭加压,不停地攀登追求,似乎稍有松弛,便会日过午头,以至弄得身心交瘁,疲惫不堪。自身的健康状况也常给中年人带来不尽的心理压力。医学界称中年为“危险期年龄阶段”,疾病发病率较高。

人到中年，生理情况开始发生变化，内分泌失调，免疫力下降，身体各部件渐次磨损了，于是诸疾百患极易潜然而生。此时，若留意身心的各种锻炼，便能安然度过危险期，但很多中年人不能重视身体的各种变化，往往将身心衰退的某些征象看成大难临头的象征，成天为此忧心忡忡，给自己造成一种无形的心理压力，继而严重影响工作、生活。

中年正是一个人工作的关键时期，来自工作的压力也加重着中年人的心理负担。很多中年人是工作中的骨干，而来自工作中的各种矛盾却常使他们感到强烈的心理压力。工作中复杂的人际关系，如上下级的隔阂，同事间的摩擦等，都会使人感到情绪紧张，烦躁不安。现代社会科技的发展日新月异，知识更新节奏加快，要求中年人不断学习新的科学知识，以更新自己原有的知识结构，才不会落后于时代前进的步伐。人到中年，已不可能像自己年轻时那样精神抖擞地学习，心力不济与工作中的紧迫感无形中使得中年人承受着极大的心理压力。

如果你被置于某种地位的时间够长久，你的行为就会开始适应那种地位的要求。

——兰德尔·贾雷尔

中年人通常积累增长了一定的知识和经验，然而身心会呈现心理能力持续增长和体力逐渐衰退的特点。人在 20～25 岁时，生理功能达到一生中的全盛时期。经过短暂的稳定，大约从 30 岁始，人体各器官系统功能开始缓缓衰退，每年约递减 1%。因此，随年龄增长，患病率也逐渐高于青年，以高血压为例，中年人的患病机率是青年人的 8 倍。从 30 岁开始，中年人的心血管系统每 10 年心输血量下降 6%～8%，同期血压却上升 5%～6%。血管壁弹性因动脉逐渐硬化而降低，血管运动功能和血压调节能力减弱。血液胆固醇浓度也随年龄增长而增高，心脏冠状动脉和脑动脉可因而发生粥样硬化。病变进一步严重时，动脉管腔变窄，引起心脏或脑的供血不足甚至缺血，造成诸如慢性心肌缺氧、心绞痛、心肌梗死、猝死、脑出血、脑血栓形成、脑软化等心脑血管病。这些疾病对中年人的健康与生命是最大威胁。中年人的消化能力下降，最明显的是胃液分泌量逐渐减少。胃液酸度和胃蛋白酶含量降低,其他消化腺的功能也会衰退。这是因为人体生长发育停止,不再需要满足新陈代谢正平衡的营养要求;同时,机体功能减退,新陈代谢变慢,基础代谢率逐年缓慢下降,需要的营养也相应减少。此外,各种内分泌腺的功能也在衰退。胰岛素分泌量减少,使一些个体发生糖尿病倾向或罹患糖尿病。性腺功能降低,使性欲减退。到中年后期,还会因内分泌功能紊乱而出现更年期综合征。中年人的肺泡和毛细血管的直径随年龄增长而扩大,肺组织弹性逐渐减小,肺的扩张与收缩能力随之下降,肺活量因而变小,呼吸功能会出现下降。由于肺泡间质纤维增生,毛细血管壁增厚,肺的气体交换功能也逐年降低。在肺呼吸功能下降的同时,其抗病能力也下降,慢性支气管炎等呼吸道慢性疾病的发病率随年龄增长而增高。最为重要的一点是中年期,免疫功能会降低。特别是中年后期,细胞免疫和体液免疫都开始出现功能减退现象。抗体生成减少是一个突出表现,各种抗体随年龄增长而下降;机体出现变异蛋白质,免疫识别系统会将此作为异体蛋白而产生自家抗体,与此相关的是血液中还会出现抗原抗体复合物;细胞免疫功能也减弱,巨噬细胞的吞噬功能和自然杀伤细胞的杀灭能力都有所减退;免疫监视系统对发生癌性突变的细胞的监视功能减弱。这种变化在50岁左右和50岁以后十分明显。这就是50岁前后的中年人常常心力交瘁,易患多种疾病的重要原因。特别是癌症的发病率在50岁前后是高峰期。

与身体功能下降相对应的,是中年人心理能力的继续发展。孔子曾有这样一句概括:“吾十有五而有志于学,三十而立,四十而不惑,五十则知天命,六十而耳顺,七十而从心所欲,不逾矩。”这里的心理能力是指人的全部心理活动能力的综合和总和,而非单项能力。因为就某一单项心理能力来说,从中年之始就处于下降过程,如机械记忆能力、反应速度等。中年人应充分利用心理能力继续发展的优势,不断提高自己的心理品质并不断完善人格,努力实现心理健康和身心和谐。中年人的心理能力发展始终处于动态过程,而且个体差异很大,所以心理成熟的标准很难界定,一般应包括以下几个方面。

(1) 中年人能独立自主地进行观察和思考,组织自己的生活,决定并调整一生的目标和道路,而不必依赖长辈的训诫和保护。目标和道路的决定绝非臆造,而是以符合社会进步和民族利益的个人抱负为前提,依条件而灵活地选择时机和决定方向。

(2) 智力发展到最佳状态,能进行逻辑思维和作出理智的判断,具备独立解决问题的能力。

(3) 情绪趋于稳定,有能力延缓对刺激的反应,能在大多数场合下按照客观情境控制和调节自己的情绪。

（4）处世待人的社会行为趋于干练豁达，能适应环境和把握环境，能接受批评和意见，并按正确意见调整自己的行为。

（5）自我意识明确，有“自知之明”。了解自己的才能和所处社会地位，并以此为立足点，决定自己的言行举止，有所为和有所不为。

（6）意志坚强。对既定目标，勇往直前，遇困难、遭挫折，均不气馁、不退缩，有克服困难渡过难关的容忍耐受能力。当既定目标失去实现的客观可能性时，能理智地调整目标并选择实现目标的通途。

基本上，我国目前农村中年人心理发展日趋成熟，心理能力不断提升。然而我们也应该注意到，中年人的心理还会呈现出心理冲突与心理困扰严重，心理疲惫严重等特征。中年人要面对因身体功能减退而产生的心理不适，高度社会责任感与身心力不足的无奈，健康与疾病的困扰，因社会地位的演变及家庭角色的转换所产生的不适应，渴望事业有成与家庭拖累，随波逐流的大环境与渴望保持独立个性等诸多矛盾。中年人要是不能正确处理这些矛盾，便会导致种种心理冲突及困扰的频频发生，产生如焦虑、失望、烦躁、忧郁、压抑等不良情绪，继而严重影响身心健康。

中年人的心理疲惫是指社会、家庭、工作、生活、人际关系的多重压力所造成的长期的精神负重，使得中年人总处于一种焦虑、烦躁、恐惧、抑郁的压力之中，使心理隐进“心力衰竭”的状态，心理疲惫程度严重的人情绪总处于不佳状态，精神过度紧张，压抑感很强，总感到自己活得很累，很苦，经常不自觉地想生活中的一些阴暗面，如死亡、事故和疾病等，碰到困难总朝消极方面想。

中年人心理疲惫的表现：

（1）浑身乏力，对做任何事情都提不起兴趣，学习和工作效率低、效果差。

(2) 记忆力衰退，经常记不清东西放在什么地方，对刚刚发生过的事情轻易就遗忘了，甚至经常忘记计划好了的即将要做的事情。

(3) 经常感到全身不舒服，如头痛、晕眩、恶心、腰酸背痛等。

(4) 情绪控制力差，感情易冲动，不论是在生活中还是在工作中，稍有不顺心的事便大发脾气。

(5) 经常感到困乏，但躺在床上又睡不着，并且睡眠不好，经常做噩梦。

(6) 食欲下降，腹胀，对任何美食都无明显的爱好。

(7) 性欲低下，严重者产生“性冷淡”或“性厌倦”心理。

(8) 对工作感到厌烦。

(9) 对生活的热情减退，甚至对家人的温情日益减少。

此外，更年期的心理特征也会引起一系列变化。处在更年期年龄段的中年人的心理特征经常表现为精神紧张、焦虑、烦躁、情绪低沉，处处表现出紧迫感，特别关心个人及家人的健康，身体稍有不适，便四处求医，生怕得什么大病，对工作或家中的事情特别操心，事无巨细都要逐一过问。中年人的性心理也悄然变化着。与青年时代相比，他们少了一份冲动与狂热，要求的是理解和体贴。固然在性欲和性行为的要求上，中年人比自己年轻的时候略有下降，但在性心理上要求得到的成分更细更多，性生活的体验和情感的交流更为深沉。

三、农村老年人的心理特征及成因

我们一般仍然以年龄来区分老年及非老年。在不同的时代及不同的地区，区分老年的标准是不同的，在 19 世纪末，英国的法律规定老年人是不低于 50 岁的人。又如欧美国家一般以 65 岁及 65 岁以上为老年人，而世界卫生组织西太平洋地区会议根据该地区的实际情况在 1982 年规定 60 岁及 60 岁以上为老年人。我国在 1982 年以 65 岁为界限，1982 年后则根据世界卫生组织西太平洋地区的规定改为 60 岁。我国属于西太平洋地区，以 60 岁为界限是适宜的。随着年龄的增长，老年人的心理会发生很大的变化。一般老年人心理承受能力会出现很大程度的降低，遇到困难或挫折时，情绪反应更为激烈，对身心健康的影响也更为明显。那么，老年人的心理有什么特征呢？

(1) 认识能力低下

老年人的身体开始走上人生的下坡路，身体机能出现衰退，大脑功能也会发生改变，中枢神经系统递质的合成和代谢减弱，导致感觉能力降低，意识性差，反应迟钝，注意力不集中等。认识能力低下主要会表现在两个方面。首先是感觉迟钝，听力、视觉、嗅觉、皮肤感觉等功能衰退，而致视力下降，听力减退，灵敏度下降；再有是动作不灵活，协调性差，反应迟缓，行动笨拙。

(2) 孤独和依赖

孤独是指老年人不能自觉适应周围环境，缺少或不能进行有意义的思想和感情交流。国内有研究资料指出，多数人到了老年，不同程度地都会有孤独的心理感受，以离、退休干部职工而言，过去生活在群体之中，满足了交往、友谊、归属等方面的需要。现在离开了群体，和群体成员交往少了，信息沟通的渠道有时也不够畅通。如果大部分时间闲待在家里无所事事，便容易产生孤独感。孤独心理最易产生忧郁感，长期忧郁就会焦虑不安，心神不定。依赖是指老年人做事信心不足，被动顺从，感情脆弱，犹豫不决，畏缩不前等，事事依赖别人去做，行动依靠别人决定。长期的依赖心理，就会导致情绪不稳，感觉退化。这些经常会在农村老年人身上出现。

(3) 易怒和恐惧

老年人情感不稳定，易伤感，易被激怒，不仅对当前事情易怒，而且容易引发对以往情绪压抑怒火的爆发。发火以后又常常感觉到如果按自己以前的性格，是不会对这点小事发火的，从而产生懊悔心理。恐惧也是老年人常见的一种心理状态，表现为害怕，有受惊的感觉，当恐惧感严重时，还会出现血压升高、心悸、呼吸加快、尿频、厌食等症状。

(4) 抑郁和焦虑

抑郁是常见的情绪表现，症状是压抑、沮丧、悲观、厌世等，这与老年人脑内生物胺代谢改变有关。也与老年人的周遭环境有关。他们中有的为家庭纠纷难以和解而忧虑，有的为子女就业婚姻而苦恼，还有更多的老年人则为健康和患病而忧虑。长期存在焦虑心理会使老年人变得心胸狭窄、吝啬、固执、急躁，久则会引起神经内分泌失调，促使疾病发生。

（5）容易产生不满情绪

老年人或因自己社会地位的下降，自感不受人尊重而不满，或因与子女的关系紧张而怄气，或因用固有的思维模式或眼光看不惯现实中的某些现象而发牢骚……总之，老年人之所以产生不满情绪与老年人的需要是否获得满足有内在的联系。根据研究，老年人的需要多种多样，主要有以下几种：因年老体弱，行动不便，易生病，特别需要安全与健康状态；离退休后易产生孤独、寂寞之感，极需要与人交往；退休后生活单调，往往产生潦倒、空虚之感，需要培养新的兴趣和爱好，使老年人“老有所乐”。

（6）老朽感

人到老年之后，体力受到限制，感觉等机能反应也会日益变得迟钝，生理上的适应能力也会逐渐降低，因此，老年人在心理上往往容易产生一种老朽感。这种老朽感的颓废心理往往使人的活力下降，损伤人体的防御机制，反而会加速人的衰老。

与青少年或中年人相比，老年人的情感体验比较深刻，他们在道德感和美感方面，更倾向于追求内在而深沉的美。同时，老年人情绪体验的时间比较长：老年期中枢神经系统内对发生心理变化以及内稳态的调整能力降低，老年人的情绪一旦被激发就需要花费较长的时间才能恢复平静。同时，老年人形成了比较稳定的价值观以及较强的自我控制能力，他们的情绪情感一般不会轻易因外界因素的影响而发生起伏变动。同青少年和中年人相比，他们的情绪状态变异性较小，一般比较稳定。

“空巢老人”和“留守老人”的心理特征

“空巢老人”，一般是指子女离家后的老年夫妇。随着社会老龄化程度的加深，空巢老人越来越多，已经成为一个不容忽视的社会问题。当子女由于工作、学习、结婚等原因而离家后，独守“空巢”的中老年夫妇因此而产生的心理失调症状，称为家庭“空巢”综合征。

“空巢老人”容易出现的心理特征主要有心情郁闷、沮丧、孤寂，食欲减退，睡眠失调，平时愁容不展，长吁短叹，甚至流泪哭泣，常常会有自责倾向，认为自己有对不起子女的地方，没有完全尽到做父母的责任。另外，也会有责备子女的倾向，觉得子女对父母不孝，只顾自己的利益而让父母独守“空巢”。

随着社会经济的发展，农村出现了大量的剩余劳动力，大量的青壮年劳动力全家进入城镇务工，由于年轻人的外出时间越来越长，以及相当一部分老年人对原居住地的留恋，子女和父母之间的距离越来越远，从而使得农村出现了许多留守老人。留在家中的老人往往由于生产、生活上的一些问题和不足，与一般有子女陪伴的老年人相比，既有相似的心理特征，也有着自己独特的心理特征，可以从以下几个方面进行分析。

（1）孤独感强

老年人一般都会产生孤独感，然而农村留守老人的孤独感却特别强烈。人老了，有好静的一面，但人老了，最怕孤独。有孤独感的老年人大都心情抑郁，惆怅孤寂，焦虑烦躁，行为退缩。农村留守老人心理孤独的原因主要有以下一些：首先，外出的子女有相当一部分是年初而出，年终而归，与老人相处的时间很少。在空间上的分离，使成年子女一代与老年父母一代，在思想观念上的差异进一步加大，相互之间无法进行沟通。其次，子女外出后，由于经济不宽裕，工作繁忙等原因，很少或者不和老人联系，忽视了对老人的精神慰藉。还有就是农村精神文化生活比较单调，没有文化娱乐设施，留守老人只能看看电视，串串门，聊聊天，精神比较空虚。

（2）失落感强

农村的老人，为了子女，大都辛辛苦苦一辈子。当自己年老了，子女却一个个都“飞”了。因此，许多留守老人认为自己被子女遗忘、抛弃，内心有很深的失落感。老人随着年岁增大，重活不能干，甚至什么活也不能干，感觉自己成了一个被家庭供养的“闲人”，身体机能上的这种衰退，使得他们在心理上不能接受。其次，在传统家庭中，老人凭借自己的阅历和社会经验，处于权威的地位，受到子女的尊重和精心照料。可如今子女由于外出务工，开阔了眼界，尤其是经济地位的提高使其成为一家之主，老人于是成为家庭中的次要成员，这种角色与地位的变化，对留守老人的刺激很大。还有一个原因就是外出务工的子女认识到教育的重要性，把更多的钱与精力投入到下一代，即父辈对子女的抚养教育责任在强化，而子女对父辈的赡养义务在弱化，留在家中的老年父母，因为子女的忽视，得不到精心的赡养，心里充满伤感。

（3）心理压力大

子女外出务工，留守老人则成为了家中的顶梁柱。本应被照料的一方重新成为照料者，身体心理上承受着巨大的压力。主要表现在以下两个方面：一方面，中青年一代作为主要的农业劳动力，其外流会导致农业劳动力数量减少，从而使主要农业生产者的角色转变为老人和妇女。对于年老体衰的老人来说，承担沉重的农业劳动，无论是在身体上还是在心理上，都产生了很大的压力。当然，在一些家庭中，子女的收入较高，确实改变了家庭的经济状况，生活上可以不再依靠粮食收入，尽管这样，在农村，土地是农民的命根子，田照旧要种，粮食照旧要生产。对于大部分家庭来讲，子女收入不高，还要维持自己在外的各种支出，能够给予家中老人的补贴有限，且不稳定，对于这些老人而言，必须要继续耕作下去，以维持生存，身体上的过度消耗，易造成心理上的压力。另一方面，外出务工的子女，大多把小孩留在家里，有的小孩甚至不满周岁，这些爷爷奶奶不得不重新当起了“爸”和“妈”。若单从照顾孙辈的生活起居而言，只是增加了老人的生活压力和劳动强度，但是再对小孩教育而言，老年人的心理负担就更重。这主要是因为农村老人的文化程度较低，无法辅导孩子的学习，又因是“隔代教育”，不懂得教育方法，教育孩子的尺度难以掌握，再加上目前农村交通、通讯得到迅速改善，车辆多，网吧多，孩子在外时间长，老人就会担心发生意想不到的事情。总之，留守老人在孙辈的照料和教育方面，背负着沉重的精神负担。

（4）缺少安全感

留守老人一般年事渐高，身体很差。一方面，有对身体生病，无人照料的担忧。随着年龄的增长和身体的渐渐衰老，老人患病次数也相应增多，而且老年人发病常常很突然，当家中无人或抢救不及时时，老年人的生命就会受到威胁。因此，留守老人最怕生病，一旦生病，子女不在身边，无人照料。单身老人病死在床上，多日无人知晓的事例，近年以来屡见不鲜。另一个方面，留守老人们对生命财产安全充满担忧。农村留守老人由于防盗防骗意识较淡薄，防范组织又不健全，往往成为不法之徒窥视的对象。这些不法之徒，编造出种种令人相信的理由，极尽伪装之能事，把贼手伸向他们。总之，农村留守老人由于身体健康状况渐差，无人照料，以及生命财产处在危险之中，而没有安全感，他们长期处于担忧之中，背负着沉重的精神负担，不能安心地生活。

你的心理状态健康吗?

心理健康的标准应是一般人为之奋进的目标。人本主义心理学的创始人之一马斯洛曾在与米特曼合著的《心理学原理》一书中提出了11条人的心理健康的标准。

(1) 具有适度的安全感，有自尊心，对自我与个人的成就有“有价值”这种感觉。

(2) 适度的自我批评，不过分炫耀自己，也不过分苛责自己。

(3) 在日常生活中，具有适度的自发性与感应性，不为环境所奴役。

(4) 与现实环境保持良好的接触，能容忍生活中挫折的打击，无过度幻想。

(5) 适度地接受个人的需要，并具有满足此种需要的能力，特别不应对个人在性方面的需要与满足产生恐惧或歉疚。

(6) 有自知之明，了解自己的动机与目的，并能以自己的能力作适当的估计，对个人违反规范、道德标准的欲望不作过分的或否认或压抑。

(7) 能保持人格的完整与独立，个人的价值观能视社会标准的不同而改变，对自己的工作能集中注意力。

(8) 有切合实际的生活目的，个人所从事的多为实际的、可能完成的工作。

(9) 具有从经验中学习的功夫，能适应环境的需要而改变自己。

(10) 在团体中能与他人建立和谐的关系，重视团体的需要，接受团体的传统，并能控制为团体所不容的个人欲望或动机。

(11) 在不违反团体意愿的原则下，能保持自己的个性，有个人独立的意见，有判定是非善恶的能力，对人不作过分的阿谀，也不过分追求社会赞许。

第二部分　农村不同人群中常见的心理问题和现象

一、农村青少年常见的心理问题和现象

在人一生的成长过程中，有两个特殊的发育期，一个是生理断乳期，即第一反抗期，一般出现在3～4岁，另一个是心理断乳期，即第二反抗期，也就是我们常说的青春期。青春期是从童年到成年的过渡时期，是身体发育的第二个发展加速期，更是预防各种心理问题发生的关键期。这个时期青少年的主要特征有：(1) 生理发育高峰，身体外形发生变化，第二性征发育成熟；(2) 认知水平提高，同时学业任务加重；(3) 自我意识发展，强烈关注自己的外貌、人格和情绪特征；(4) 对父母、教师、同伴的态度发生变化；(5) 身心发展不平衡，成人感和半成熟现状之间存在矛盾。

根据一项调查显示，有心理和行为问题的小学生约为13%，初中生约为15%，高中生约为19%，随着时间发展这一数字近年来还在渐渐增大。这些数字反映出青少年心理健康水平令人担忧，同时对青少年也有个启示：那就是每个青少年都要关心自己的心理健康。在心理健康欠佳的青少年中，有相当多的人表现出来的只是轻微心理失调而非心理疾病。这些年轻人，有的情绪波动，时而热情豪放，时而郁郁寡欢；有的脾气暴躁，冒险逆反；有的孤独寂寞，意志消沉；有的依赖从众，情感脆弱；有的自卑烦恼，多思多虑；有的学生嫉贤妒能，难以自控；有的过分紧张、焦虑引起学习困难；有的因体形变化、异性交往、情感误区引起青春烦恼等。

而在青少年的群体中，农村青少年的心理健康更加值得我们关注，长久以来，农村和城市地区发展不平衡，农村经济的落后导致农村青少年们的心理健

康状况没有得到应有的关注，农村青少年在存在心理问题时无法获得有效的帮助。在大量的农村青少年中，又存在着很大比例的留守儿童。留守儿童是指农村地区因父母双方或一方长期在外打工被留在家乡，需要他人来抚养、教育和管理的16岁以下的孩子，在学龄上一般为小学生和初中生。由于他们从小缺乏父母关爱，致使许多留守儿童产生了不同程度的心理问题。这些心理问题日益泛化，往往影响到他们的生活、学业、人格等多方面的发展。他们的健康成长将极大影响祖国未来的发展，直接制约我国人口素质的整体提高和现代化进程，尤其不利于社会稳定和公正、和谐社会的实现。亟须全社会共同关注，逐步解决。

1. 青少年抑郁症

抑郁症又称抑郁障碍，以显著而持久的心境低落为主要临床特征，是心境障碍的主要类型。临床可见心境低落，与其处境不相称，情绪的消沉可以从闷闷不乐到悲痛欲绝，自卑抑郁，甚至悲观厌世，可有自杀企图或行为；甚至发生木僵；部分病例有明显的焦虑和运动性激越；严重者可出现幻觉、妄想等精神病性症状。据统计，世界上有近1 000万人患有抑郁症，且青少年患有抑郁症的人数呈逐年增加的态势，生活在农村的青少年更容易患上抑郁症，应广泛引起家长的重视。

根据分析研究，青少年抑郁症的发病原因主要有以下几点：

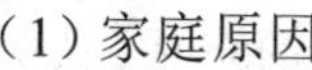

（1）家庭原因

农村地区的家长要么忙于自己生意而无从给予孩子生活上足够的照顾，要么自己文化水平不高或者教育观念陈旧而无从给予孩子学习上的辅导，有的家庭因经济拮据使孩子在同学之间的攀比中“黯然失色”，有的家庭只顾大人们自己的享乐比如抽烟、打麻将等而忽略了自己的行为对孩子潜移默化的影响，有的家庭争吵不断，离婚或者婚外情等状况让孩子完全没有安全感和归属感，同时阻碍了孩子社会责任感的形成，这些行为都会成为青少年抑郁症的心理诱发因素。

国外有一项调查研究结果显示，单亲家庭孩子患抑郁症的可能性比一般家庭孩子高2倍以上，单亲家庭学生心理问题多于双亲家庭学生。由于家庭不健全，生长在其中的孩子往往在家庭里得不到足够的温暖，对生活缺乏热情，对未来悲观失望。同时，家庭环境的不稳定也直接影响了孩子对自己人际关系的处理，他们不愿与人交往，常常感到不如别人，让人瞧不起，容易产生怯懦自卑、狭隘自私的性格，从而易于产生抑郁情绪。

另外，父母的遗传影响青少年的抑郁倾向；父母的生育年龄过高或过低都会对青少年的情绪有着负性的影响；家庭的应激事件和青少年抑郁有着密切的相关；父母抑郁，特别是母亲抑郁，会使得青少年抑郁的风险大幅提高；父母以负性教养方式为主，缺乏正性的情感支持，则青少年抑郁发生的可能会增加。

（2）性格原因

在对一些患有抑郁症的青少年性格的调查中发现，性格内向、文静，不爱交际、交流，不喜欢出头露面、孤僻、多疑、常常注意事物消极面或遭受意外挫折的人，容易陷入抑郁状态。另外，急性抑郁发作的青少年，病前个性多倔强、违拗，或有被动-攻击的特点。慢性抑郁的青少年病前多表现出无能、被动、好纠缠、依赖和孤独的特点。

（3）教师原因

农村地区由于经济发展相对落后，师资力量薄弱，教师队伍良莠不齐。在农村地区，有少数教师在教育、教学过程中用警告、讽刺、挖苦、揭短、遗弃等手段代替思想教育，用简单粗暴的惩罚手段代替严格管理，用威胁的手段代替激励，近来媒体更是曝光了一些教师不尊重学生、侮辱学生、打骂学生等恶劣行为，致使学生身心受到摧残，给学生身心造成了巨大伤害。青少年一旦在精神上受到打击虐待，在成长过程中会严重摧残自尊心和自信心，而这些又会导致抑郁症这样的心理障碍。

（4）不正确的自我评价

青春期人格发展的核心是自我意识的确定和自我角色的形成，认识自己的现在与未来在社会生活中的关系，形成社会认同感。而这一时期的青少年由于涉世未深，经常在这一阶段出现发展障碍，对现实的自我缺乏清醒、准确的认识，往往沉浸在自我的世界里，对自己的各种看法与客观事实相去甚远，自我认识与他人评价差距很大；行为古怪，衣着发型打扮奇异，总把自己幻想成某人；做事情马虎、眼高手低；对管理与被管理之间的共同点与差异看不清，要么坚持对立情绪，要么盲目顺从等。不准确的自我评价导致抑郁症状的出现，反过来，抑郁症状又导致认识准确性的进一步下降。

青少年的发病率很高，其症状多种多样，表现复杂。我们来看下面一则案例：

案例

王飞（化名）在今年终于不负父母众望，考上了重点中学。即便是在高手如云的重点中学里，他的成绩也能够在年级排前十名，是老师眼中的好学生、家长眼中的乖孩子、同学眼中的清华预备人选，可这个诸多优秀角色的扮演者还有着另一个身份——抑郁症患者。

自小学五六年级起，王飞的生活就完全被学习占据了，父母长期出门在外打工，每年过年回家一次全家团聚，在全家团聚的时候，除了成绩，父母并未关心过王飞的心理状况和兴趣爱好，而是早早地为他规划出重点初中——重点高中——名牌大学的人生路线。“我知道同学们在看哈里·波特，在听周杰伦，可我也知道爸妈一定会说那是不务正业。”

“同学们虽然羡慕我的成绩，但我猜他们一定都挺看不起我的，认为我是个读书机器。我的生活一点都不快乐，有时，我在书桌前坐着发呆，觉得自己连一只想飞哪儿就飞哪儿的鸟都不如，活着有什么意思，这种苦闷我和谁都没法讲，没人知道我经常无故地流泪。”王飞在日记中这样倾诉。

心理健康专家指出，抑郁症的影响因素很多，包括青少年本身心智不够成熟；面临的升学、就业压力；农村地区很多家长忽视了与孩子之间的交流。

“现在的家长都很忙，很少和孩子沟通，这也成为青少年抑郁症患者增多的客观原因。抑郁症对孩子来说不是小问题，希望家长们再忙也要抽出点时间来陪陪

孩子，多跟孩子交流。千万不能忽视抑郁症带给青少年的危害。”为王飞的抑郁症进行治疗的心理专家这样说道。

判断自己或者孩子是否出现抑郁症状，可以从以下几个抑郁症的表现来判断：

（1）似病非病

青少年抑郁症患者一般年龄较小，缺乏抑郁症方面的了解和知识，不会表述情感问题，只说身体上的某些不适。如有的孩子经常用手支着头，说自己头痛头昏；有的孩子用手捂着胸，会经常说自己呼吸困难；有的表现则是嗓子里好像有东西，影响吞咽。有的家长担心这些看起来似乎很重并且反复发作的“病症”，然而经过诸多医学检查，却又会发现没有什么身体问题，在这个时候，家长就要根据孩子的日常表现综合考虑一下孩子是否有患上抑郁症的可能。

（2）坦途无悦

面对达到的目标、实现的理想、一帆风顺的坦途，原应该感到身心舒畅喜悦，然而却有一些青少年非但没有喜悦之情，反而会感到忧伤和痛苦。如有些农村孩子，历经千辛万苦终于考上了名牌大学，家长本以为舒了一口气，谁知孩子却成日愁眉苦脸、心事重重，想打退堂鼓。有的孩子甚至在大学学习期间忧心忡忡，经常有休学退学的想法。在这种情况下，家长不应该一味伤心责罚，而应考虑孩子是否患上了抑郁症这样的心理疾病。

（3）反抗父母

一些父母会面对这样的情形：童年时期的孩子乖巧听话懂事，到了青春期之后，不但不跟父母沟通交流，反而处处与父母闹对立。一般表现为不整理自己的房间，乱扔衣物，洗脸慢，梳头慢，吃饭慢，不完成作业等。较严重的表现为逃学，夜不归宿，离家出走，跟父母翻过去的旧账（童年所受的粗暴教育，父母离异再婚对自己的影响等），要与父母一刀两断等。

（4）自杀行为

自杀行为是抑郁症的极端表现形式，一些重度抑郁症患者会尝试利用各种方式自杀。对自杀未果者，如果只抢救了生命，未对其进行抗抑郁治疗（包括心理治疗），患者仍会重复自杀。因为这类自杀是有心理病理因素和生物化学因素的，患者并非甘心情愿地想去死，而是被疾病因素所左右，身不由己。

（5）不良暗示

主要表现在两个方面：一是潜意识层的，会导致生理障碍。如患者一到学校门口、教室里，就感觉头晕、恶心、腹痛、肢体无力等，当离开这个特定环境，回到家中，一切又都正常。另一种是意识层的，专往负面去猜测。如患者自认为考试成绩不理想；自己不会与人交往；自认为某些做法是一种错误，甚至是罪过，给别人造成了麻烦；自己的病可能是“精神病”，真的是“精神病”怎么办等，这些不良暗示都是抑郁症的一种表现形式，而这些表现形式又会潜在加深抑郁症。

在校园里走上一圈，会发现“郁闷”一词几乎成了青少年的口头禅，许多家长对这一“郁闷”也毫不在意。然而我们应该知道，青少年的心理问题，很可能就是从一件小事或者一小段情绪波动引起，对于处在青春期的孩子，应多多关注他们的心理问题，对农村青少年尤其是那些父母长期不在身边的留守儿童，更要多多关注，帮助他们多了解心理知识，预防“抑郁症”的来袭。

2. 恐惧症

恐惧症是以恐惧症状为主要临床表现的一种神经症。患者对某些特定的对象或处境产生强烈和不必要的恐惧情绪，而且伴有明显的焦虑及自主神经症状，并主动采取回避的方式来解除这种不安。患者明知恐惧情绪不合理、不必要，但却无法控制，以致影响其正常活动。恐惧的对象可以是单一的或多种的，如动物、广场、闭室、登高或社交活动等。恐惧症的核心症状是恐惧紧张，并因恐惧引起严重焦虑甚至达到惊恐的程度。因恐怖对象的不同可分为社交恐惧症，特定的恐惧症和场所恐惧症。

社交恐惧症主要是在社交场合下几乎不可控制地诱发即刻的焦虑发作，并对社交性场景持久地、明显地害怕和回避。具体表现为患者害怕在有人的场合或被人注意的场合出现表情尴尬、发抖，脸红、出汗或行为笨拙、手足无措，怕引起别人

的注意。因此，回避诱发焦虑的社交场景，不敢在餐馆与别人对坐吃饭，害怕与人近距离相处，尤其回避与别人谈话。赤面恐惧是较常见的一种，患者只要在公共场合就感到害羞脸红、局促不安、尴尬、笨拙、迟钝，怕成为人们耻笑的对象。有的患者害怕看别人的眼睛，怕跟别人的视线相遇，称为对视恐怖。社交恐惧症通常起病于青少年期，男女都可能出现。青少年渴望友谊，希望广交朋友，但有些青少年一到具体交往时，如找人交谈、或者别人与自己打交道时，就出现了恐惧反应。表现在不敢见人，遇生人面红耳赤，神经处于一种非常紧张的状态，这就是社交恐惧症。它往往会泛化，严重者拒绝与任何人发生社交关系，把自己孤立起来，对日常工作学习造成极大妨碍。社交恐惧症的特点是强迫性的恐惧情绪，想象出恐惧对象自己吓唬自己。例如，某大学有一女生性格内向，自尊心特强，处事谨小慎微。她总以为别人时刻在注意她、评价她，担心自己会出什么差错，让人瞧不起。后来，她暗暗爱上某男生，但又不敢表露，还怕别人知道这是个秘密。一次，有同学开玩笑说："我知道你爱上他了，你别藏在心里啦！"她一听就心里发慌，担心别人对她评头论足。此后，她见人就躲闪，有人与她聊天，她就面红耳赤、心慌意乱、语无伦次，最后以至于见人就害怕。这是社交恐惧症的一个典型例子。

特定的恐惧症是对某一特定物体或高度特定的情境产生强烈的、不合理的害怕或厌恶，多会发生在儿童时期，我们所熟知的一些典型的特定恐惧或是害怕风暴这样的自然环境，或是害怕蜘蛛、蛇之类的动物，或是害怕密闭空间、飞行等高度特定的情景，患者会不自觉地对这些产生回避行为。

案例

小飞是个18岁的男学生，10岁时随爸爸第一次到游泳馆去学游泳，小飞看到泳池内好多人在自在地游泳，还有好多小朋友在高兴地戏水，小飞认为很好玩儿，套上游泳圈就跳进了泳池，因为身体瘦小，这一跳，游泳圈脱落了，小飞一下感觉自己掉进了深不见底的水中，虽然被爸爸抱了上来，但小飞再也不敢下水了，从那时起开始对泳池的水产生了恐惧，多年来，小飞一想起这件事就恐慌不已，更不用说再下水游泳了。

青少年恐惧障碍的病因

(1) 青少年的恐惧障碍主要是因环境、教育造成的，而其中又以父母的行为方式、教育不当为主。如上述案例中，如果小飞的爸爸在小飞下水前先给小飞讲述游泳的基本常识和安全措施，而不是听任小飞自行跳入水中，也就不会出现小飞后来对游泳的恐惧。

（2）父母对孩子溺爱、过于保护、限制孩子的许多行动，或者用吓唬威胁的方法对待孩子的不听话、不乖顺，当着孩子的面毫无顾忌、绘声绘色地讲述一些可怕的事情。

（3）大人过严过高的要求，家庭成员关系不和睦或对孩子教育缺乏一致性，也会诱发青少年恐惧障碍。

（4）家庭中出现重大负性事件，如父母离婚、亲人亡故，当青少年面临这些问题而不能正确认知，也是诱发恐惧障碍的原因。

场所恐惧症不仅是指害怕开放的空间，而且还指担心在人群聚集的地方难以很快离去，或无法求援而感到焦虑。场所恐怖性情境的关键特征一是没有即刻可用的出口，因此患者常回避这些情境，或需要家人、亲友陪同。

在上述所说的这些恐惧症中，容易在青少年尤其是农村青少年身上表现出来的是社交恐惧症。社交恐惧症在临床上是很常见的疾病之一，患者会恐惧社交场合，害怕与人接触或者与人交往等。社交恐惧症的“怕人”，不是害怕别人会损害其躯体，伤害其生命，而是误以为在与人交往时自己的精神或心理方面会受到这样或那样不利的“影响”，因此回避社交。具体表现形式是复杂多样的。

（1）红脸恐惧症

今年十四岁的小安，就是一名红脸恐惧症的患者，只要一在公众场合，即使大家都在各做各的事情，她还是会觉得十分紧张，觉得周围的人似乎都在谈论自己，便会出现面红耳赤的情况。

遇到羞涩的、难为情的或不好意思的情景时，不少年轻人会脸红或发生其他变化，这是很正常的。而红脸恐惧症患者则不然，他们不曾遇到那些情景，却非常担心自己在公众场合被人关注或谈论，会不由自主地出现不自然的表情动作，弄得自己尴尬难堪，因而恐惧社交。

（2）对视恐惧症

初三二班的赵明，每次安排座位总是自己选择角落里的位置，上课时也很少抬头，回答问题也都低着头，几乎从不看老师的眼睛，这就是一种典型的对视恐惧症。对视恐惧症的主要表现就是在与人交往中，尤其是一对一的交往中，不敢看对方的眼睛，害怕和对方的视线相遇，恐惧和对方对视，始终回避他人的目光。例如，上课低着头不敢看老师，怕和老师的目光碰上；出行时避开行人高峰时段，或走僻静小道；走在路上不敢抬头，害怕和行人的目光碰撞。一对一交谈时，躲避对方的目光。多数当事人是害怕别人通过自己的眼睛看出自己的心理活动，或是感到对方的目光很凶而恐惧。

（3）交往恐惧症

交往恐惧症也是社交恐惧症的一种常见的表现形式。患有交往恐惧症的人通常会在与人交往的过程中产生强烈的恐惧、焦虑不安，出现心慌气短，颤抖出汗，甚至头晕、恶心、四肢发软、晕厥的状况。严重者拒绝与任何人（除亲属外）发生接触，不参加任何社交活动，甚至无法上学和工作。

（4）被洞悉恐惧症

患有被洞悉恐惧症的青少年会担心自己的想法或内心世界，尤其是“丑陋、肮脏”的一面在与人交往的过程中，经一举一动、一言一行流露出来被他人了解，而使自己外在的良好名声受到不应有的影响。

（5）露丑恐惧症

害怕自己在他人面前做出一些幼稚的、可笑的、愚蠢的、滑稽的、不雅的举动或事情，如讲错话，讲话没水平，动作举止不自然，衣着打扮不整洁、不得体，从而影响自己的形象。这种人尤其害怕单独出现在众人面前被大家注视，若迫不得已上台演讲或从大家面前走过，则会讲话杂乱无章，走路同手同脚，腿发软，甚至有一脚高一脚低等过度紧张的感觉。重症者往往会当众晕倒。因此患者会极力避免出现在这种被他们认为可怕的场所中。如迟到了，干脆就不进教室。

想一想有这么一些青少年，让其购物、借东西，或与人谈判、交涉什么事，他们总是找各种理由推辞，或者不做，或者让别人去做；有这么一些青少年，他们回避当众讲话，上课很少发言，上课、开会不愿坐在前排，若是安排到了前排则拘谨、不自在，不敢轻易变换姿势。也许在一些家长眼里，这些只是一些无伤大雅的小习惯，因此不加在意。然而我们应该认识到，这些情况虽然对青少年现阶段的学习发展影响不大，却会对以后身心的健康发展产生深远影响。

社交恐惧症是后天形成的条件（制约）反应，是经过学习过程而建立起来的。分为两种情况：一是“直接经验”。有道是“一朝被蛇咬，十年怕井绳”。青少年在交往过程中屡遭挫折、失败，就会形成一种心理上的打击或“威胁”，在情绪上产生种种不愉快的甚至痛苦的体验，久而久之，就会不自觉地形成一种紧张、不安、焦急、忧虑、恐惧等情绪状态。这种状态定型下来，形成固定心理结构，于是他在以后遇到新的类似刺激情境时，便会旧病发作，心生恐惧感。二是“间接经验”，即“社会学习”。如看到别人或听到别人在某种交往情境中遭受挫折，陷入窘境，或受到难堪的讥笑、拒绝，自己就会感到痛苦、羞耻、害怕。他们会不自觉地依据间接经验，来预测自己会在特定社交场合遭受令人难堪的对待，于是紧张不安，焦虑恐惧。这种情绪状态的泛化，导致了社交恐惧症。

3. 自卑症

自卑是自我情绪体验的一种形式，是个体由于某种生理或心理上的缺陷或其他原因所产生的对自我认识的态度体验，表现为对自己的能力或品质评价过低，轻视或看不起自己，担心失去他人尊重，总感到自己这也不如别人，那也不如别人，丧失了实现自我的信心。我们都知道，适度的自卑感可以使得一个人奋发向上，获得补偿性的发展，从而取得好的成就，然而严重的自卑却会导致自卑症这样的心理问题，使人背上沉重的心理包袱，丧失自强不息的精神，陷入自怨自艾的泥潭不可自拔。对于广大农村青少年，尤其是那些家庭贫困、性格内向，学习又不是很好的农村学生而言，他们往往

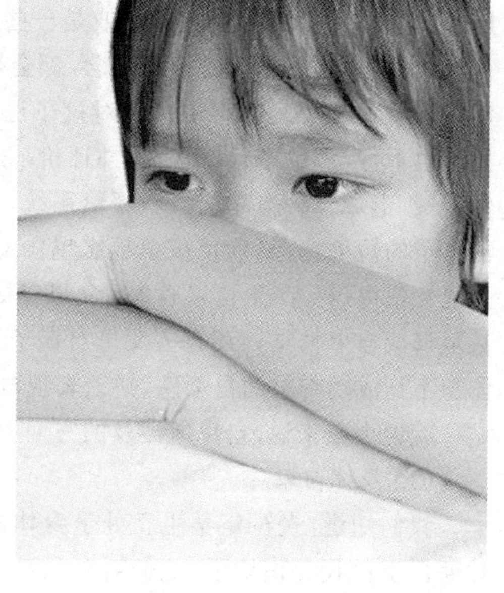

因为学习不好常挨老师的批评，由此产生了自卑感，这种心理状态很容易产生一种压抑孤独的情感，严重地影响着他们的生活和学习。某农村在一次对该校学生的调查中了解到，有30%的青少年的生活和学习受到自卑情绪的影响，自卑症已经成为农村青少年一个不可忽视的心理问题。

自卑的成因究竟是什么，经过调查研究和一些案例分析，可以整理分类出以下几点：

（1）生理方面的原因

生理方面导致的自卑症主要是指有一部分青少年对自己身体方面的素质不满意，如与别人比较时，觉得自己在身高、长相、体态、肤色等方面不如他人而导致自卑。

（2）遭遇挫折和心理创伤

青少年正是争强好胜的年纪，喜欢竞争，喜欢和别人比着干，然而青少年的心理通常又很脆弱，一旦他们在竞争中屡遭挫折，通常就会产生心理创伤，从而产生自卑心理。

（3）自尊心过强或过弱

并不是只有过弱的自尊心才会导致自卑，过强的自尊心也是导致自卑的原因。

（4）家庭教育问题

众所周知，家庭教育在孩子的成长过程中担任着极其重要的角色，在农村地区，父母普遍受教育程度低，或是一些父母外出务工无法对孩子进行关心教育，或是父母缺乏正确的教育理念，都会导致孩子形成自卑心理，甚至导致自卑症的出现。在家庭教育中父母对孩子过于苛求，若孩子稍有失误，父母就指责他这也不行，那也不行，缺少正性评价，久而久之就会造成孩子对自己的能力产生怀疑，形成一种自卑的自我评价系统。家长如果经常拿别人孩子的长处和自己孩子的短处比，只能使孩子越比越自卑，并产生逆反心理。经常斥责、打骂孩子也会使得孩子产生自卑心理。父母专横的态度，容易使孩子感到自己的渺小，甚至形成自卑情结。还有些父母对孩子过于溺爱，这也包办，那也包办，使孩子体验不到成功带来的自豪感，缺乏表现自己的机会，造成自卑。

就青少年来说，自卑所涉及的方面主要有以下几点：

（1）身体自卑

我们知道，青少年学生正处于身体发育和第二性征表现的特殊阶段，这一时期由于自我意识增强，他们对自己身体的关注也日益强烈，在和周围同伴的比较或评价中往往会过低评价自己的身体，造成严重的自卑情绪。如有的男同学因为自己的“豆芽菜”身形而苦恼，羞于参加学校的文体活动或力量型比赛，在女生和强壮的男生面前总感到自卑；有的女同学因为自己脸上长了几颗“青春痘”，就羞于参加社交活动，经常拿一个小镜子偷偷地照来照去，这都是自卑的显著表现。

（2）家庭自卑

农村青少年多易产生家庭自卑的心理。家庭对孩子的影响是巨大的，单亲家庭或者矛盾家庭中，孩子也极易产生自卑心理。在现代学校攀比风气日盛和离婚率增高的社会中，家庭自卑的现象更加普遍。我们来看这样一个事例：原本活泼自信的15岁女孩莉莉，忽然丧失了原来神采飞扬的神态，变得郁郁寡欢，常常一个人发呆，也不像以前一样能在大家面前唱歌朗诵。后来在和心理老师的一次交谈中，心理老师了解到莉莉这种变化是因为有一次带同学到家里玩耍，结果正好碰到父母吵架，从此以后，她总觉得同学们在用异样的眼光看她，在偷偷地议论她的家庭。这就是家庭自卑的一种表现。

（3）学习及知识方面的自卑感

这种自卑在青少年学生中表现得最为普遍，因为在青少年学生心目中，学习成绩的好坏似乎是决定其优劣的第一要义，学习成绩的优劣直接决定着他们的自尊程度。例如，有一位初中生，学习成绩非常优秀，但就是在文艺方面毫无专长，看到别人都能够在舞台和集会上一展身手，内心深深自卑，总怀疑别人说自己是高分低能，结果形成了离群索居的习惯。

（4）性方面的自卑感

青少年处于性发育的高峰期，他们开始对性有了“朦胧感”和“神秘感”，伴随着这种心态，会出现性心理，如果这些性心理得不到有效的纠正和处理，就可能产生性心理自卑。例如一位中学生，因为梦遗，认为自己丧失了元气，思想有“流氓”倾向，以致在一段时间上课不专心，见到人躲躲闪闪，不合群，特别是在和异性交往时表现得手足无措，语无伦次，闹出很多笑话。在日常的观察中，我们可以简单地通过一些行为表现加以判断自卑症，例如自卑生常常在诸多竞争活动退缩，甚至明明能成功也放弃机会，害羞、胆怯、不自信或者不承认自己的不足并竭力掩

饰以使他人不觉察他们的自卑，有时故意表现得夸张、炫耀，总想一鸣惊人，虚荣心强，对自己的不足和他人的评价敏感等。

关注留守儿童心理自卑问题

留守儿童比普通的农村青少年更容易患有一些儿童心理问题，而在这些心理问题中，又以自卑心理表现得最为突出、最为普遍。自卑是自我评价过低、自己看不起自己的一种不良情绪状态，是自我意识的一种消极表现。它往往是其他不良情绪的诱因，是阻碍学生个性发展和学习能力的极大因素，对学生的个人成长至关重要。

战胜自卑

留守儿童由于自小父爱、母爱的缺失，导致基本需要得不到满足，容易产生自卑情绪甚至引发自卑症。“我多么希望有母亲天天嘘寒问暖，委屈时扑向父母的怀抱大哭一场，生病时父母陪自己一同渡过难关。很多人抱怨父母的唠叨，而我却是挨打受骂也甘之如饴。”这是陕西某地农村一个10岁的留守女童写在日记本上的一句话，短短的一句话却引人深思。这些对大部分孩子来说最最普通不过的关怀陪伴，对这个10岁的留守女童来说却是莫大奢侈。在这个需要父母精心呵护的年纪，他们的基本需求得不到满足，由此产生一种父爱、母爱的缺失感。这是导致自卑心理产生的第一大原因。父母在儿童成长的每一个阶段，都扮演着不可替代的角色，没有这个关键性的角色，就不利于孩子的成长。基本需要得不到满足，也就没了个体活动的动力和源泉，这会使他们从心理上产生一种无助感、被遗弃感。因此导致他们对什么都提不起兴趣，慢慢地封闭自己，各种能力逐步退化，产生己不如人的自卑感。

父母外出务工远离孩子，在家里陪伴着这些留守儿童的，多

半是一些爷爷奶奶辈的年迈老人。孩子从这些年迈老人那里可以得到身体、饮食、起居上的关心，然而老人们不懂得如何与孩子沟通，对于孩子的心理健康并不甚关注，即使发现孩子有心理异常也爱莫能助。在这种情况下，孩子无法找到倾诉的渠道，无法获得心灵的慰藉，问题在心里慢慢堆积，甚至会觉得旁人都用异样的眼光看着自己，从而会选择自我封闭，不与人交流，长期以来交际能力越来越差，变得抑郁、自卑。

家庭生活不完整，留守儿童的心理需要得不到满足，许多心理问题和困惑得不到解决，这就需要学校教育给予帮助。然而，在农村地区，学校教育同样存在着许多弊端。学校教育最严重的问题在于专业教师的缺乏。心理问题需要专业的心理老师进行指导疏通，然而在如今的农村学校里，配有专业心理老师的学校寥寥无几。以石柱县为例，这个县城里共有中小学 275 所，而获得国家心理咨询师等级证书的老师只有几名。由于教育理念、办学条件、师资力量等多方面的制约，有许多学校甚至连心理健康课都没有开设，更别说配备专门的心理教师。没有专业人才的参与，留守儿童心理问题无法得到根本解决。然而，即便有专业教师的耐心疏导和陪伴，教师也永远无法替代父母。农村地区经济落后，思想观念也相对滞后，很多地方由于受到传统观念的影响，孩子们无法平等地与老师交流。尤其是乡镇学校，老师们还是充当着领导者的角色。普通孩子尚且不能与老师正常交流，何况本来就自卑的留守儿童，让他们在出现让自己困惑的心理自卑等心理问题时主动与老师交流沟通，是一件几乎不可能的事情。留守儿童的阵地主要在农村，农村办学条件差，师资力量薄弱，教育投入较少，每个班上少说都有几十名学生，学生多、老师少的情况使得老师不能关注到每一个学生，再加上自卑症的外在表现并不算明显，老师很可能就错过了给

予留守儿童心理辅导的最好时机。

留守儿童的心理自卑主要表现在生活上、学习和人际交往上。自卑的留守儿童在生活上的表现主要为性格孤僻不合群，凡事以自我为中心，性格冷漠。这些孩子喜欢将自己封闭起来，不关注外界的事情，不参加活动，不注重集体；软弱、悲观，承受能力弱；还有部分自卑的孩子个性懒散，没有上进心，对什么都没有兴趣，对什么都抱无所谓的态度，丧失生活信心。在学习上，有着自卑症倾向的留守儿童在课上往往注意力不集中，害怕举手发言，如果被老师叫到就如临刑场，怕遭人耻笑。更有甚者腿脚发抖、面红耳赤、吞吞吐吐、词不达意。课下，不能按时完成老师布置的作业，学习能力弱，这些孩子通常学习成绩一般或者很差。自卑的留守儿童在人际交往上也存在着问题，由于内心长期的自我封闭，不与人交流，有的留守儿童甚至还会在与人交往的过程中充满警惕甚至敌意。他们的内心脆弱、敏感，口头交际能力较差，通常会把别人对他的赞扬当成是冷嘲热讽，把老师、同学的善意批评看作恶意挖苦，无论别人对他的态度如何，对于他来说就是一种欺负。因此，内心自卑且极不平衡，轻则置若罔闻，重则做出报复、破坏的举动，所以在人际交往方面存在着问题。

自卑是自我评价过低、自己看不起自己的一种不良情绪状态，是自我意识的一种消极表现，长期的自卑心理可能引发情感障碍，阻碍青少年人格的健全发展，不利于他们的健康成长。让我们去认识自卑症，了解自卑症，树立留守儿童以及农村青少年积极乐观的人生观、价值观，让他们告别自卑，用自信去开启智慧的大门，迎接美好的明天。

4. 孤独症

孤独症又称自闭症或孤独性障碍，是广泛性发育障碍的代表性疾病。孤独症是一种自闭症，患有孤独症的人主观地认为整个世界的人都不在乎自己，没人能与自己交流，甚至会觉得身边的人都在排斥自己，从而形成了交往上的惰性和恐惧感。这样的人遇到问题不愿意和别人交流，有一种悲观情绪和排斥外界的心理，严重的孤独症患者甚至会出现自杀的倾向。而在众多的孤独症患者中，青少年占有很大一部分比例，据卫生部门统计，目前世界上儿童自闭症的发病率为2‰～6‰，且以每年10%～14%的速度递增。目前我国病情严重的孤独症患者约有65万左右，较轻的约有500多万。轻重之分，在于患者经过训练后生活能否自理。特别是在偏僻的农村，孤独症患儿的数量更是令人忧心，这些患孤独症的孩子被当成傻子来看待，到了青春期，有可能被误诊为精神分裂而耽误终身。

孤独症儿童生活在属于自己的世界里，仿佛来自遥远的其他星球，人们称孤独症儿童为“星星的孩子”。“星星的孩子”就像天上的星星一样活在自己的世界里。人们这样描述孤独症儿童：他们不聋，却对声响充耳不闻；他们不盲，却对周围人与物视而不见；他们不哑，却不知该如何开口说话。这些孩子承受着旁人无法探知的内心孤独，而有着患有孤独症子女的家庭也常常不知所措，陷入困境。认识孤独症儿童，了解孤独症，带领孩子走出孤独，并非单纯的医学问题，而是考验着全社会的智慧、耐性与爱心。

美国精神科学会界定孤独症儿童有如下三个特征：社交能力发展障碍；沟通能力发展障碍；狭隘、重复、刻板的行为、兴趣、活动。简单地说，他们生活在自己的世界里，对周围的一切不产生反应。有些孩子会有智力障碍，但大多数智力正常。其主要症状表现就是最初很难与别人交往和建立正常的社会关系。患儿沉浸在自己的世界里，无法用语言、表情、动作跟别人甚至自己的父母进行沟通、交流。有的孩子在开始时会被误认为是弱智或性格内向，还有的孩子在一两岁时看起来很正常，到3岁左右才发现有异常表现，学龄时社会交往障碍尤为明显。孤独症患者学习正常人的语言会很困难，与人交流及与外界沟通也很困难，他们可能会重复几种动作(拍手、摇摆、转圈)。当日常生活中出现变化时，他们会强烈抵制。孤独症对行为的影响，除了语言和社交困难外，还会有在父母、家人面前表现得极为亢奋或沮丧；这类孩子天生性情孤僻，或活动性不强，或主动制造噪音和突发活动，而当自己遇到外界喧闹、无秩序环境或被拒绝时更会让他感到不安与愤怒，自闭症孩子的自尊心很强，而心理承受力相当脆弱。

孤独症儿童除了社会交往障碍之外，还表现为兴趣狭窄及刻板重复的行为方式，这些孤独症孩子对一般儿童所喜爱的玩具和游戏缺乏兴趣，而对一些通

常不作为玩具的物品却特别感兴趣，如车轮、瓶盖等圆的可旋转的东西。还有一些孤独症儿童对塑料瓶、木棍等非生命物体产生依恋行为。孤独症儿童的行为方式也常常很刻板，如常用同一种方式做事或玩玩具，要求物品放在固定位置，出门非要走同一条路线，长时间内只吃少数几种食物，并常会出现刻板重复的动作和奇特怪异的行为，如重复蹦跳、将手放在眼前凝视、扑动或用脚尖走路等。

约 3/4 该症患儿存在精神发育迟滞，约 1/3～1/4 患儿会发生癫痫。然而，也有一部分人认为孤独症儿童里有很多天才，因为爱因斯坦、凡·高、牛顿等很多出类拔萃的天才生前都有怪异的行为，用现代的医学方法去判断，他们很可能患有孤独症。部分孤独症儿童在智力低下的同时可出现“孤独症才能”，如在音乐、计算、推算日期、机械记忆和背诵等方面有超常表现，被称为“白痴学者”。

孤独症儿童面临的社会问题

(1) 儿童孤独症发病率上升，患者终身成为家庭重负

美国自闭症研究课题负责人认为，孤独症曾是一种不寻常的疾病，如今却成为比儿童癌症、糖尿病和唐氏综合征发病几率更高的病症。目前全国有 1‰ 的儿童患有精神残疾，其中主要是孤独症。儿童孤独症简称孤独症或称自闭症，是发生于儿童早期的一种发育障碍，患者活动刻板，行为异常，绝大多数智力低下，而这种发育障碍将终身陪伴患者。今年 8 岁的农村孩子小明就是一名典型的孤独症儿童，他虽然会开口讲话，但是讲话怪异，一天到晚拿着小汽车的轮子转啊转，对别的什么都不感兴趣，或者不知疲倦地重复问一些简单又古怪的问题，但答案必须是他心中的答案而不是常规答案。小明的父母都是在家乡辛勤耕作的农民，只有这一个孩子，从小明被确诊为孤独症之后，这个家庭就陷入阴云之中。除了心理负担，还有经济负担，小明的父母为了给予他更好的治疗，不得不出去打工挣钱，一个孤独症患儿给一个家庭带来的影响和创伤十分巨大，因此更需要我们关注孤独症、认识孤独症，及早发现，及早治疗。

（2）教育机构杯水车薪，民办实体步履艰辛

王民洁是南京市脑科医院儿童心理研究中心主任，据他介绍，目前我国对儿童孤独症有研究的官方专业机构，除南京脑科医院外，就是原北京医科大学精神卫生研究所（已并入北京大学），此外再无第三家。近几年来，北京、深圳等大城市出现了如“北京星星雨教育研究所”“广州欢乐岛自闭症儿童训练园”等孤独症儿童康复训练机构，但此类机构多数为孤独症儿童的家长白手起家，因缺乏优势资源依托，或受到场地的限制，或因资金周转困难，往往都只能是“从手里到嘴里”的“小农经济”，这还是在经济发达的大城市，想一想在经济发展落后的农村地区，对孤独症的关注更是少之又少，很多农村家长即使在知道自己的孩子患上孤独症，也无法获得有效的建议使得孩子得到治疗，只能将孩子当成智障儿童来对待，或者干脆采取不闻不问的方式，这种做法更是加深了孩子的孤独症。“孤独症孩子，犹如天上的星星，孤独地闪着微弱的光芒。若他们能得到合理的教育和训练，绝大部分儿童会有不同程度改善。但社会对儿童孤独症的关注太少了，我们的培训班也只是杯水车薪，根本忙不过来。”王民洁说：“一期培训班需要3个月。4名医生兼老师，每期每人只能训练3个孩子，一年只能训练48名孩子。”据悉，南京市脑科医院儿童心理研究中心每年都有300多例来自全国各地的儿童孤独症患者前来就诊，但每年能被安排进行系统训练的只有48名，其他患儿只能排队等待来年或待在家中。孤独症孩子的教育需要老师、家长、医生的紧密配合，还需要社会的普遍关注。虽然从1994年我国教育部门已逐步开始注意这一特殊群体的教育问题，但现有的教育培训机构多为民办机构，并且数量十分有限。这是孤独症患儿家长们长期以来担忧和困扰的问题。

（3）社会冷遇孤独症儿童及家庭

走访一些孤独症儿童的家长和家庭，会发现这些家长都经历了一个从无法接受到无奈接受的心理过程，有些家长会打足精神自我鼓励，来给孩子进行治疗，然而因为社会的关注不够以及社会的不理解，他们的心中仍有着许多不为人知的伤痛。安徽芜湖的一个农村家庭，赵女士今年7岁的女儿乐乐就是一名孤独症患者，赵女士虽然居住在农村，但为了帮助和治疗女儿，从发现女儿的病情开始，就积极刻苦学习相关知识，给予孩子很多帮助和支持，然而乐乐的上学还是成了问题。7岁的乐乐喜欢在教室里跑来跑去，老师怎么讲也不听，已经被多所幼儿园拒收。无奈的赵女士只能让孩子待在家中，自己也无法外出工作，只能辞职在家。赵女士的愿望很简单，那就是希望学校老师多了解孤独症，对患有孤独症的孩子多些关心。

江苏仪征地区的薛先生，也是一名孤独症儿童的父亲，为了治疗儿子的孤独症，两年来他东奔西走，已经在全国各地医院看过超过100名主任医生，光光是路费就花掉了好几万元，然而对薛先生来说，受不了的不是经济上的压力，而是社会上的冷言冷语和不理解。农村群众缺乏对孤独症的认识，经常以异样的眼光打量着一家人，为了给孩子看病，他不得不经常向单位请假，单位对此很不理解，对他经常冷眼相看，冷语相加。他理解单位，但单位不理解他，他没办法，现在只是厚着脸皮上班，维持着他那并不丰厚的工资收入。

案例 **纪录片——《星星的孩子》**

在北京市郊的一个小乡村里，有着一家专为儿童孤独症家庭开办的，提供11周独特训练课程的学校，这就是“星星雨”小学校。这所学校的经营完全依赖于慈善捐款，设备也比较简陋，然而仍然吸引着很多孤独症儿童家庭。纪录片《星星的孩子》便讲述了一家人通过将近两年的耐心等待，最终得到带孩子到这所学校参加课程的机会的故事。父母急切地盼望学校能够教导他们如何理解和陪伴自己5岁的患有孤独症的儿子。自从得知儿子患有孤独症后，这对父母忧心忡忡，最大的恐慌就是儿子将来如何就业和自立。他们预料到当自己都老了，不能继续照料儿子的时候，儿子总有一天会沦为乞丐，为了摆脱这样的悲剧命运，这对父母甚至制定了全家自杀的消极悲剧性计划，打算通过自杀换来安宁，这样的计划和想法在中国多数孤独症家庭里并不罕见。11周的课程学习中，所有的父母都积极努力着，渐渐鼓起勇气，对未来有了憧憬，并亲身经历着一些突破性的感人至深的时刻，课程结束后，每个人都流露出积极乐观的情绪，但想到要回到那充满排斥的老家，回到那些冰冷缺乏友善的环境，大家又心生悲凉，不知孩子们努力取得的进步是否能够支持自己走下去……

纪录片深邃地洞察展示了孤独症家庭的悲凉与艰辛，是一部充满着喜悦，绝望，无私关怀和高尚真爱的影片，很多孤独症家庭都能在这部纪录片中找到共鸣。

5. 早恋

一般来讲，早恋是指从青少年的生理和心理发育年龄与实际情况看，早于一般水平的恋爱，或者说，是在不具备恋爱的心理条件、社会条件的情况下而进行的恋爱。在中国，思想传统的长辈们与应试教育界一般认为早于16周岁的恋爱应算作“早恋”并极力反对这种恋爱行为。

袁枚的《子不语》记一故事：五台山某禅师，收一沙弥，年甫三岁。师徒在山顶修行，从不下山。后十余年，神师同弟子下山。沙弥见牛马鸡犬，皆不识也。师因指而告之曰：“此牛也，可以耕田。此马也，可以骑。此鸡犬也，可以报晓、可以守门。”沙弥唯唯。少顷，一少年女子走过，沙弥惊问：“此又何物？”师虑其动心，正色告知曰：“此名老虎，人近之者，必遭咬死，尸骨无存。”沙弥唯唯。晚间上山，师问：“汝今日在山下所见之物，可有心上思想他的否？’曰：“一切物都不想，只想那吃人的老虎，心上总觉舍他不得。”这个故事表现了一个情窦初开的青少年对异性的思慕。

我们说早恋是在不具备恋爱的心理条件、社会条件的情况下而进行的恋爱。不具备恋爱的心理条件，是指不能正确理解和把握恋爱的内涵。不具备恋爱的社会条件，是指正在读中学、没有独立生活的能力等不适宜恋爱的情况。当然，称之为“早恋”并不意味着恋爱本身是错误的，也并不意味着是一种对恋爱的批评。先前根据调查，城市青少年更容易出现早恋现象，然而如今，随着互联网的普及，各种爱情剧的流行，家长常年不在身边或者与孩子缺乏心灵沟通，农村青少年的早恋现象也日益严重。

根据早恋发生的环境与年龄来看，早恋通常具有下列四种特点：朦胧性，矛盾性，变异性和差异性。朦胧性主要表现在青少年对于早恋发展的结局并不明确，早恋的青少年仅仅是渴望与异性单独接触，而对未来家庭的组建、处理恋爱和学业之间关系、区别友谊和爱情等问题都缺乏明确的认识。早恋的青少年其内心充满了矛盾，既想和其喜欢的异性接触，又害怕被父母发现。可以说早恋的过程中愉快和痛苦是并存的。对于暗恋的早恋者而言，这种矛盾性还表现在是否向爱慕者宣示爱意（表白）的矛盾。早恋充满变异性，是极不稳定的，青少年往往欠缺处理人际关系的技巧及经历，导致双方缺乏互信；关系一般都难以持久。正是这样，常常令双方的心理造成痛苦。此外，青少年的早恋行为有明显的差异。在行为方式上，极其隐蔽，通过书信、电话、手机或者网络等传递感情，进行秘密的私下沟通和感情交流，家长和老师难以发现，但也有青少年会公开他们的关系，在许多场合出双入对。在程度上，大多数早恋者还主要是交流感情，或者一起玩耍；从人际关系上看，一般没有超出正常的朋友关系，但有的早恋者关系发展得很深，除了交流感情外，有时甚至发生性关系。

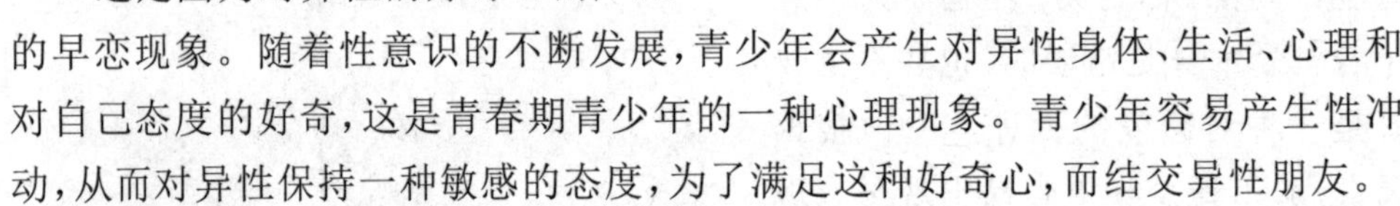

早恋的类型

（1）爱慕型

这类青少年是由于互相对对方的爱慕而产生的早恋现象。这类早恋十分常见，对异性的外表、特长、性格、气质、长相等欣赏和爱慕。

（2）好奇型

这是因为对异性的好奇心而产生的早恋现象。随着性意识的不断发展，青少年会产生对异性身体、生活、心理和对自己态度的好奇，这是青春期青少年的一种心理现象。青少年容易产生性冲动，从而对异性保持一种敏感的态度，为了满足这种好奇心，而结交异性朋友。

（3）模仿型

如今电视上网络上各种爱情剧泛滥，有一些青少年由于模仿社会上、影视作品和报刊书籍中的行为而产生早恋现象。

（4）从众型

这是迫于周围同龄人的压力产生的早恋现象。例如，本来不存在的恋爱关系，可能被周围的人杜撰出来，即“谣言”或者“绯闻”。在这样的环境下，迫于舆论的压力，很容易对其产生爱慕之心。

（5）愉悦型

青春期男女之间作为同学甚至同桌，由于较多的交流和信息传递，会对对方产生更为细致和透彻的理解，在这种状况下容易产生早恋。这也是“同班恋”甚至“同桌恋”的重要原因。

（6）补偿型

一些青少年由于在学习生活中遭受挫折，使自己自尊遭到损害，为达到发泄目的，往往会找异性交往，在其中忘掉痛苦，以谋求补偿。这类早恋融入了真实的感情，容易发展深化。

（7）逆反型

由于社会意识和舆论的因素，青少年的两性交往常会受到家长、老师的不恰当干预，容易诱发其“你们不许我这样做，我偏要这样做”的心理。在这种逆反心理的作用下，本来正常恰当的异性交往可能迅速向早恋发展。

早恋具有情感的不确定性和结局的不确定性两个特点。青少年没有独立生活能力，不能去承担起伴随着恋爱而来的责任和义务，而且十五六岁的青少年，未来生活中存在着种种变数，恋爱成功的几率很小，还会带来很多危害。由于受到家庭、学校和社会的严厉打压，早恋的学生各方面都有很大的压力与矛盾，早恋者可能注意力分散，使得自己的志趣和目标发生改变，最直接的影响就是干扰学习，分散精力，影响学业，这也是大多数父母反对早恋的最重要的理由。青少年的感情往往单纯脆弱，当一段恋爱结束的时候，常常需要很长时间去恢复感情带来的心理创伤，有的一辈子在心中都会有阴影。许多心理学家认为，青少年容易冲动，自我控制能力差，因此，许多热恋中的少男少女不能控制自己的感情而过早地发生两性关系。这是早恋造成的对双方身心最严重的损害。特别是青少年由于性冲动和缺乏性常识导致的少女怀孕，会给少女带来沉重的生理和经济负担。此外，早恋者一般年轻气盛，对一些事件十分敏感。特别是男孩在女朋友面前，面对一些让自己“吃醋”的行为恼羞成怒，对一些人大打出手，造成违法犯罪。另一种情况是，由于父母的不支持，谈恋爱的金钱花销无法取得，诱发偷和抢的念头。这是早恋对社会最严重的危害。

早恋就像早摘的柿子，是苦涩的。只有到了成熟的季节采摘的柿子才是甜蜜的。爱情就像柿子，早摘苦涩，适时摘取才甜蜜。青少年之所以产生早恋现象，可以归结于这样几个原因：第一个是青春期性生理和性心理发育的自然本能作用。青少年进入青春期以后自然而然地开始产生性意识。他们开始敏感地看待男女同学间的交往，他们注视着异性同学有关自己的一举一动。逐渐地，在众多的男女共同交往中逐渐由对群体异性的好感转向对个别异性的依恋，形成一对一交往的行动，即进行早恋。还有青春期教育的缺乏，青春期如何进行健康的异性交往，如何正确区分友情与爱情，与异性交往的行为规范如何……青少年缺乏这些知识，又无行为规范训练，缺乏与异性朋友建立纯真友谊的条件。好在目前城市的学校已经注重到了这一方面，开展了相关课程，然而农村地区由于缺乏条件，对这方面关注不足，因此农村青少年在青春期缺乏规范的教育，不能很好地处理青春期情感。青少年独立意识也会促成早恋。青春期少男少女对成人世界盲目向往和追求，以为恋爱代表自己的成熟，而忽视了自身心理素质的培养、锻炼和提高，这是缺乏理智的表现。此外，还有学校中一些因素的影响。这些因素有以下几种，我们可以来看一些早恋案例。

敏敏和峰峰是初中两个班级的班干部，经常会一起工作，参加学校里的一些活动，半年以后，两人不自觉地被双方的工作能力和性格所吸引走到一起。小磊的父母对小磊的学习要求很高，上初三以后，学习压力很大，为了缓解压力寻求刺激，小磊和班里的一个女同学谈起了恋爱。蓓蓓是一个14岁的女孩，她因为成绩不好，经常受到老师的批评，对学习失去了兴趣，经常郁郁寡欢，后来收到一个男生的表白信，为了填补精神上的空虚，便把精力转移到了恋爱上面……

此外，青少年早恋与家庭有着密切的关系，尤其是农村地区的青少年早恋，大多数都是由于父母不在身边所引起的孤独感所造成，青春期需要关爱和鼓励，这些农村青少年无法从父母处获得这些，便把注意力转移到了异性身上。还有一些父母离异的家庭，孩子缺乏家庭的温暖；农村父母缺乏对孩子的性知识教育，使孩子不能正确处理与异性之间的关系；父母长期出门在外，爷爷奶奶等监护人对孩子所看的书籍、影视录像等不加限制；有的家长对孩子的异性交往不加以指导等，都是促成青少年

早恋的因素。

恋爱是基于一定的客观物质基础上的情感需求，是一种以渴望对方成为自己终身伴侣为基础的强烈、持久、稳定和专一的情感。而早恋一般是无条件的，早恋的青少年认为爱就是一切，也很单纯、很纯洁，这是早恋结不出幸福之果的原因。正因为它是无条件的，故而具有一定的盲目性和不稳定性。进入早恋的人常会把对方的一次相助、一句劝慰都认为是爱的表示，并无限地放大它、美化它，而激情消退之后，又会猛然发现对方身上难以容忍的缺点，这也是早恋成功者少而又少的原因。此外，早恋的情感炽热而又脆弱。那种“我的眼里只有你”的“唯一”感觉，往往会使他们理智的防线抵挡不住感情的潮水，以致产生不良后果。早恋往往是一种向往和眷恋，不具有深刻而丰富的社会内涵。处于早恋状态的青少年很少意识到对这份感情的责任和建立家庭的目标。

生活的境遇是多变的，外面的世界太精彩，青少年要学会珍惜自己的青春，好好珍惜同学之间的友谊。当青少年心智发育尚未成熟，在物质、精神上还不能为别人承担责任的时候，不要急于采摘含苞未放的花朵，因为那会令你失去看到它盛开时的灿烂美好的机会。

6. 上网与看电视

随着新时代的到来，作为新时代的特征物——网络正融入人们的日常生活中，给人们的生活、工作和学习带来了诸多的方便。网络推动着社会发展的同时，也带来了许多不良的影响。比如网瘾问题，特别是青少年的网瘾。青少年已经成为网民的重要组成部分，网络在促进青少年快速成长发展的同时，也给他们带来了诸多不良影响，其中网瘾问题已引起社会各界的高度关注。青少年是一个自我防护意识和自我控制能力都相对薄弱的群体，他们容易被色情信息、暴力游戏等不良网络内容所吸引，过分沉迷网络形成网瘾，不仅影响了自身正常的学习、生活、人际交往，而且给社会带来巨大危害。实现社会和谐，建设美好社会，就必须消除网瘾，才能达到人类对理想社会的要求。

“网瘾”指在无成瘾物质作用下的上网行为冲动失控。表现为由于过度使用互联网而导致个体明显的社会、心理功能损害。网瘾与药瘾、毒瘾等有明显的不同，药、毒瘾有明显的生物学基础，即有明显的躯体依赖。而网瘾者没有明显的躯体依赖，但却有着强烈的心理与行为依赖。因此，它应该属于行为成瘾的一类。网络成瘾者主要表现为对网络有一种心理和行为上的过度依赖，以上网为生活重心。根据中国互联网络信息中心第 24 次调查报告显示，农村青少年网民所占比例高于城镇，农村青少年网民中一天不上网就感觉难受的认同比例达到 13.9%，高出城市相应比例 0.9 个百分点；同时，认为与现实相比，更愿意待在网上的比例也高于城镇相应水平。虽然目前农村地区青少年互联网普及率不及城镇，但是网络使用可能带来的网络成瘾现象可能在农村青少年身上表现更为普遍。

结合网龄和地域特点，发现网龄一年以下的农村青少年网民网络成瘾比例较高，有 15.4%认为一天不上网就感觉难受，高于城镇 14.7%的比例。因此，网龄一年以下的农村青少年网民网络成瘾问题更值得关注。与城镇相比，农村地区上网资源有限，网吧上网比例较高；农村地区留守儿童缺乏足够的家庭监管，无约束的上网行为是网络成瘾巨大隐患。农村青少年娱乐活动更为单一，上网的娱乐性高于城镇网民。

青少年为什么会染上网瘾呢？有以下几个原因：

首先，青少年的自我意识强烈，青少年是自我意识和叛逆心理最强烈的一群人。中学生急于摆脱学校、教师、家庭的管制，丢开书本，追求独立个性和成人化倾向，确立自我价值，网络恰好提供了这样一个虚拟的空间。网络自由平等的特性，为青少年创造了“海阔任鱼跃，天高任鸟飞”的天地。在网络上人人平等，网络成为中学生展现自我的平台。网络游戏更是吸引着大量青少年在游戏中成为英雄，成为独傲一方的尊者，获得许多在现实中不能的自由，青少年会通过游戏这个虚拟的世界得到快感和成就感。网络游戏会诱发青少年误入犯罪歧途从而导致网络犯罪。网络游戏对于心理发展还不成熟、行为自控能力还较弱的青

少年而言，游戏中的暴力、色情情节极可能成为引发他们犯罪的诱因，他们极有可能模仿其中的行为，从而对他人造成严重的危害甚至犯罪。除此之外，一些青少年为了筹集上网的钱而走上犯罪的道路，这不得不引起我们的重视。

网络游戏的特点

（1）虚拟性。在网络游戏中，玩家能够根据自己的喜好选择游戏的类型和游戏的伙伴，而不必考虑环境和同伴的因素，在虚拟的游戏中他们可以随意改变自己的年龄身份、地域等，这种游戏的虚拟性导致青少年学生的角色认知不清，现实的角色和游戏中的角色冲突，使青少年形成错误的思想观念和不良的道德品质。当今的社会是一个竞争的社会，青少年也面对各种社会压力，尤其是学习的压力使他们很容易受伤或受挫，而网络游戏中的各种角色给予他们发泄的机会，他们可以与不满者任意地 PK，然后取得成功。虚拟的网络世界为他们提供了逃避现实的途径，使他们沉溺其中不能自拔。

（2）无序性。在网络中，人们具有更大自由度；现实中的尔虞我诈在网络中会被无限“放大”。所谓公共道德和社会常识，在网络游戏中基本处于“空白”，其无序性暴露无遗。网络游戏给他们匿名性的权力，青少年“无拘无束”、“无法无天”而不必受社会的谴责。

（3）强大的互动性。网络游戏的受众不再是简单地观看而是参与其中，从目前市场上流行的网络游戏的内容看大多是暴力 PK 的内容，其血腥的场面令人不忍直视。网络游戏的巨大优势使人们在虚拟的世界里可以找到自己的影子或者代言人。

青少年对事物的认识能力有限。青少年心理素质正处在发育与成熟阶段，情感波动大，对于上网的真正目的与意义还不能正确把握、辨别与选择，虚拟网络毕竟充斥着大量“垃圾信息”和“虚假资讯”。对于身处社会边缘、分辨能力有限的中学生来说，面对网上新奇、刺激的信息难以自拔。他们对网络认识模糊极易受到网络的诱惑。特别值得一提的是，他们有限的认识能力甚至分不清

现实生活与虚拟世界，置身于自己的虚拟世界中。

案例

一名沉溺虚拟世界的13岁男孩小艺，选择一种特别造型告别了现实世界：站在天津市塘沽区海河外滩一栋24层高楼顶上，双臂平伸，双脚交叉成飞天姿势，纵身跃起朝着东南方向的大海“飞”去，去追寻游戏中的那些英雄朋友：大第安、泰兰德、复仇天神以及守望者……当时目睹这一惨剧的一位清洁工事后感叹：“我从来没看见过这样一种奇怪的自杀，设计好那么标准的飞天姿势，而且带着笑脸，毫无痛苦！”

外在成长环境的客观因素也会导致青少年沾染上网瘾。21世纪已经离不开网络，许多东西都与网络搭上边，大街小巷遍布着网吧，许多网吧还特意建在学校附近，这使得青少年的成长环境更加复杂。尽管有关部门出台了一系列禁止未成年人进入网吧的条例，但在实践中对网吧尚缺乏有效的管理措施，特别是农村地区，网吧老板利用相关部门管理不到位的漏洞，对未成年人上网不加以管制，网吧里坐满了青少年。各种网络游戏公司为了推广游戏，细心打造宣传工作，还有许多的游戏比赛，丰厚的奖金、华丽的游戏吸引着大批的青少年，促使他们将网吧当作乐土。

据调查，70%的青少年网络成瘾都是由于家庭问题造成的。农村地区的父母为了生计，奔赴外地赚钱，孩子交付他人护养，或任其自由。孩子得不到应有的父爱母爱，享受不到家庭的温暖与幸福，只有借助于沉溺网络来满足他们心理的空虚和寂寞，从网络中寻求自信、尊严和自我价值的实现，导致网络成瘾。此外，教育环境也可能会导致青少年形成网瘾，中学生的学习压力较大，对学习的目的认识不清，加之学习成绩不好，有时又得不到老师正确的教育，极易产生厌学心理。当学生学习上经常遭受挫折，又得不到家人、老师和同学的理解。为宣泄心中的苦闷，逃避不愿面对的现实，往往在网上寻求安慰、刺激和快乐，以宣泄平时的压抑情绪。

留守青少年的网瘾问题

农村留守儿童一直是整个社会关注的焦点问题。这或许是因为，相对来说，留守儿童年龄小、生活自理能力差，个人的健康和安全更易受到伤害，因而更易引起社会关注。然而农村留守少年（主要指初中阶段的孩子）比留守儿童（主要指小学阶段及以下的孩子）引发的问题更严重，也更让人忧心，急需相关部门认真对待和加以解决，否则农村留守少年真有蜕变成“犯罪后备军”的可能，“网瘾”问题便是这些留守少年的重要问题。初中阶段的留守少年正处于自主欲望日增、叛逆性渐强的阶段，隔代长辈无力管教。留守少年的经济支配能力大大增强。多数家长外出打工较前些年收入有所增加，存在着“以多给些生活费来补偿情感关怀缺失”的心理。经济支配能力的增强是这些缺乏自我约束和自我管理能力的留守少年“脱求学之正轨”的直接诱因，导致他们比城市孩子有着更多的自主支配的金钱来支撑着他们泡在网吧里。其次，隔代长辈既无法支配留守少年的经济，又无法引导下一代的学习和生活，更不用说进行批评教育了。隔代长辈对其“宽有余，严不足”，即便在发现孩子有痴迷上网的习惯，也没有足够重视，甚至会以为孩子在网上学习，孰不知孩子已经沾染上了网瘾。

心理学研究表明，在少年期，孩子个人价值观正处于构建阶段，极易受到外部环境的感染。在当前社会上不良诱因弥漫的环境下，如果对留守少年可能出现的不良倾向不及时地加以矫正，就很容易出问题。

与网瘾相比，青少年看电视现象可能引起的关注并不高。然而，美国有一个调查研究表明，青少年每年上学的时间是900个小时，而看电视的时间却高达1 500个小时，在华盛顿70家有线电视台中，一天在电视画面中出现暴力行为的场面高达2 000多个，电视节目成了青少年获得犯罪信息的重要来源，这种信息对青少年的心灵腐蚀也十分严重，也应引起家长及社会的重视。

7. 追星

我们首先来看两则追星的案例。

案例1

1992年，著名港台歌星黎明来到北京演出，狂热的粉丝把演出现场的栏杆都挤坏了，一个女学生的下颚被撞伤，到医院缝了好几针，然而这个女学生却十分地高兴，并表示："为了黎明受伤我愿意，终生留下这个伤疤我也很开心，因为我一看到它就会想起黎明。"

案例 2

有一个家住在温州的男学生一直都十分喜欢影视明星赵薇，能见赵薇一面成为他最大的愿望，为了实现这个愿望，他偷了家里的钱千里迢迢去找赵薇，但因为钱用完了还未实现愿望，这个少年在途中自杀身亡。

一位 17 岁的浙江初中生，因父母不给钱无法参加歌星演唱会而服毒自尽；一个 15 岁的辽宁足球迷为了观看球星比赛离家出走，至今下落不明……痴迷刘德华 13 年的女追星族杨丽娟成为全国的焦点：杨父跳河自尽，遗书上要求刘德华与其女儿见面，而杨丽娟在父亲自尽后却依然表现正常。一石激起千层浪，杨丽娟及其家人令人震惊的经历，让大众的目光再度聚焦在追星族身上。如今，青少年因疯狂崇拜偶像而出现的悲剧在中国各地不断出现。这已成为不容忽视的社会问题。不久前，中国青少年研究机构连同媒体，对北京、上海、广州、天津等地的近 3 000 名大中学生进行了"青少年偶像崇拜"的专题调查。结果令人大吃一惊：有 70%的人承认有过特别喜欢、崇拜某个明星的经历；有 55%的人承认自己正在崇拜某个明星，其中中学生的比例达 70%。学生们崇拜的偶像中，99%以上是影视界和体育界的"大腕"明星。其中，10%的青少年表示对某个明星崇拜得难以自拔。

"追星族"是一个外来词，它是指崇拜明星的人群。这些人为了自己心目中的偶像，为了自己崇拜的明星，会毫不犹豫地奉献自己的热情和身心。这种奉献是不受或少受文化背景、地理环境和社会阶层、年龄大小等因素限制的。在某种程度上说，追星族们似乎没有了选择自身爱好的自由，而完全以自己心目中偶像的爱好为爱好。追星的行为如果不加以引导，很可能发展成一种病态追星。病态追星指的是由于个体过度爱慕、追求和崇拜明星而产生的对明星的特殊嗜好，并使自身生理、心理和社会受到损害的一种现象，具体表现为成瘾者毫无节制地终日沉浸在对明星的关注和幻想当中，并由此产生心理依赖现象。

青少年追星，有着各种各样的原因。首先，青少年正处在一个心理断乳期，这个年纪的青少年很容易去寻找一个他们心目中的理想偶像作为内心寄托。明星光鲜照人的外貌，事业上的成功给青少年很大的刺激和诱惑作用，对他们有着很大的吸引力。其次，追求时尚和从众心理也是青少年追星的一个重要原因。青少年自身判断力不强，在青少年"追星族"里，有不少都是盲目从众追星的，在看到身边的同学都有自己的偶像时，为了不显得落伍，也开始追星。学校教育不到位也是一个原因。学生在沉重的学习负担下，缺乏自由的时间，没有足够交流空间。激烈的升学竞争、就业压力及生硬的思想教育课，更加大了学生的精神压力。这种教育环境，自然使学生把目标投向明星创造的娱乐天地，想从中得到暂时的慰藉。不过，大多数学者把主要责任推给不断"庸俗化"的大众传媒。一些明星借助媒体，一夜之间大红大紫。这是商业化的产物，背后是巨大的经济利益。更有媒体还推出了"造星运动"。如中国流行的"超级女声"，其在成都的报名现场，天天都排起长达两三千米的队伍，其中在校初、高中学生占80%。很多人逃学或谎称生病前来报名，这给成长中的少女们无疑起了不良的示范作用。

追星行为对青少年来说是一种正常的心理需求和行为表现。一般的追星，可以看成一种社会文化现象，是青少年精神生活的一部分，媒体要坚持正面的舆论导向，承担起社会责任。对各类偶像的宣传、报道和评价，要充分展示其真实、丰富、生动的人格魅力，给予青少年以理性的启迪和感情的教育，从而强化正面偶像的榜样作用。学校也应关心学生的偶像崇拜现象，对他们的崇拜心理和行为要进行科学的干预和适当的介入。通过性格教育、认知教育及情绪教育等方法，培养学生正确的偶像崇拜观。

8. 吸烟喝酒

目前，中学生吸烟喝酒的并不少见。据调查，我国中学生初次吸烟的年龄比 20 世纪六七十年代早了 2.3 年，年龄大的，不过十六七岁，年龄小的，才十一二岁。在被调查的学生中，有 32.5% 的男生和 13% 的女生尝试过吸烟；有超过 20% 的中小学生喝过酒，其中女生喝酒率也有 10% 左右。学生三五成群地在大街上公开吸烟、到酒店过生日宴会聚众喝酒的现象逐渐增多。农村地区青少年吸烟喝酒的现象更为常见，越来越多的青少年纷纷加入了烟民、酒民的行列，而且有数量增多、年龄年轻化的趋势，这些现象不得不引起人们的关注。

案例 1

某天，在校上夜自修课的初三女生兰兰突然间呕吐不止，而且满身是酒味。考虑到学生的安全，班主任将她安置在办公室并通知其家长来校协助处理。当老师问她为什么喝这么多酒时，她死活不肯说，后来在其父母的逼迫下才说出了事情的原因：她与班上其他三位女同学的成绩都不好，但平时很投缘，经常在一起说说笑笑很开心。中考将至，她们将要分手了，于是她们决定在星期天到酒店好好地聚一聚，来个“一醉方休”。由于不胜酒力，结果出现了开头一幕。

案例 2

良良、勤勤和韦韦都是 15 岁的青少年，每次下课都会到厕所或车棚里吸烟，有时甚至还在教室里吸，把教室搞得乌烟瘴气。对此，教师及班主任多次找他们谈话，进行批评教育，但收效甚微。为了严肃校纪、狠刹学生在校内吸烟的歪风，学校对这三位学生作出处分：责令他们停学反省一段时间，以示警戒。可是这三位同学返校后仍然吸烟，只是躲到暗地里偷偷地吸。

上述两个案例都是青少年吸烟喝酒的情况，虽然我国《未成年人保护法》和《中学生守则》都明确规定未成年人和中学生不准吸烟喝酒，但青少年学生中仍然存在着一定程度的吸烟喝酒现象，而且还呈现出人数上升、向低龄化发展和女生参与人数增多的趋势。青少年为什么会吸烟喝酒？这里既有内在因素，也有外部原因。内在因素主要是青少年复杂的心理因素，可分为以下几点：

第一，对吸烟问题的认知方面。大多数中小学生明白吸烟是不好的，有害身体健康，并是一种不

良行为。但是，仍有许多中学生对吸烟的危害，缺乏足够的认识。有 8.80% 的学生并不认为“吸烟有害健康”，25.35% 否认吸烟是一种不良行为。

第二，强大的好奇心理。调查中我们知道，因为想尝试而吸烟的青少年占 31.58%。青少年学生具强烈的好奇心，新事物和行为对他们有很大诱惑。对吸烟的行为也是如此，他们有想试试看的心情，看到成年人叼着香烟，火光一闪闪地吐出白烟的姿态，觉得好不自在，以为吸烟可能有着无穷的乐趣。特别是感到自己长大成熟了，这种独立意识和成人感的需要，和出于心理上的自我满足，所以想亲自品尝一下这吞云吐雾的滋味。

第三，交往心理。在社会风气影响下，为了联络感情，相互敬烟酒成为习惯，学生认为烟酒可使人产生亲近感。调查发现，不少学生是在与同伴的交往中学会吸烟喝酒的。一些学生觉得朋友都在吸，我不吸就“不好意思”，也无法与同伴沟通。在吸烟的中学生中，其第一支烟有 55.89% 是通过同学获得的。

第四，对偶像的模仿心理。从调查中可以看出，不少青少年学生有对偶像的崇拜心理，如对家长、老师、名人、明星等，对他们的言行举止都进行模仿，尤其是对偶像吸烟时的姿势等，认为这样可以与偶像的距离近了。今年刚刚 17 岁的伟伟已经有了 2 年的烟龄，在被问到原因时，他说道是因为自己 15 岁时在电视中看到了周润发扮演的角色小马哥吸烟，从而进行了模仿，染上了烟瘾。

第五，虚荣心的驱使。青少年学生虚荣心强，当看到别的同学吸烟，自己也想和其他同学一样吸烟。并且认为这是享受和感觉成熟的一种方式。有的女生说：“男生抽烟的姿势好看，给人一种成熟洒脱的感觉。”不少男生在这种心理暗示和鼓励下，为博得女生好感，顾不得吸烟的危害和违纪违规的后果，抽上了烟。

第六，对压力的反抗心理。据调查显示，因为解除压力和烦恼而吸烟的比率为 17.70%。这种压力主要来自教师和家长。青少年思想比较单纯，充满幻想，有较强的进取心和自尊心，另一方面又显示出幼稚，缺乏判断力和自制力。青少年在面临学习、恋爱、就业、生活等方面的压力时，由于知识、经验又不足，情绪不稳，承受和调节能力较弱，他们特别需要寻找心理寄托。吸烟喝酒能暂时麻醉神经，忘却烦恼、消除心理郁闷，获得短暂快乐，即所谓“一抽(喝)解千愁”。正因为抽烟喝酒能满足青少年消愁解闷的心理需求，

所以青少年在心理受挫时，特别“钟爱”吸烟喝酒。

外部环境常常也使得青少年染上吸烟喝酒的恶习。在农村有些家庭中几代人吸烟，长辈的嗜烟习惯潜移默化地影响着孩子，当孩子还在襁褓中就已经在享受烟雾的熏陶了。看到长辈吞云吐雾的模样，孩子们觉得挺“神奇”的，长大后就偷偷地学着抽了。农村家长受自身受教育程度的限制，对孩子缺乏相关的正面引导，是促成孩子养成吸烟习惯的一个重要原因。除了家庭原因之外，社会也要承担很大一部分责任。目前，我国社会吸烟喝酒的风气还很严重。各种社交场合和日常生活中，人们总是以烟酒相待，开会、办事、交友、喜庆、丧事等等，到处离不开烟酒，青少年自小就生长在处处有烟酒的环境中，可以说，吸烟喝酒已成为一种无法摆脱的社会环境，它对青少年吸烟喝酒行为起着潜移默化的影响。此外，社会并未对未成年人购买烟酒实行应有的限制，商家为了谋取个人的经济利益而无视国家法规，给青少年提供了吸烟喝酒的便利条件。作为商家，把烟酒卖给未成年人的理由一般有两条，一是“孩子家里来了客人，家长叫他们来买”。二是“买卖自由”，“我不卖给他，他也会找其他地方买烟酒，上门的生意干吗推掉？”绝大部分青少年表示他们所生活的环境里“很容易买到烟酒”。

农村青少年吸烟现状突出表现为以下几个特点：第一，吸烟行为在农村中小学生中并未成主流，不吸烟群体仍占大多数。第二，吸烟者中男生多，女生少。吸烟者男生比例高达 78.76%。第三，农村中小学生对吸烟问题的认识还是比较清晰。有效问卷中有 74.30%的学生对“吸烟是一种不良行为”表示认同；91.20%的学生认为吸烟有害身体健康；在“你认为多大年纪吸烟是比较合理的”一题中，能有 57.75%的学生认为“最好不要吸烟”，比例高达一半以上。而吸烟同学中的大多数也将吸烟视作一种不公开行为，有 78.76%的吸烟学生表示不常在公共场所吸烟，吸烟的场所一般选在“厕所”，比例高达 51.33%。第四，烟龄不长，且吸烟频次不是很高。吸烟者烟龄一般在一年以下，这一部分人数占吸烟者总人

数的71.68%，且在吸烟频次调查中，“每天吸烟少于一支”的比例数最高，为24.30%。

但同时，从调查数据中也可看出，在被调查人群中，吸烟群体虽只占少数，其数据比例也已达三成以上，由此看来，农村中小学生吸烟问题形势紧迫程度仍不容低估。针对如此现状，社会各界均有义务做出相应的努力，为农村中小学生的发展营造一个积极健康的发展环境。干预青少年学生的吸烟，应由家庭、学校、社会共同参与，齐抓共管，扼制农村中小学生吸烟行为更要及早采取措施。

农村是我国的基础，农村中小学生是农村发展、农村面貌得以深层次改变的希望。他们的健康成长有赖于全社会的关注和关爱。因此，关注农村中小学生的健康成长，需要尽早扼制农村中小学生吸烟低龄化的趋势。为农村中小学生营造一个积极、健康的生活环境是全社会的责任，只有这样，我们祖国明日栋梁之才才能茁壮成长。

吸烟喝酒的危害

香烟中含有3 000多种有毒物质，被称为“20世纪的鼠疫”。青少年正处在生长发育时期，心理发育尚未成熟，身体各器官对烟草中的有害物质极为敏感、抵抗力不强，对有毒物质的吸收比成年人快，更容易中毒。青少年吸烟可能引发心脑血管、口腔、眼科等多种疾病；还可能导致早衰、早亡以及影响性功能；引起少女的月经紊乱和痛经等。

青少年长期吸烟会导致注意力和稳定性下降，降低智力水平、学习效率和工作效率。吸烟成瘾，可能引起思维过程的严重退化和智力功能的损伤，严重的会导致思维中断和记忆障碍，对智力、个性、心理品质、学业等都很有害。青少年吸烟会增加父母的经济负担，会促成不良交往，诱发不良行为。有些青少年为了弄到买烟的钱，铤而走险走上了偷窃、敲诈、勒索、抢劫的犯罪道路。

酒精也对人体损害很大。青少年发育尚未完全，各种器官功能尚不完备，对酒精的耐受力低，肝脏处理酒精的能力差，更容易发生酒精中毒及脏器功能损害，当体内酒精浓度较高时，会刺激胃黏膜，使胃酸的分泌和胃的正常活动受到破坏，酒精影响记忆力及正常的生长发育，还可能埋下肝硬化、胃癌、心血管病等疾病隐患。同时，青少年自制能力差，酒后易行为失控，诱发各种事故甚至危及生命，如偷食禁果、与人争斗、擅自驾车等。

9. 交友

交友不但可以锻炼青少年的人际交往能力，而且还能促使他们增强自尊心和自信心，培养良好健康的心态，培养竞争意识和团队精神。交友是包括青少年在内的每一个人的生理需要和心理需要，青少年时期的友谊经常会伴随一生，对青少年的成长起着极其重要的作用。但是交友也应当注意有好的朋友和坏的朋友，在目前农村青少年中，我们发现因为“哥们儿义气”导致的青少年拉帮结派互相斗殴的情况十分常见，这就是因为对友谊没有正确的认识。

我们来看这样一个真实案例：同为初三的学生，小林和小张两人因为一点儿小事儿发生争执，后来大打出手，小林没有占到什么便宜，心里很不服气，于是去找来自己的两个好哥们儿帮忙。两个好哥们儿一听，好兄弟吃了亏，岂有袖手旁观的道理，一起去找小张出口气。但不曾料到，小张因为打不过三个人，为求自保，将随身带的一把刀子拿出来挥舞防身，结果造成了小林的一个兄弟重伤。受重伤的同学虽然保住了性命，但是落下了终身残疾。

一些性格外向的青少年在交友上往往很“潇洒”，认识不到几天，便称兄道弟，还像成人一样信誓旦旦：“大哥的事就是小弟的事。小弟为大哥赴汤蹈火，在所不辞。”如此等等。在他们看来，友谊就是江湖上的哥们儿义气，有钱时大吃大喝就是“有福同享”，不讲原则为朋友两肋插刀就是“有难同当”。这种江湖式的友谊是最危险的，它有可能就是埋在社会的一颗“定时炸弹”，一旦爆炸，后果不堪设想。

青少年中讲“哥们儿义气”主要有以下三种类型。(1) 包庇型。朋友逃课，帮其撒谎；考试时相互配合共同作弊；朋友犯错，为其掩护、开脱，甚至甘当替罪羊等。这样的做法实际上是纵容朋友在犯错的路上越走越远。眼看朋友在错误的泥潭里越陷越深而不拉他一把，并不算是真正的友谊。(2) 帮派型。受社会不良风气和某些影视作品的影响，一些青少年在校园内甚至社会上网络人员，以扩大自己的势力。他们有的结拜成几兄弟几姐妹，有的则结成帮派，喝血酒、定帮规、立誓言，也取名号，如“四大天王”“八大金刚”“十三太保”，等等。(3) 还礼型。朋友有难，应该帮助，但是也应该看情况。若是帮忙打人的话，首先要冷静，千万不要加入混战，还要劝说双方息事宁人，化戈为玉帛。实在无能为力，要报告学校，报告老师，报告司法部门，这样才算真正帮助朋友。

靠哥们儿义气支撑的友谊，极其危险。青少年更要充分利用各种有利条件，努力学习，提高自己各方面的素质，去了解关于哥们儿义气的以下知识：

（1）不要把“哥们儿义气”当做友谊

“哥们儿义气”与友谊是根本不同的，二者有着根本的区别。友谊是人与人之间的一种真挚的情感，是一种高尚的情操；而源于江湖义气的“哥们儿义气”是以私利为目的的，不分是非，不讲原则，更不顾及社会的准则，国家的法律。他们以“铁哥们儿”相称，以“江湖义气”为榜样，为了自己和“哥们儿义气”的私利，常常干出一些伤害他人、损害集体的事情来，有的甚至会坠入犯罪的深渊。同样，“哥们儿义气”也不是一种真正的义气。义气者，刚正之气、正义之气也，它是人与人之间的道德关系。一百单八将聚义梁山，劫富济贫，匡扶正义，为天下的老百姓出了一口恶气，是何等的酣畅淋漓？可以说，一部《水浒》，就是一部“正义传”。而哥们儿义气就大相径庭了。它不讲原则，藐视法规，助桀为虐，不分是非，互相包庇，只有一味的盲目、盲从。为了哥们儿，哪怕去杀人放火，也“脸不变色心不跳”，被绳之以法，还“撞到南墙不回头”，就是犯罪当死，照样“死心塌地”，叫嚷“二十年后又是一条好汉”。讲哥们义气的人，总要为报恩或报仇干出法律不容的出格事，进而付出沉重的代价。可见，哥们儿义气并不义气，而是流氓气、无赖气。

（2）“哥们儿义气”是一种使人丧失理智的冲动

校园中“哥们儿义气”实际上是一种基于无知和盲从、情感无基础的冲动的非理智行为，特别是它还往往带有旧社会的行帮气息，这是与现代文明社会格格不入的，是根本不相容的。

友谊是一朵美丽的花，需要去经营灌溉，对于孩子的交友，也需要家长区别不同的情况加以引导。当孩子在交友方面出现误区时，要及时给予指导，当孩子出现交友障碍时，也要帮助孩子分析原因，寻找对策，解决问题。

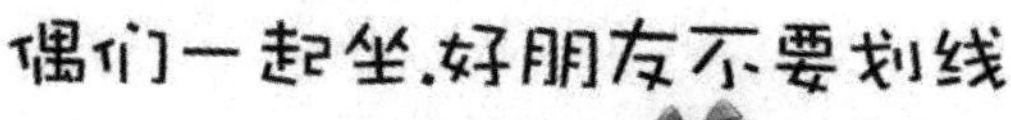

10. 性

在过去的中国，性一直是一个讳莫如深的话题，而如今，人们已经开始将其作为一门科学来研究和对待。青少年时期是人生发展最不稳定的时期，这个时期的个体生理成熟趋早而心理成熟滞后，不同步的身心发展容易导致各种身心问题的发生。性作为这个时期萌芽并发展起来的一个重要课题，很容易困扰青少年的生活，使其无法顺利完成这一时期的发展任务而进入下一人生阶段。我国的性教育相对滞后，许多孩子对应有的性知识基本一无所知，往往对性问题出现错误认识，不少人产生了心理障碍，尤其是农村青少年，在性方面能获得的正确指导更少，社会、家长应对此给予足够的重视。

青少年随着性生理成熟的到来，性意识开始觉醒和萌发，其主要表现可以分为几个方面：

（1）对性知识发生浓厚兴趣，家长的封锁激起青少年们的逆反心理，与此同时一些不良网站投其所好。科学知识像预防针，可以增强他们的免疫和抵抗力，可惜这种预防针还太少太少。

（2）在性激素作用下青少年产生向往或爱慕异性的心理，而且其性心理远远不如性生理那么成熟，这就造成他们不能妥善处理这一阶段的心理变化。容易出现过分的冲动，使理智让位于冲动，不能控制自己的情感和行为，难免做出傻事，往往一失足成千古恨。

（3）具有性欲望和性冲动，这是由性成熟后性激素水平迅速升高所导致的，所以青少年往往爱看言情小说，做性梦，出现性幻想、手淫，这都是顺理成章、天经地义的事，是每个人都必然经历的发育阶段。青少年这时出现的性冲动是合理的，只不过要引导他们正确对待和处理这些问题。既不能把性欲望和性冲动看作是思想不健康或低级下流的事，从而自责或产生内疚感；也不能让欲望控制自己，突破性道德和性文明的约束，模仿西方的性自由和性解放，从而出现性病感染、未婚先孕等恶果，使自己的身心受到严重伤害。

案例

一位高一的学生，学习注意力不集中，心事重重，成绩开始下降，家长十分着急。在心理门诊这位男生介绍说，15岁的时候有一次他的下身起了皮疹，瘙痒难受，他就去摸，结果阴茎勃起，有东西排出来觉得“特舒服”。男孩说，自己不敢告诉爸妈，因为书上说这是手淫，对身体不好，结婚后还可能没有小孩，自己很想控制但有时忍不住会弄一下，十分悔恨，整天想这件事就影响了学习。

在青少年期，由于性意识的觉醒导致性冲动产生，部分青少年为了获取性冲动的满足而常常采用手淫行为（或称自慰行为），久而久之形成不良习惯。这种习惯本身并不对青少年的身体产生直接影响，它的影响主要在心理上。长期的手淫造成青少年心理的自我挫伤，感到懊悔、惶恐、羞耻和罪恶，承受巨大的心理压力。不少青少年错误地认为手淫是不好的事，从而觉得自己是不好的人，在这种负罪感压力下，许多人的学习生活受到极大影响。

手淫在青少年期相当普遍，它所造成的危害，远远不如人们对手淫的恐惧和把手淫的后果夸大所带来的危害大。现代的大量研究业已证实，手淫对青少年来说（仅指青年）是一种满足性欲的自慰行为，适当的手淫，不仅无害，反而有益身心健康。以往的心理学家或医学家把手淫的危害估计过高，甚至渲染到能引起精神病和痴呆的程度，这是把人引入歧途。一般来说，手淫本身并无特别的害处，也不会影响日后的性生活和生育。如果手淫太过频繁，沉溺于其中而不能专心学习，家长和老师要帮助其进行行为调整。

案例

一位女生升入一所新高中后，在陌生的环境中，和初中学校一位认识的女校友关系十分要好，两人常在一起学习、吃饭，久而久之，同学们说她们是同性恋，别人说多了，就以为真的是同性恋了，不敢告诉父母，心里十分害怕，产生了厌学情绪。

青少年男女主动地与同性相处，发展友谊，有心里话主动告诉同伴，而不愿向父母吐露心思，这是正常现象，谈不上什么同性恋。

除了上述案例之外，青少年的性问题还有其他的一些。例如青少年的身体关注，儿童很少注意自己的形体，如身高、容颜美丑等，但到了青少年期，尤其是青春期的青少年对许多体象变化便开始关注起来。例如，担心自己达不到标准体重和身高，面部长痤疮怕影响美观；乳房发育不良怕影响自己的身材和性感；乳房硕大下垂的少女也感到自卑忧虑。我们曾见到一些少女感到自己乳房“大而不当”，坚持要求外科医生切除部分乳房，另一些少女为自己的乳房“发育不良”而忧心忡忡，甚至胡乱找江湖术士给药吃。有些男孩对自己的阴茎比同伴小，阴毛比同伴少感到焦虑……这些现象在青春期是常见的。

农村地区性教育缺乏，很多父母也从不在意对孩子的性教育，这种做法会造成一些农村青少年产生遗精恐怖和初潮焦虑。应当帮助青少年认识到，少男首次遗精和少女月经初潮，都是生理心理接近或达到成熟的标记，这完全是正常的生理现象，不必要对此感到恐惧和焦虑。这些少男之所以焦虑，一则是因为他们对“黏糊糊的液体”的突然出现缺乏了解，再则是偏听了民间流传的遗精有损健康的谬论。正常遗精的精液损失对身体健康并无不良影响，对遗精缺乏正确认识的少年，不能理解这种正常的生理现象，又因其来自阴部，羞于启齿，便焦急不安，久而久之，出现继发性的神经衰弱症状如头痛、失眠、记忆下降、无力等。少女月经初潮的头几年，经量不稳定，时多、时少、周期也不规则，或一月来几次，或几月来一次，都属正常现象，这与体内神经内分泌环境不稳定有关。男孩的遗精次数也不等，一般每月1～2次，或每周几次，这都与环境因素有关。遗精如不引起心理压力，疲乏无力，一般无须治疗，即可自愈，青春期的青少年无须过度担心。

此外，过早的性行为也是青春期青少年容易出现的性问题。性是人类繁衍生息的生物基础，也是人类种族延续的必由之路。但是青少年的生理发育、心理发展，特别是道德心理都不甚成熟。在如今这样一个风云多变、真伪难辨的信息时代里，尤其容易受到不良性文化的影响，从而出现各种性行为问题，目前来说，少女未婚先孕和各种性犯罪尤其值得注意。

（1）青少年未婚先孕

2010年由国务院妇女儿童工作委员会办公室、联合国人口基金会和北京大学人口所联合发布的《中国青少年生殖健康调查报告》显示，我国未婚青少年中，约有60%对婚前性行为持较宽容态度，22.4%曾有婚前性行为，其中有51.2%的青少年在首次性行为时未使用任何避孕法。在有婚前性行为的女性青少年中，超过20%的人曾非意愿妊娠，其中高达91%的非意愿妊娠诉诸流产。此次调查历时近2年，涉及1.64亿15岁至24岁未婚青少年。如今，未婚少女怀孕或流产的消息更加频繁地见诸报端:“初生婴儿被遗弃,父母均为未成年人;11岁女孩怀有葡萄胎,父母浑然不知;13岁的初中生拿压岁钱做人流;16岁女生做人流时不慎被医成植物人……”5年前,中学生或大学生做人流还会遮遮掩掩,现在,则是直接穿着校服就去了,种种现象实在让人痛心不已。青少年无论是从生理上还是心理上,都还未具备为人父母的条件,但是他们却屡尝禁果,无视未婚先孕和人工流产对其造成的隐性伤害:在人工流产过程中,少女可能会出现大出血、子宫穿孔等并发症,术后还可能并发各种妇科炎症,多次流产甚至会导致终生不孕;在心理上,未婚先孕的事实必定会给少女及其家人带来负面影响,让他们觉得做了不光彩的事,从而抬不起头,心情压抑而无法抒怀,甚至还会造成两个家庭的矛盾而伤害彼此感情。

(2)青少年性犯罪

2005年的数据显示,青少年犯罪的数量已经占到我国总犯罪量70%,其中性犯罪的比例超过30%。犯罪年龄集中在14至18岁之间。如今虽然没有确切的统计,但是一件件触目惊心的案例和众多学者的数据分析预示着这比例一定是有增无减,而年龄也是更趋低龄化。以前青少年性犯罪势单力薄,多表现为强奸,但如今青少年性犯罪的情节日渐恶劣,团伙性暴力性的性犯罪案件增多趋势明显,犯罪手段的残忍性,犯罪形式的多样性、组织性让成年人瞠目结舌,而且更让人意想不到的是天津市建新劳教所年龄最小的“轮奸犯”仅14岁,青少年性犯罪的年龄越来越趋低龄化。

弗洛伊德把人类一切活动的本源都归结于性,虽然不被所有人认同,但也从另一

角度折射出性对于人类活动的重要意义。青少年性认知、性行为和性心理的和谐发展是其生理和心理发展达到和谐统一的前提。指引青少年，尤其是缺乏条件获得正确知识的农村青少年正确认识性，对青少年身心的健康发展都十分重要。

结 语

青少年的面前是"漫漫人生路"，如何能够顺利地"上下求索"，这就要求在以各种方式增进身体健康的同时，不要忘了为心理健康提供措施和"养料"，以达到真正的健康，使身心得到全面的发展。这一章节全面介绍了青春期青少年容易出现的各种心理问题，对这些心理问题的认知了解有助于帮助青少年更好成长发展。

二、农村中年人常见的心理问题和现象

也许有人认为，一旦成年，一个人就进入了人生的上升期，成熟而理智，所以不容易有心理问题。实际上，这种观点是极其错误的。据世界卫生组织最近的一次调查表明，患精神疾病的人数已超过患心血管病的人数，跃居我国疾病患者的首位，约占20%。并且据专家预测，未来几年内，精神类疾病所占比例将增加到25%。"心理疾病的高发人群排序为中年人、青少年和老年人。中年人是社会的中坚力量，面对激烈的竞争精神压力很大，而他们在生活中又是上有老、下有小，生活压力也非常大。"随着社会节奏的加剧，人们的生活节奏也急剧加快，尤其是农村地区的成年人，很大一部分进城务工，更是承担着经济压力与精神压力的双重重负。这类人群因长期处于精神高度紧张状态，而又得不到应有的调适，会使其身心过度疲劳。久而久之，必然会导致焦虑不安、抑郁症、精神障碍等心理问题和疾病。关注农村成年人的心理问题和现象，不仅有助于使农村

地区和谐发展,更关乎着城市地区的建设和稳定。

1. 中年抑郁症

中年是人生的黄金时期,比之于青年,中年人多了几分成熟与经验;比之于老年,中年人多了几分干练与活力……很多中年人除了有上述优势外,往往还有较高的薪水和良好的职位,是单位的骨干力量。然而中年人的压力相对也较大,上有老,下有小,家庭事业两重压力,与青年时代相比,体能下降,身体素质明显不如那一时期好。所以,在现实生活中,过得轻松潇洒的中年人并不太多,他们的精神时常都处于一种十分压抑的状态之中,有不少人甚至时常深深陷入忧郁之中,所以很容易患上抑郁症。

案例

老吕是某农村中学的教导处副主任,一向以工作能干闻名,工作起来风风火火。然而,正值中年的他最近却一直郁郁寡欢、面容冷峻、沉默少语,同事们看他不高兴,都躲着他,尽量不与他打交道。这愈发让他沉郁。其实,老吕也算风光,由老师而当上某中学的教导处副主任,熬到这个份儿上,也算不错了。不高兴的原因有人能猜到一些,年终评优,他没被评上,这可是多年来的头一回啊!他心里总觉得校领导对他有看法,同事们对他有偏见,但是又没人和他交流,他也不愿意主动找人倾诉,好像有了什么大不了的事儿似的。他的工作重点是抓德育和后勤,学校的环境不错,卫生一直也是先进单位,只有德育工作不太好抓。上学期有的同学参与群殴,被派出所抓走,回来以后,他好像自己犯了错误似的,觉得抬不起头来,心情一直不舒畅,积郁久了,总想呐喊几声,可是又没处呐喊,即使如此也有辱斯文,只好在心里憋着,长此以往,老吕越发觉得心情极差,更加郁郁寡欢。

老吕这种情况,其实就是一种典型的中年抑郁症,中年抑郁症的典型表现有以下几点:(1) 躯体表现:中年抑郁症躯体症状表现往往出现的较早,并随着病情的发展而加重。主要表现有消化系统:食欲减退、上腹部不适、口干、便秘、

腹泻;心血管系统:心悸、血压改变、脉搏增快或减慢、胸闷、四肢麻木、发冷、发热、性欲减退、月经变化;自主神经系统:睡眠障碍、眩晕、乏力心悸等。(2)心理表现:中年抑郁症病人常表现为情绪方面的低落、郁郁寡欢、焦虑不安、过分担心发生意外,以悲观消极的心情回忆往事,对比现在,忧虑将来;思维方面:思维迟缓、反应迟钝,自感精力不足、做事力不从心、对平常喜欢的事提不起兴趣,特别是易疲劳,休息后也不能缓解。病情严重的患者,会感觉周围的人都在议论自己,甚至有人要害自己,也就是心理学上所说的精神病性症状的关系妄想、被害妄想、自罪妄想。例如,担心自己家人将会遇到不幸,等待着大祸临头而惶惶不可终日,或搓手顿足,坐卧不安,为一些无关紧要的小事而担忧,反复地回想以往不愉快的事情,进而责备自己没有尽到责任,对不起周围的亲人等等。

中年抑郁症的其他表现形式还有思维迟缓和意志活动减退。抑郁症患者在患病后思维联想过程受抑制,反应迟钝,自觉脑子不转了,表现为主动性言语减少,语速明显减慢,思维问题费力。反应慢,需等待很久,在情绪低落影响下,自我评价低,自卑,有无用感和无价值感,觉得活着无意义,有悲观厌世的情绪,自责自罪,认为活着成为累赘,犯了大罪,在躯体不适基础上出现疑病观念,认为自己患了不治之症。而患者在患病后的一些主动性活动也明显减少,有的中年人表现为经常独住,不愿意参加任何外界活动,以往感兴趣的活动也完全丧失了兴趣。严重者还会发展为不言不语,甚至反复出现自杀倾向和自杀企图。

中年人易患抑郁症与过度疲劳、心理压力大、不良生活习惯和复杂的人际交往有很大关系。外出务工的农村中年人为生计奔波,工作强度大,心理上要牵挂着家中老人孩子和工作上的种种事宜,心理压力自然也大。步入中年,身体的各个器官、免疫力都大不如从前,也开始容易受到一些躯体病症的困扰,如骨质疏松、冠心病、高血压等,这些疾病以及治疗药物都可引发抑郁症。此外在外务工生活和饮食不规律,农村中年人养成了不良的生活习惯如抽烟、酗酒等,烟酒、浓茶等都是刺激性大的东西,对中年人会产生负面影响并诱发抑郁症。工作场合人际关系复杂,在大城市很容易产生压抑心理,这些都会使得农村中年人容易患上抑郁症。

与男性相比,女性更是抑郁症的高发人群。女性本来就多愁善感,容易感情用事,进入中年以后往往因为各种家庭问题变得更加情绪化,以至于最后患

上抑郁症。女性中年患上抑郁症之后会有一些生理性变化特征，一般生理性的躯体变化表现常在精神症状之前出现，往往随着病情发展而加重，经过治疗后这些躯体症状消失的会比精神症状早。在生理变化方面，主要围绕消化系统、心血管系统和自主神经系统出现的临床症状展开。比如，月经变化，睡眠障碍，经常性的便秘、眩晕、乏力、心悸、胸闷、四肢麻木、发冷或发热、血压脉搏不稳等。女性中年抑郁症的精神症状通常根据病情的逐步加重而加重。通常发病时，病人常表现为情绪低落、郁郁寡欢、焦虑不安、过分担心发生意外，以悲观消极的心情回忆往事，对比现在，忧虑将来。当中年抑郁症发展到后期，精神症状十分严重的时候，旁人从直观上就能察觉到患者焦虑紧张，面容憔悴，两眼充满恐惧和绝望的神色。有的病人会变得坐卧不安，喃喃自语，悲伤哭泣，惶惶不可终日。更有甚者会发生自伤、自杀的行为。由此可见，了解女性中年抑郁症，对这种严重危及生命安全和家庭幸福的心理疾病的预防和及早治疗有很大帮助。

2. 产后抑郁症

产后抑郁症是女性精神障碍中最为常见的类型，是女性生产之后，由于性激素、社会角色及心理变化所带来的身体、情绪、心理等一系列变化。典型的产后抑郁症是产后6周内发生，可持续整个产褥期，有的甚至持续至幼儿上学前。产后抑郁症的发病率在15%～30%。产后抑郁症通常在6周内发病，可在3～6个月自行恢复，但严重的也可持续1～2年，再次妊娠则有20%～30%的复发率。

产后抑郁症发病于分娩后，故而得名。实际上产后抑郁症与普通抑郁症并没有本质上的区别。产后抑郁症的表现多种多样，有人把它归纳为三种类型：

（1）第三日抑郁

患者往往是初产妇，发病于分娩的三天内，症状较轻，主要表现为情绪沮丧、焦虑、失眠、食欲下降、易激怒、注意力不集中，持续数日后症状可自行缓解。

（2）内因性抑郁

发病于分娩后2周内，表现为激动、情绪低落、焦虑、无助感、无望感、罪恶感、担心养不活所生的孩子，严重时会担心孩子在世界上受苦而出现杀害婴儿的行为，然后自杀。

（3）神经性抑郁

多数产妇以往有神经病的病史，在分娩后原有的不良情绪体验加重、身体不适、情绪不稳、易发脾气、睡眠不足等。

产后抑郁症一般在生完小孩后的几周内发生，一般持续一周或更短的时

间。产后抑郁症与产后荷尔蒙水平的变化有关。此外，过度紧张，身体疲惫，睡眠不足，身体不适，以及对自己现状不满，缺少他人关怀和支持，对作为母亲这个新角色既新鲜又恐惧等心理问题也是导致产后抑郁的重要原因。大多数患此病的人都是普通人，她们具有一定的责任心和能力，但是产后抑郁症使她们感到无能为力，而且对自己有不切实际的要求。

下面几种危险因素，容易引发产后抑郁症：

（1）婚姻问题；

（2）怀孕期间的抑郁、焦虑；

（3）缺乏福利保障；

（4）怀孕期间的生活压力或负面事件的发生，如家属死亡、亲戚远离、搬到新地方、曾经历产后抑郁症或心绪混乱；

（5）分娩时的创伤经历；

（6）出院较早；

（7）经前综合征的病史。

（8）激素：怀孕期间，女性荷尔蒙雌激素和黄体酮增长10倍。分娩后，荷尔蒙水平迅速降低，在72小时内迅速达到以前水平。一些研究显示，产后期荷尔蒙水平迅速降低和抑郁症状出现有关。

（9）压力：对于新妈妈来说，孩子带来了巨大的快乐和兴奋。但是没有哪个新妈妈能完全兼顾繁重的工作和照顾婴儿的职责。孩子出生后一段时间，常充满兴奋，但接下来可能是失望，然后便是感觉到无法胜任作为母亲必须完成的挑战。

（10）既往的情绪紊乱：以前抑郁症的历史增加了妇女得产后抑郁症的危险。研究显示，1/3有抑郁症病史的妇女会在产后时期重患。

产后抑郁症除了会对妈妈产生影响之外，还会影响到婴儿的健康成长。产后抑郁症可造成母婴连接障碍。母婴连接是指母亲和婴儿间的情绪纽带，它取决于一些因素，如母婴间躯体接触、婴儿的行为和母亲的情绪反应。这种情感障碍往往会对孩子造成不良影响。研究表明，母婴连接不良时母亲可能拒绝照管婴儿，令婴儿发生损伤，并妨碍婴儿的正常发育生长。据报道，孩子多动症即与婴儿时期的母婴连接不良有关。

患产后抑郁症的母亲不愿抱婴儿或不能给婴儿有效的喂食及观察婴儿温暖与否；不注意婴儿的反应，婴儿的啼哭不能唤起母亲注意；由于母亲的不正常抚摸，婴儿有时变得难以管理；母亲与婴儿相处不融洽，母亲往往手臂伸直抱孩子，不目视婴儿，忽视婴儿的交往信号。这些行为对早期婴儿的不良影响主要有令孩子在出生后头3个月出现行为困难，婴儿较为紧张，较少满足，易疲惫，而且动作发展不良。对后期婴儿（12～19个月）的影响研究表明，母亲的产后抑郁症与婴儿的认识能力和婴儿的性格发展相关。母亲产后抑郁症的严重程度与婴儿的不良精神和运动发展呈正比。对儿童早期（4～5岁）的影响表现在产后第一年有抑郁症的母亲，她的孩子的能力和认知指数均显著低于健康妇女的孩子。

基于产后抑郁症对母亲和孩子的不良影响，此症一旦诊断成立就应开始治疗。这不仅仅可避免母亲病情加重甚至向产后精神病发展，也可使婴儿尽早地感受到妈妈的慈爱和温暖，健康快乐地成长。

已婚女性的婚后抑郁症

在农村成年女性中间，婚后抑郁症也是一种很常见的抑郁症，婚后抑郁症的出现通常有以下原因：（1）两地分居且一人照看孩子。这是引起婚后抑郁症最常见的原因，也是农村地区最常见的一种现象。没有结婚生孩子的人，是永远了解不到带大一个孩子需要付出多么大的精力和心血。特别是对于很多刚刚结婚，自己还尚未真正成熟起来，却要独自一人带着孩子的女人，其中的苦楚和艰辛绝非是用语言可以表达的。农村地区劳动力外流，大部分成年男人都到大城市务工，将家庭交给妻子照料，妻子承担的压力很大，容易导致抑郁症的出现。（2）婆媳关系紧张并且老公常年不在家。农村地区经常是媳妇和婆婆在家，男人出门务工，然而自古以来婆媳关系就是一个微妙的话题，稍有磕绊便会闹出矛盾。有一些受到委屈的媳妇，自己心里无法排解，又无法从家人和老公那里得到支持，长此以往，就引起了婚后抑郁症。个性太刚烈且无经济实力者。这类女人也很容易患上精神抑郁症。

调查表明，在中国平均每两分钟便会有一个人自杀，其中，抑郁症患者所占比例高达70%。据《东莞时报》报道，英国沃里克大学和美国达特茅斯学院的研究人员对200万人的数据进行分析后得出结论，年轻人和老人都不易患抑郁症，而中年人无论男女发病率都很高。我国和世界都面临转型和危机，生存压力加大是必然的，中年人作为社会阶级承上启下的中坚力量，承受着更大更多的压力，也存在更多的心理问题，如果不及时疏导，这些压力将成为断送他们幸福的元凶。

3. 焦虑症

当你来到一个陌生的环境、面对很多陌生的人时，你会不由自主地紧张起来，观察别人的反应、注意自己言行；当飞驰而来的汽车与你擦肩而过时，你的心中会激起强烈的恐惧，心情久久难以平静；当你内心出现不合时宜的念头时，你会觉得羞愧和懊恼……这些就是焦虑情绪。焦虑情绪是指人们在面对特殊情况时，在内心激起的不愉快的情绪，这是一种常见的、基本的心理体验。人性充满矛盾，人生充满风险，未来具有不确定性，这是焦虑的根源，也是对人生的挑战。

中年是人生这班车开得最快的时候，同时也是心理压力最大的阶段，持续的心理紧张极容易造成心理上的焦虑疲劳。家庭，自身，事业，工作，种种压力中年人都在承受着。首先来说家庭，无可置疑，中年人是家庭中的主心骨，繁杂的家务，子女的教育，父母的照顾，家计的安排使他们疲惫不堪。再来看一看中年人自身的压力，人几乎是出于本能地会不断提升自己的期望值，所以中年人大多迫不及待地想在事业上有所建树，于是不断地给自己加压，以至弄得身心疲惫不堪。同时，人到中年，健康状况开始下降，内分泌失调，免疫力下降，许多中年人不能正视身体的各种变化，往往对身心衰退的某些征象忧心忡忡，给自己造成一种无形的心理压力。人到中年，工作上也压力重重，许多中年人是工作中的骨干，工作中复杂的人际关系，都会使人感到情绪紧张，烦躁不安；知识更新节奏加快，要求中年人不断学习新的科学知识，才不会落后于他人。但人到中年，已不可能像年轻时那样精力充沛地学习，心力不济与工作中的紧迫感无形中使得中年人承受着极大的心理压力从而产生心理疲劳。

中年人在因压力巨大而心力交悴的时候，导致焦虑产生的因素却在不断地出现和加大：竞争的激烈使他们不敢稍有懈怠；社会的转型也使以前熟悉的、可以依赖的社会价值和社会关系消失殆尽；工作关系和人际关系也变得日益复杂，失去了以前的安全保障的感觉，处于惶恐迷茫之中。这些因素都将中年人置于社会大潮的风口浪尖上，使他们危机四伏、心身疲惫。我们来看下面一些焦虑症的案例。

案例 1

有一名44岁的家庭主妇，6年前丈夫眼见别人做生意都暴富，于是辞掉工作下海经商，哪知道商海险恶，不光没赚到钱反而把积蓄赔光了，两个小孩又在上学，经济非常紧张，她又总是怀疑丈夫有外遇，整天提心吊胆，逐渐出现了睡眠障碍，噩梦不断，头痛、头昏、头胀，平时坐立不安，紧张恐惧，但自己又无法控制；老是不由自主地到丈夫工作地点去，看到丈夫和别的女性讲话，她就会产生怀疑。最后，她实在无法忍受，到医院治疗，被诊断为焦虑性神经症。

案例 2

39岁的赵某在某乡镇企业重要部门任副主任,事业可谓一帆风顺。近期,单位进行领导班子调整,部门空出一个正主任位置,赵某打听得知自己和另一副主任可能是升职人选。为了能够顺利升职,他花费了不少心思,每天加班,早出晚归。可结果出来,他竞选失败,被调至后勤部门。虽然级别没降,但后勤部门无足轻重,与以前的部门相差千里。赵某整天郁郁寡欢,心里老是有疙瘩,遇到原部门的同事,他或掉头走开或不理不睬;见到新部门同事在一起低声说话,他又怀疑别人议论自己。半个月下来,他情绪大起大伏,烦躁不安,整天提心吊胆,心烦意乱,而且出现了头晕目眩、体力不支等症状。妻子带他到医院就诊,被诊断为焦虑症而住院治疗。

案例 3

高女士虽然家在农村,然而和丈夫一起出外务工,有一个待遇高的好工作,家庭和谐,一直以来都是周围朋友和邻居羡慕的对象。两个月前,她的睡眠突然出现了一些异常,经常辗转反侧,深夜到两三点也无法入睡。一问原因才知道是工作压力太大导致心神不宁、焦虑不安,她为了能正常睡觉,便开始服用一些镇静药品辅助睡眠。但服药一段时间后,睡眠问题还是没有解决。高女士的这个细微生活变化并没有引起家人的重视。可万万没有想到的是,不久后她却离奇跳楼身亡了,没有任何征兆,也没有遗嘱,高女士就这样离开了人世。她的突然死亡因此成了家里的一个"疑案"。心理专家对高女士生前异常行为进行分析后,发现该女士离奇跳楼是焦虑症所致,睡眠问题只是焦虑症的前期征兆。

抑郁和焦虑是中年人最易患上的精神疾病,表现最明显的是失眠和食欲不振,如出现入睡困难、睡眠浅、食欲下降、精力不济等典型征兆,此外还有心慌、心烦、容易疲乏、血压升高和一些情绪变化如脾气暴躁、突然变得犹豫不决、精神难以集中、头晕脑涨等表现。

造成焦虑情绪的情景有以下几种:(1) 外界环境的剧烈变化或未知的充满风险的新环境,此时个人的惯常行为方式无法适应此特殊情景。(2) 个人内部的各种冲动、欲望,与自我难以调和。(3) 对自己有很高的、近乎完美的道德规范要求,个人会因未臻完美而责备自己;会因有不道德的念头而厌恶自己。当焦虑情绪出现时,当事人会有一种"漂浮着的"、无所适从的疑虑,不知道事情会如何发展，有什么样的危险来临，并为此坐立不安。其实特殊的情景在引发焦虑情绪的同时，也激发了个人面对挑战、奋勇直前的勇气；克服困难、战胜焦虑的同时，也完成了自身的社会化、对文化的认同，使自我人格走向独立和成熟。从这个意义上，焦虑情绪对个人的心理成熟具有非常积极的作用。但是，因焦虑加重而心力枯竭，全身瘫软，不能适应眼前的情景，以致后来惧怕和逃避类似的情景，就会造成心理症结，形成焦虑症。

4. 其余常见神经症

除了抑郁症和焦虑症之外，中年人容易患上的其他神经症还有神经衰弱、强迫症、疑病症、癔症等神经症，在这一小节里，我们可以逐一学习一下这些神经症的基本知识。

（1）神经衰弱

神经衰弱是指大脑由于长期的情绪紧张和精神压力，从而产生精神活动能力的减弱，其主要特征是精神易兴奋和脑力易疲劳，睡眠障碍，记忆力减退，头痛等，伴有各种躯体不适等症状，症状时轻时重，病情波动常与社会心理因素有关。大多数病例发病于16～40岁，两性发病数无明显差异。从事脑力劳动者占多数。本病如处理不当可迁延达数年甚至数十年。如遇新的精神因素或休息不足，

症状可重现或加剧。但经精神科或心理科医生积极、及时治疗，指导病人消除病因，正确对待疾病，本病可缓解或治愈，愈后一般良好。

神经衰弱的一般症状有：1）易兴奋、易激动、易发怒。2）脑力易疲乏，如看书学习稍久，则感头胀、头昏；注意力不集中，记忆力减退。3）头痛。4）睡眠障碍，多为入睡困难，早醒，或醒后不易再入睡，多噩梦。5）自主神经功能紊乱，出现心动过速、出汗、厌食、便秘、腹泻、月经失调、早泄等症状。6）继发性疑病观念。

（2）强迫症

在我们的日常生活中，有时会遇到一些人重复一些无意义的动作，如反复检查门是否关好，锁是否锁好，反复洗手，一件衣服洗多次仍嫌不干净，有些人反复考虑一些无实际意义的问题，如人为什么会有两条腿，为什么是按1、2、3、4、5……排列，而不是反过来排等等，这种行为和观念，在医学上称为强迫症，属于神经症的范畴。正常的人是否也会出现强迫现象呢？正常的大多数人也曾出现过强迫观念，如不自主地反复思考某一问题，或念某两句话，或唱一两句歌，反复如此，但不影响正常心理活动和行为，所以不能看作强迫症，可以采用心理学的方法加以纠正，使之不至于进一步发展。只要强迫观念和强迫行为干扰了患者本人的正常心理活动，并且影响他的能力和行为，影响到人际关系或家庭的幸福，那么便可确认强迫症的存在。

强迫症是以强迫观念和强迫动作为主要表现的一种神经症。以有意识的自我强迫与有意识的自我反强迫同时存在为特征，患者明知强迫症状的持续存在毫无意义且不合理，却不能克制地反复出现，愈是企图努力抵制，反愈感到紧张和痛苦。

强迫症源于某些强烈的精神因素，强而不均衡型的人易患本病，这类人性格主观、任性、急躁、好胜、自制能力差，少数患者精神薄弱，自幼胆小怕事、怕犯错误、对自己的能力缺乏信心，遇事十分谨慎，反复思想，事后不断嘀咕并多次检查，总希望达到尽善尽美。强迫症的危害是很大的，因为不由自主的思想纠缠，刻板的礼仪或无意义的行为重复，严重影响患者注意力的集中，严重影响当事人的学习和工作，严重的会完全丧失学习能力和工作能力，导致精神残疾。

患者想摆脱，但都是以失败告终，自己无力摆脱，造成内心的极大痛苦。强迫症状有时严重，有时减轻。当患者心情欠佳、傍晚、疲劳或体弱多病时较为严重。女性患者在月经期间，强迫症状会加重。而在患者心情愉快、精力旺盛或工作、学习忙碌时，强迫症状可减轻。强迫症严重可危及生命。有很多久治不愈的强迫症患者产生自杀倾向，而且，有很多案例也证实了强迫症足以导致自杀。例如，2008 年 4 月 29 日，涌金集团董事长魏东因长期受到强迫症困扰在家中自杀身亡。在日常的心理咨询中，也常有强迫症患者表达自己的疾病久治不愈，还不如死了好的厌世言论。

关于强迫症的病因，目前众说纷纭，但不可否认的是，社会心理因素是强迫症的重要诱发因素。一些中年人忽然患上强迫症是由于工作、生活环境的变迁，责任加重，处境困难，担心意外，家庭不和或由于丧失亲人，受到突然的惊吓等等。有些正常人偶尔也有强迫观念但不持续，但可在社会因素影响下被强化而持续存在，从而形成强迫症。

案例 1

自从那次肝炎流行以后，李先生每天工作回家之后，第一件事就是洗手，每次洗手时间都会有十几分钟，每次洗完还想洗，洗完以后一定要拿酒精棉球消毒一遍，总觉得手上的细菌洗不掉，冬天手都洗得发白了，冻疮都起来了，就是控制不了，还是要洗，有时李先生的心里也很痛苦，觉得这种事情让别人知道以后很奇怪，可就是不能控制。

案例 2

40 岁的赵女士是一名家庭主妇，她有个习惯就是每天晚上睡觉前一定要穿上同一件睡衣，并且从卧室门口走五步走到床前，上床后要先将床下鞋子摆整齐，然后关灯睡觉，如果上述动作的顺序错了，或是漏了哪一项，她就会重新做，直到做对为止。有一次因为有急事要回娘家，她走得急没有带上每天穿的睡衣，一连几天入睡困难，匆匆返回了自己的家。

强迫症是一种比较常见的精神疾病，患上强迫症的人虽然不会做出什么危险的事，但是不可否认，这种精神疾病也会给我们的生活带来威胁。很多患者不知道患上强迫症会有哪些危害，因而没有去重视强迫症，往往是等到受到强迫症的危害后才明白。那么强迫症会造成哪些危害呢？经过研究发现，强迫症有以下一些危害：首先，强迫症患者常出现不可思议的想法和具破坏力的自恋性幻想，这些幻想会使得他们萌生仇恨、敌意、施虐、死亡等攻击性冲动。其次，按照强迫症性格特点，他们因为重复烦琐的工作过程，无法在工作中产生愉快和满足的体验，相反容易产生悔恨和内疚的情绪。另外，强迫症患者会过于保持自我警惕，担心外部的有害物体伤到自己。例如，害怕污染，总是避免接触潜在的有害物体，或害怕自己的敌意冲动会无意伤害、甚至杀害患者深爱或需要的某个人。强迫症性格中总是具有完美主义。患者要求完美无缺、按部就班、有条不紊，过分沉溺于职责义务与道德规范，有时还会不合理地坚持别人也要严格地按照他的方式做事，否则心里就不痛快。强迫症的危害大，是因为患者有不由自主的思想纠缠，或刻板的礼仪，或无意义的行为重复，这些都严重地影响到患者注意力的集中，严重影响当事人的学习和工作。

强迫症症状多种多样，既可表现为某一症状单独出现，也可表现为数种症状同时存在。在一段时间内症状内容可相对的固定，随着时间的推移，症状内容可不断改变。强迫症的临床分类有以下几种：

1）强迫观念

强迫观念即某种联想、观念、回忆或疑虑等顽固地反复出现，难以控制。

① 强迫联想：反复联想一系列不幸事件会发生，虽明知不可能，却不能克制，并激起情绪紧张和恐惧。

② 强迫回忆：反复回忆曾经做过的无关紧要的事，虽明知无任何意义，却不能克制，非反复回忆不可。

③ 强迫疑虑：对自己的行动是否正确，产生不必要的疑虑，要反复核实。如出门后疑虑门窗是否确实关好，反复数次回去检查。不然则感焦虑不安。

④ 强迫性穷思竭虑：对自然现象或日常生活中的事件进行反复思考，明知毫无意义，却不能克制，如反复思考："房子为什么朝南而不朝北。"

⑤ 强迫对立思维：两种对立的词句或概念反复在脑中相继出现，而感到苦恼和紧张，如想到"拥护"，立即出现"反对"；说到"好人"时即想到"坏蛋"等。

2）强迫动作

① 强迫洗涤：反复多次洗手或洗物件，心中总摆脱不了“感到脏”，明知已洗干净，却不能自制而非洗不可。

② 强迫检查：通常与强迫疑虑同时出现。患者对明知已做好的事情不放心，反复检查，如反复检查已锁好的门窗，反复核对已写好的账单，信件或文稿等。

③ 强迫计数：不可控制地数台阶、电线杆，做一定次数的某个动作，否则感到不安，若漏掉了要重新数起。

④ 强迫仪式动作：在日常活动之前，先要做一套有一定程序的动作，如睡前要按一定程序脱衣鞋并按固定的规律放置，否则感到不安，而重新穿好衣、鞋、再按程序脱。

3）强迫意向

在某种场合下，患者出现一种明知与当时情况相违背的念头，却不能控制这种意向的出现，十分苦恼。如母亲抱小孩走到河边时，突然产生将小孩扔到河里去的想法，虽未发生相应的行动，但患者却十分紧张、恐惧。

4）强迫情绪

强迫情绪具体表现主要是强迫性恐惧。这种恐惧是对自己的情绪会失去控制的恐惧，如害怕自己会发疯，害怕自己会做出违反法律或社会规范甚至伤天害理的事，强迫性恐惧不是像恐惧症患者那样对特殊物体、处境等的恐惧。

强迫症倾向自测

（1）头脑中有不必要的想法或字句盘旋；

（2）忘性大；

（3）担心自己的衣饰不整齐及仪态不端正；

(4) 感到难以完成任务；

(5) 做事必须做得很慢以保证做得正确；

(6) 做事必须反复检查；

(7) 难以作出决定；

(8) 反复想些无意义的事；

(9) 注意力不能集中；

(10) 必须反复洗手，点数；

(11) 反复做毫无意义的一个动作；

(12) 常怀疑被污染；

(13) 总担心亲人，做无意义的联想；

(14) 出现不可控制的对立思维、观念；

(15) 习惯反复说一句话或同一个名字，或者在同一地点以同一方式反复散步。

案例 **收藏强迫症**

有一位老太太喜欢捡拾垃圾并将它们收藏在家里，她的家中和门口甚至走道里堆满了捡来的无用东西，弄得家里走路都有困难。时间久了又脏又臭，邻居十分厌恶，只好请小区居委会来调解这一问题。这一事件曾在电视上进行过报道。这样的事情在国外也有，英国有一个50多岁的男子因在家里收藏了被人丢弃的几千份旧报纸、杂志、光盘和其他物品而被房东告上法庭。他为何受到起诉？因为他捡来的东西几乎都是垃圾，在客厅、卧室、楼梯间……堆得满坑满屋。房东认为他的行为具有严重火灾隐患，所以让他必须搬走。

这两个人所患上的就是强迫症的一种——收藏强迫症，这种收藏不同于收藏家们的高尚和正常的收藏，是一种怪癖。患收藏强迫症的主要原因很可能是某个人曾经拥有一件非常美好的东西，这件东西或许是他自己买的，也可能是别人送的，但不管怎样，他觉得占有这件物品是一种幸福。不幸的是，这件东西后来“抛弃”了他，于是对这一物件的回忆成了他唯一的寄托。时间长了，心理产生了障碍，拼命去捡拾东西，凡能勾起美好回忆的东西都要捡拾和收藏，尽管这些东西是毫无用处、毫无价值的，但都舍不得扔掉。他不愿让这些已经占有的、能赋予他美好回忆的东西随着垃圾而再次“抛弃”他。另一个原因是性格上的小气、吝啬、不肯让自己占有的东西离开，哪怕已经用旧了、用破了、该扔

掉的东西，他也要保存着，总觉得什么时候还能再用。等到心理上有了严重障碍，就开始到外面捡拾他人当垃圾扔掉的东西并在家里保存起来。收藏强迫症是记忆、思维、意向、行为等很多心理活动的过程，其结果是无法摆脱的自我强迫——捡拾和收藏垃圾。有严重症状者应去神经科或心理咨询科就诊，请医生诊断，采用药物和行为疗法。

（3）疑病症

疑病症又称疑病性神经症，目前归类为躯体形式障碍中，主要指患者担心或相信自己患有一种或多种严重躯体疾病，病人诉躯体症状，反复就医，尽管经反复医学检查显示阴性以及医生给予没有相应疾病的医学解释也不能打消病人的顾虑，常伴有焦虑或抑郁。本病多在50岁以前发病，为慢性波动病程，男女均可发生。

疑病症的基本特征是持续存在先占观念，认为自己患了某种或多种严重的进行性疾病或目前尚未被认识的躯体疾病。患者表现为过分关心自身健康和身体的任何轻微变化，并做出与实际健康状况不相符的疑病性解释。疑病症状可为全身不适、某一部位的疼痛或功能障碍，甚至是具体的疾病。症状表现多种多样，有的定位清楚，描述清晰，如肝脏肿胀感、胃肠扭转的体验、头部充血感、咽喉部堵塞感等，有的则体验到定位不清楚、性质模糊的不适感。其中疼痛是疑病症最常见的症状，就部位而言，以头、颈、背、胸部居多。躯体不适症状可涉及不同器官，如恶心、反酸、腹泻、心悸、胸痛、呼吸困难等。有些患者疑有五官不正，特别是鼻子，耳朵以及乳房形状异样，还有诉体臭或出汗等疑病症。常伴有焦虑、忧虑、恐惧和自主神经功能障碍症状。患者对各种阴性检查结果和医生的解释保证不能相信和接受，仍坚持自己的疑病观念，继续到各医院反复要求检查和治疗。由于患者的注意力大部分或全部都集中于健康问题，以至于明显影响到日常的学习、工作、生活和人际交往。

和其他神经症相比，疑病症的发病率不高，但是一旦患疑病症是一件很可怕的事情。下面就介绍一下常见疑病症的五大类型：癌症疑病症，心脏病疑病

症，狂犬病疑病症，性病疑病症，艾滋病疑病症。

1）癌症疑病症

在人们眼中，癌症就是绝症和死亡的代名词。这种根深蒂固的恐惧也造成了各种“癌症”疑病症患者的出现。癌症疑病症是人们最常出现的疑病症类型，发病人群不分老幼、性别、社会地位等。凡是对癌症有恐惧心理，性格敏感，容易往自己身上“揽病”的人，都是潜在的癌症疑病症患者。癌症疑病症患者会将身体上出现的任何不适都看作癌症症状，比如嗓子痛，怀疑是喉癌；头痛，怀疑是脑癌；流鼻血，怀疑是血癌；等等。病人怀疑自己身患绝症，往往心灰意冷，还会因担心自己的“离开”，而该家人造成不幸，癌症疑病症患者通常有很深的抑郁情绪。

2）心脏病疑病症

心脏病是一种常见病，也是容易促发死亡的器质性疾病，生活中常见因急性心肌梗死猝死的例子。受生活规律、精神打击、呼吸节律等影响，人们经常能够感受到心脏不适，如心悸、心跳暂停一两秒又恢复等情况，这些不适很容易诱发心脏疑病症出现。心脏疑病症患者常常会感觉心脏跳动不规律，甚至觉得血液流动异常，反复到做心电图等体检，即使医生解释说是普通的心律不齐所致，也无法打消患者疑虑和担忧。

3）狂犬病疑病症

狂犬病，又名恐水症，被感染者极少能够治愈。狂犬病疑病症患者的典型症状就是整天胡思乱想认为自己得了狂犬病，总是检查身上有没有被狗咬伤的痕迹，到处查阅相关资料，看见水或其他事物都会马上联想到狂犬病。

4）性病疑病症

在一般人眼中，患有“花柳病”的人都是品行不端的浪荡子。如果谁得了性病，不但会被周围人瞧不起，还可能造成家庭破裂。这些恐惧心理是性病疑病症出现的主要因素之一。有不洁性交史、曾有性病史怀疑没有根治者、与性病患者有过“亲密接触”者，这些人容易患上性病疑病症。性病疑病症往往在担心自己的身体健康的同时，还要忧虑自己的“性病”是否传给了伴侣，或者被伴侣发现后是否会产生家庭矛盾等。这些担忧使他们无比焦虑和烦躁，失眠也是常有的事。

5）艾滋病疑病症

自人们发现艾滋病的高致命性和恐怖症状那一刻起，人们对 AIDS 的恐惧就一日没有停歇，这也成为了艾滋病疑病症滋生的源泉。有不洁性交史，或其他不安全行为，如共用剃须刀、美容、献血输血的这些人容易成为艾滋病疑病症患者，这些人因为本身就对艾滋病十分恐惧，在高危行为发生后，总怀疑自己患上了艾滋病，反复到医院要求做 HIV 抗体检测，面对阴性结果也无法消除其内心的忧虑。

案例

今年 42 岁的张丽 20 年前嫁给了东北农村的一个小伙子，生活一直和和美美。现在孩子大了，也不需要操心，老公每天忙出忙进，张丽的身体却变“坏”了：先是怀疑自己得了病，怎么查也查不出个结果；然后又是浑身疼，说自己患骨癌，做 CT、磁共振检查，都显示没有问题；又到武汉、北京做检查看了专家，还是没病。张丽心里很烦，说丈夫不关心她，家人不理解她，焦躁不安，在家动辄发火。丈夫和孩子都惹不起她，于是躲着她。小丽更加烦躁，只得打长途向母亲诉苦。

为什么一些中年人会得上疑病症？这要从几个方面进行分析。首先是人格基础。孤僻、固执、内向、过分关注自身、敏感、自我中心、自恋、兴趣狭窄、胆怯、脆弱、暗示性强的人格特征可成为疑病症发病的人格基础。另外是社会环境因素，中年人的身体开始走下坡路，一些严重的身体疾病也在这个时候会初露端倪，一些人在得知自己亲属或朋友死于某种严重疾病，就会怀疑自己也步其后尘。见到别人得肝癌，就会觉得肝区不适。医生的不恰当言论，过多的医学仪器检查，不必要的过分治疗，不必要的手术等都可能促进疑病观念的产生。此外，更年期的人容易出现一些躯体感觉上的变化和自主神经不稳定的症状，如心悸、潮热、生殖器官的发育或萎缩等，对这类生理现象的不合理认知会促成疑病观念的产生。还有一些专家认为此病起因于知觉和认知异常。患者的认知系统会对一些躯体感觉和变化作出不恰当的解释，导致疑病观念。

（4）癔症

癔症目前被称为分离性障碍或分离（转换）障碍，也曾被称为歇斯底里症。癔症是一类由精神因素作用于易感个体引起的精神障碍。一部分患者表现为分离性症状，另一部分患者表现为各种形式的躯体症状，其症状和体征不符合神经系统生理解剖特点，缺乏相应的器质性损害的病理基础。这些症状被认为是患者无法解决的内心冲突和愿望的象征性转换。

癔症产生的病因既有心理因素，也有社会文化因素和生物学因素。农村中年人由于文化程度相对较低，大多生活在封闭性的同源文化环境中，更容易得此病。此外，个体对应激性生活事件的经历和反应是引发本病的重要因素。幼年的创伤性经历也可能是成年后发生分离转换障碍的重要原因。

癔症常见的临床表现形式有以下几种：

1）分离性遗忘

分离性遗忘表现为突然出现不能回忆自己重要的事情，特点是丧失近期的阶段记忆，这些记忆多为部分性和选择性，一般围绕创伤性事件。这种遗忘不是由器质性原因所致，也不能用一般的健忘或疲劳加以解释。

2）分离性漫游

分离性漫游指患者在觉醒状态下突然从家中或工作场所出走，往往离开的是一个不能耐受的环境，进行无计划、无目的的漫游。此时患者意识范围缩小，但能进行日常的基本生活和简单的社交接触。有的患者忘掉了自己既往的经历，以新的身份出现。漫游可持续几十分钟到几天，有的可以更持久。这种发作突发突止，清醒后患者对病中的经历不能完全回忆。

3）分离性木僵

患者的行为符合木僵的标准，检查也不能发现躯体疾病的证据。木僵通常发生在一定的生活事件之后，患者在相当长的时间内保持一个固定的姿势不动，对外界的刺激几乎或完全没有反应，完全或几乎没有言语及自发的有目的的运动。但患者的肌张力、呼吸运动均存在，有时可有睁眼及眼球的协调运动。

4）出神与附体障碍

本症表现为暂时性地同时丧失个人身份感和对周围环境的完全意识。患者的意识范围明显缩小，注意力和意识仅局限于或集中在密切接触的环境的一两个方面，只对环境中的个别刺激有反应。常有局限且重复的一系列运动、姿势、发音。如果患者的身份被鬼、神或死亡之人所代替，则被称为分离性附体障碍。发作过后患者对过程全部或部分遗忘。

5）分离性运动障碍

表现为一个或几个肢体的全部或部分运动能力丧失。常见的形式有肢体瘫痪、肢体震颤抽动或肌阵挛、起立或行走不能、失音症等。瘫痪可为部分性的，即运动减弱或运动缓慢；也可为完全性的。共济失调可为各种形式和不同程度，尤以双腿多见，引起离奇的姿势或不借扶助不能站立，也可有一个或多个肢端或全身的夸张震颤。

6）分离性抽搐

分离性抽搐也被叫做假性癫痫发作，是一种类似于癫痫发作的状态，但没有癫痫的临床特征和脑电波生理改变，咬舌、严重摔伤、小便失禁等表现在分离性抽搐中很罕见，也不存在意识丧失，而代之以木僵或出神状态。

7）分离性感觉障碍

分离性感觉障碍可表现为躯体感觉麻木、丧失、过敏或异常，或其他特殊的感觉障碍。

5. 更年期综合证

更年期是女性生命中一个自然的现象。妇女到了45～55岁，卵巢开始缺乏足够卵胞来接受脑下垂体分泌的刺激，以致周期性的雌雄激素及孕激素越来越少，影响子宫内膜周期性的增厚、剥落及出血。结果月经周期变得不规则，时早时迟，经量时多时少。一般而言这些情况会持续一段时期，直至月经不来。当妇女超过一年以上没有月经，才可说是绝经。一般而言，妇女在35岁左右就出现卵巢功能衰退、体内雌激素降低的现象，开始步入更年期，伴随出现潮热、出汗、情绪不稳定、发脾气、紧张、失眠、心悸、气短、记忆力减退、腰背痛、疲倦、月经紊乱、性欲减退、皮肤出现皱纹、色斑、体胖、皮肤的弹性减弱等症状。香港地区医院管理局在2009年所进行的一项研究表示，妇女更年期的情绪症状可以维持到60岁甚至更晚。

更年期是人生阶段的一部分，男性更年期就像是登山，从一座青春期与壮年期的山头走下来，进入另一个生活的开始。男性当年龄超过30岁后，男性荷

尔蒙的水平渐渐下降，可能会出现一些跟女性更年期相似的症状。但是男性更年期的现象比女性更年期更受争议，其中一个原因是女性更年期有明显的停经过程，而男性更年期没有类似的明显迹象。男性荷尔蒙是由睾丸及肾上腺制造，影响多个身体系统功能。男性荷尔蒙能帮助制造蛋白质，对于勃起及正常性行为十分重要，它更会影响多项身体新陈代谢的过程，包括骨髓制造血液细胞、骨的形成、脂质及碳水化合物的代谢、肝功能及前列腺生长。30岁以后男性荷尔蒙的水平每10年下降大约10%。男性更年期和较低的男性荷尔蒙水平有关。每一个男性都会经历男性荷尔蒙下降的现象，但有些男士的男性荷尔蒙水平可能较其他男士低，他们便更可能出现男性更年期的症状。这个变化过程非常漫长，有的长达30年。实际上，对于一般男性来讲是不存在更年期症状的，所以对于男性来讲，更年期这个概念基本是没有意义的。

我们这里所说的更年期综合征，主要指的是女性的更年期综合征。

更年期综合征是指妇女在绝经期或其后，因卵巢功能逐渐衰退或丧失，以致雌激素水平下降所引起的以自主神经功能紊乱代谢障碍为主的一系列症候群。更年期综合征多发生于45～55岁，一般在绝经过渡期月经紊乱时，这些症状已经开始出现，可持续至绝经后2～3年，少数人到绝经5～10年后症状才能减轻或消失。更年期是每个妇女必然要经历的阶段，但每人所表现的症状轻重不等，时间久暂不一，轻的可以安然无恙，重的可以影响工作和生活，甚至会发展成为更年期疾病。短的几个月，长的可延续几年。更年期综合征虽然表现为许多症状，但它的本质却是妇女在一生中必然要经历的一个内分泌变化的过程。

更年期综合征会有下列症状出现：

（1）月经逐渐减少，周期也就是间隔时间延长，经期也就是出血时间缩短，以致逐渐停经。但也有月经量增多，伴有大量血块等情况，然后慢慢停止，生殖能力丧失，生殖器官萎缩。

（2）精神和自主神经功能紊乱。病人常感到头颈部一阵阵地潮红，潮热出汗，头晕目眩，头痛耳鸣，腰痛，口干，喉部有烧灼感，思想不易集中，而且紧张激动，情绪复杂多变，性情急躁，失眠健忘，皮肤发麻发痒，有时有蚁走感，即有蚂蚁在身上爬动的感觉等，甚至歇斯底里样发作等。

（3）心悸、血压增高、肥胖、下肢水肿、关节疼痛、骨质疏松等。凡 45 ～ 50 岁的妇女，如有上述症状，经医生检查排除了其他疾病后，便可诊断为更年期综合征。

为什么会出现更年期综合征，一般而言，有以下两个原因：一方面，女性进入更年期以后，生理上会产生一系列变化，例如卵巢功能的衰退，分泌雌激素和排卵逐渐减少并失去周期性，直至停止排卵；垂体分泌促卵泡激素和促黄体素过多。雌激素的靶器官如阴道、子宫、乳房、尿道等的结构和功能改变，从而在更年期出现月经不规则、潮热、多汗、心悸、尿频、尿失禁、阴道干燥、性欲减退、睡眠差、骨质疏松及身体发胖等一系列生理现象。女性生理上的改变自然会引起一些心理上的不适反应如情绪不稳定、记忆力下降、多疑、多虑和抑郁等。另一方面，在社会关系方面，更年期妇女面临一些社会问题如职业困难、离婚、父母疾病或死亡、孩子长大离开身旁等，这一切都给她们带来精神压力，在一定程度上干扰了绝经期妇女的生活、工作及其与他人的关系。她们常觉得自己变老了，不喜欢参加公共活动，对家人容易发脾气。出现这些情况，如果得不到社会和家人的理解，很容易导致家庭矛盾，甚至危及妇女的健康。

患有更年期综合征的女性会有一些不正常的心理状态，最常见的就是多疑，这种更年期多疑可以分为以下几方面：

（1）感知觉过敏

过分的敏感，把发生在周围的一些不愉快事件强行与自己联系，听了风就是雨。听说同龄妇女生癌死亡，马上会联想到自己可能也会有同样的下场；在家里，孩子放学后晚归，会联想起路上是否发生车祸；有女同志往家里挂电话或爱人晚归，联想是否有第三者。

（2）特别关注流言蜚语

在一些单位里，总有一些人喜欢传播小道消息，或是流言蜚语，某些更年期妇女就是这些传播的积极参与者和受害者。当流言蜚语被夸大、失实时，造成人际关系的紧张，对更年期妇女来说，又是一种恶性刺激。

（3）行为动作关系

即对别人的某些行为和动作，做盲目联系。有时别的几个人在一起轻轻地议论某件事，正巧某位更年期妇女走过，他们停止了议论或突然发笑。尽管这些人议论的事与她毫无关系，这位妇女却马上会敏感地联想到他们背后议论自己，心中的不平衡马上膨胀，情绪立即会激昂起来。

（4）盲目怀疑

尤其对一些涉及其本身利益的事无端地盲目怀疑，如晋级、加薪、分房中的一些决策没有满足其本人的愿望时，她就会盲目怀疑，既可能怀疑领导班子，人事部门中有什么人在背后作怪，甚至扳着手指将这些领导干部逐个“排队”，也可能怀疑同一部门的人员，是否在背后打过小报告，“搅掉了我的好事”，一旦认定，愤恨之心就会急剧上升。

更年期也会引起一系列的精神症状，根据统计显示，约75%的更年期妇女会出现一系列的神经精神症状，主要表现是抑郁、情绪不稳、记忆力减退、注意力不集中，绝经后往往比绝经前更为明显，这些症状的发生除了与雌激素下降有关外，还与受教育程度、个人精神状态和精神创伤史、经济情况等社会心理因素密切相关。神经精神症状的出现，常使妇女更容易紧张，发生焦虑、悲观等心理异常，症状的长期维持，药物治疗的效果不佳又加重了上述心理负担。一些妇女的这些症状又会受到气候、情绪、不良刺激和其他疾病的影响而阵发性加重。

家里如果有一位患有更年期综合征的女性，很可能会造成家庭氛围紧张，这也和更年期女性性行为的变化有关。更年期是妇女生殖能力逐渐停止的过程。绝经则是生殖能力终止的信号，但这并不表明妇女的性要求与性反应能力终止。相反，当妇女意识到自己即将进入绝经期或已绝经后，由于不再担心怀孕的问题，可能会出现性欲增强的现象。当然，这存在明显的个体差异。由于更年期是一个较长的时间过程，处于不同时期的妇女对性的要求可稍有不同。绝经前期，还要考虑避孕的问题，还存在担心怀孕丢人的紧张情绪。有些月经过多、出血时间延长的妇女，可能影响丈夫的性要求和情趣。绝经后有人因阴道皱襞及分泌物减少出现性交痛。有的妇女会主动向医生要求治疗以满足夫妻双方的性要求和性和谐，但也有部分妇女因此而拒绝男方的性要求，成为绝经期吵架、感情不和的一个重要原因。由于传统的影响，中国妇女羞于向外人谈及个人的性生活问题，即使遇到了麻烦，也只好自己忍了。再加上农村地区性教育十分缺乏，许多男人无性知识，对女性的性要求和性反应缺乏了解，甚至存在大男子主义，性生活中只求满足个人的私欲，对女方不观察、不了解、不体贴。长期性抑制和无满足的性生活使中年妇女出现了厌倦性生活的现象。

6. 人际交往障碍

人际交往障碍是容易出现在农村中年人，尤其是出门务工的农民工群体中的一种常见的心理障碍现象。在人际关系交往中，心理状态不健康者，往往无法拥有和谐、友好和可信赖的人际关系，在与人相处中，既无法得到快乐满足，也无法给予别人有益的帮助。在这一章节里，我们可以学习一下常见的人际交往障碍。

（1）嫉妒心理

嫉妒是指人们为竞争一定的权益，对相应的幸运者或潜在的幸运者怀有的一种冷漠、贬低、排斥，甚至是敌视的心理状态。嫉妒俗称为“红眼病”“吃醋、“吃不到葡萄说葡萄酸”等。嫉妒就内心感受来讲前期依次表现为由攀比到失望的压力感；中期则表现为由羞愧到屈辱的心理挫折感；后期则表现由不服不满到怨恨憎恨的发泄行为。嫉妒是一种比较复杂的心理，它包括焦虑、恐惧、悲哀、猜疑、羞耻、自咎、消沉、憎恶、敌意、怨恨、报复等不愉快的心理状态。别人天生的身材、容貌和逐日显出来的聪明才智，可以成为嫉妒的目标；其他如荣誉、地位、成就、财产、威望等有关社会评价的各种因素，也都容易成为嫉妒的目标。

嫉妒可以分为理性的嫉妒和非理

性的嫉妒。理性的嫉妒不是不健康的，反之还有可能推进个人和社会的进步，一个人嫉妒在哪里，也就意味着他的自卑感在哪里，也就意味着他的自尊心在哪里，进而也就意味着他所可能追求的目标在哪里。所以，很多的“嫉妒”只要能将其正确地引导，或者因“嫉妒”而采取提升自己表现自己的措施，对整体长远的行动目标来说是有益的。同时，嫉妒对团体健康发展的好处也有两点：一是促使个体从本能上保护自己应有的权益，如《红楼梦》中林黛玉嫉妒薛宝钗的故事等；二是嫉妒通过民主的形式可以使位高权重者行为受到监督，从而遏止他们的越权行为，如美国的“水门事件”“克林顿丑闻”也正证明了嫉妒中的猜忌嫉妒心理对社会所具有的正面影响。

而非理性的嫉妒，则会带来很多负面影响。我国目前处于社会转型期，大批农民工涌入城市，这些农民工在大城市辛辛苦苦工作，有时会对城市人的生活产生嫉妒心理。或是一些农民工，对自己的上司或者老板产生嫉妒心理，这些都是很常见的。有的农民工将这种嫉妒心理转化为自身努力的动力，努力拼搏奋斗以提高自己，而有的农民工则将这股嫉妒心理转化成怨恨，导致悲惨后果。

(2) 猜疑心理

《三国演义》中有这样一段描写：曹操刺杀董卓败露后，与陈宫一起逃至吕伯奢家。曹吕两家是世交。吕伯奢一见曹操到来，本想杀一头猪款待他，可是曹操因听到磨刀之声，又听说要“缚而杀之”，便大起疑心，以为要杀自己，于是不问青红皂白，拔剑误杀无辜。这就是一个由猜疑心理而导致的悲剧故事，猜疑是人性的弱点之一，历来是害人害己的祸根，是卑鄙灵魂的伙伴。一个人一旦掉进猜疑的陷阱，必定处处神经过敏，事事捕风捉影，对他人失去信任，对自己也同样心生疑窦，损害正常的人际关系，影响个人的身心健康。猜疑心理的意思是时时处处怀疑别人，这会影响彼此的信任。

生活中，我们也经常看到这样的事情：因为猜疑，夫妻离异；因为猜疑，朋友反目；因为猜疑，大打出手，甚至导致悲剧。人类怎么会有这样的弱点？人类的猜疑心理是如何形成的？

其实人类的猜疑心理，早在原始社会时期就已经初露端倪。原始社会，人和自然频繁接触使人们开始了猜疑心理，这是一种人类的自我防御心理。原始社会，人们生活在一个原始自然生态环境中，人类主要的威胁来自于大自然，为了生存必然要抵制来自各方面的威胁，如自然灾难的侵扰，野生动物的威胁。在这种原生的自然状态下，人类不得不保护自己，这样就萌生了猜疑心理的原始状态。另外，人们为了生存出现了采集和狩猎这两种谋生方式，而狩猎在当时被作为一种主要的谋生手段被重视，人们为了提高狩猎的成功率开始揣测动物的行为规律。

当然在远古时期这种猜测并不仅仅指人和动物之间，还表现在人与人之间。随着人类在劳动中不断的进化，制造出工具，生产出剩余产品，发明文字和语言，同时人与人之间也在建立一种关系，这种关系需要人与人之间的各种复杂情感来维系，人在这种情况下就不得不通过猜测别人所想来达到自己所需甚至和别人建立关系的目的。这个时候的这种心理是人类在生息繁衍过程中的一种自然萌生，是积极的，健康的，是人类在自然环境中不断进化的一种必然。

后来随着人类社会的发展，曾在人类远古时期扮演积极意义角色的猜疑心理却渐行渐远，形成了愈演愈烈之势，甚至严重的竟成为侵蚀人类灵魂的一种心理疾病。我们来看这么一则案例：

案例

李某来到鄂州市泽林镇塔桥村砖厂打工，结识了同在该厂打工的恩施人贺某，两人一见如故，同吃一锅饭，同住一间屋，好得如亲兄弟。某日晚，贺某与李某对饮了几杯。不料李某酒后感到头昏脑涨，他以为自己不胜酒力，不想第二天依然如此。李某怀疑贺某在酒里下了毒药，于是就想来个先下手为强。次日晚10时30分，李某见贺某走出房门，就手持一把匕首，躲在门后。几分钟后，贺某返回时，李某手持匕首疯狂扑向好友，在他身上连捅8刀，致贺某当场死亡。南方某报刊刊登的这则案例，就是因为猜疑造成的悲剧。

导致个体猜疑心严重主要有以下几个原因：

1）作茧自缚的封闭思路

猜疑一般总是从某一假想目标开始，最后又回到假想目标，就像一个圆圈一样，越画越粗，越画越圆。最典型的例子就是“疑人偷斧”的寓言了：一个人丢失了斧头，怀疑是邻居的儿子偷的。从这个假想目标出发，他观察邻居儿子的言谈举止、神色仪态，无一不是偷斧的样子，思索的结果进一步巩固和强化了原先的假想目标，他断定贼非邻人之子莫属了。可是，不久在山谷里找到了斧头，再看那个邻居儿子，竟然一点也不像偷斧者。现实生活中猜疑心理的产生和发展，几乎都同这种封闭性思路主宰了正常思维密切相关。

2）对环境、对他人、对自己缺乏信任

猜疑心重的人对别人总有一种不放心感，常常会歪曲地理解别人善意的、正常的言行。例如别人赞扬他，他会怀疑是在挖苦、讥讽他：别人批评他。他又会怀疑是攻击他；别人不理他，他又怀疑别人是在孤立他。狭窄的心胸使他无法容纳别人对他的正确评价。农村中年人外出务工，大城市与自己原先的生活环境和生活方式完全不同，他们会在这样的环境中对他人对社会缺乏信任，一旦缺乏信任，便会产生猜疑心理。古人说：“长相知，不相疑。”反之，不相知，必定长相疑。不过，对他人信任的缺乏，往往又同“自信”的不足相联系。疑神疑鬼的人，看似疑别人，实际上也是对自己有怀疑，至少是信心不足。有些人在某些方面自认为不如别人，因而总以为别人在议论自己，看不起自己，算计自己。一个人自信越足，越容易信任别人，越不易产生猜疑心理。为什么中年人常常会出现怀疑自己的伴侣不忠的情况？这也和人到中年，身体变差，性功能减退，昔日容貌不再，自信不再有关。

3）对交往挫折的自我防卫

有些人以前由于轻信别人，在交往中受过骗，蒙受了巨大的精神损失和感情挫折，结果万念俱灰，不再相信任何人。这种情况在出外务工的农村中年人身上极为常见，这一类人刚刚出来务工时，没有见过世面，心理单纯，尤其是一些 20 岁出头的年轻女孩，在他们进入光怪陆离的大城市后，很可能在交往中受过骗，这样的交往挫折使得他们形成了一种自我防卫心理，对他人会自觉不自觉地进行猜疑。

有这样一则故事：美国一个小镇商人有一对双胞胎儿子。当这对兄弟长大后，就留在父亲经营的店里帮忙，直到父亲过世，兄弟俩接手共同经营这家商店。生活一切都很平顺，直到有天一元美金丢失后，兄弟俩之间的关系开始发生变化。哥哥将一元美金放进收银机，并与顾客外出办事，当他回到店里时，突然发现收银机里面的钱不见了。他问弟弟："你有没有看到收银机里面的钱？"弟弟回答："我没有看到。"但是哥哥对此事一直耿耿于怀，咄咄逼人地追问，不愿罢休。哥哥说："钱不会长了腿跑掉的，我认为你一定看见了这一元钱。"语气中隐约地带有强烈的质疑意味，怨恨油然而生。不久，兄弟俩手足之情出现了严重的隔阂。开始双方打冷战，后来他们决定不再一起生活。于是他们在商店的中间砌起一道砖墙，从此分居而立。

20年过去了，敌意与痛苦与日俱增，这样的气氛也感染了双方的家庭。之后的一天，有位开着外地车牌汽车的男子，在哥哥的店门口停下来。他走进店里问道："您在这个店里工作多久了？"哥哥回答说他这辈子都在这店里服务。这位客人说："我必须要告诉您一件往事，20年前我还是个不务正业的流浪汉，一天流浪到您这个镇上，肚子很饿，已经好几天没有进食了。我偷偷地从您这家的后门溜进来，并且将收银机里面的一美元取走。虽然时过境迁，但我对这件事一直无法忘怀。一美元虽然是个小数目，但是我深受良心的谴责，我必须回到这里来请求您的原谅。"

说完原委后，这位访客很惊讶地发现店主已经热泪盈眶并语带哽咽地请求他："你是否也能到隔壁商店将故事再说一次呢？"当这陌生男孩子到隔壁说完故事以后，他惊愕地看到两位面貌相像的中年男子，在商店门口痛哭失声，相拥而泣。

20年的时间，怨恨终于被化解，兄弟之间存在的对立也因而消失。可是谁又知道，20年猜疑的萌生，竟是源于区区一美金的消失。生活中，哪怕是一点点猜疑，也可能让你失去最珍贵的东西。

（3）自卑心理

自卑心理表现为对自己缺乏一种正确的认识，在交往中缺乏自信，办事无胆量，畏首畏尾，随声附和，没有自己的主见，一遇到错误的事情就以为是自己不好。从而导致自己失去交往的勇气和信心。

自卑心理是农村中年人群中容易出现的一种心理现象。由于没有城市户口，进入城市的农民工在就业、生活、医疗、教育各个方面处处受到限制，低人一等。大部分城市小青年和妇女以"城市人"自居，对城市里的外来务工人员有歧视现象，城市人的歧视现象直接导致了农村中年人的自卑心理。此外，城市人的奢华生活和强烈的优越感也会深深刺激农村外来务工人员的自尊心，使得他们产生强烈的自卑感，低估自己的能力，觉得自己各方面不如人。自卑，可以说是一种性格上的缺陷。表现为对自己的能力、品质评价过低，同时可伴有一些特殊的情绪体现，诸如害羞、不安、内疚、忧郁、失望等。

进城农民工心中都怀着无限的憧憬和希望，不仅想得到更高的收入和社会地位，更想为自己未来的发展找到方向。而现实的生活却是收入水平的低下和身份地位的卑微，在竞争激烈的城市中，他们只能从事着城市居民不愿从事的职业，受到城市居民的排斥与歧视，同时还得不到应有的社会保障和福利。心理强烈的落差感和自卑情绪阻碍着他们对城市社会的适应和融入。

自卑心理的主要表现有以下三个方面：

1）敏感

有着自卑心理的人会过分敏感，自尊心强。弱体群体非常希望得到别人的重视，唯恐被人忽略，过分看重别人对自己的评价，任何负面的评价都会导致内心激烈的冲突，甚至扭曲别人的评价，比如，别人真诚地夸他，他会认为是挖苦。他们非常敏感，跟他们交往时，必须谨小慎微，别人不经意的一句话，都会在其内心引起波澜，胡乱猜疑。

2）失衡

外出务工的农村中年人处于弱势地位，这使他们在社会的方方面面都体验不到自身价值，甚至还会遭到强势群体的厌弃。自我价值感是一个人安身立命的根本，丧失自我价值体验，使他们心态失衡，陷入恶性的心理体验之中，走不出这个心理的阴影，就很难摆脱现实的困境。别人欺负他，即使内心不服气，也自认为是正常的，非常认同自己的弱势身份。这种强烈的自卑心理极易导致自杀行为。

3）情绪化

有着自卑心理的人表面上好像逆来顺受，然而过分压抑恰恰积聚了随时爆发的能量。由于他们缺少应对能力，失业、离异、患病等生活事件很容易导致心理压力。当受到不公正的待遇时，认为别人瞧不起自己，难以忍受，往往产生过激言行。比如有些民工受老板欺负，会因此自杀。他们经常为了一点小事大动干戈，拳脚相向。有时当他们无力应对危机时，还会自残，用这种极端的方式表达自己的情绪。

城市农民工自卑心理分析

“边缘人”的社会处境导致了农民工和城市间的相互排斥，使他们长期游离于社会边缘，而被排斥在主流社会以外导致并加深了他们的自卑心理，这种自卑心理反过来又使他们更加的孤立与隔离。体制性的安排使农民工长期处于社会社会地层而产生自卑；就业就学等方面的歧视导致了他们的自卑；经济收入的低下、政治权利的缺乏导致了他们觉得比不上城里人而自卑，而在社会化过程中，有一些文化观点也加深了农民工的自卑心理。

“个体主义贫困观”是在欧美等国家曾经非常流行的一种观点，这种观点认为贫困是由于个人的原因所造成的，是个人能力的不足、素质的低下、懒惰等原因而导致的。这种将贫困归因于个人过错的观点近几年来在我国大众心中有很深影响。农民工阶层一般是处于社会的底层，是城市中的弱势群体，过着相对贫困的生活，受到这种思想的影响，农民工阶层往往被视为是能力低下的、懒惰的。持这种观点的如果只是一个或者几个不会有多大的影响，但是当前中国社会中持有这种观点的人不在少数，这就形成了一定规模的文化氛围。农民工处在这种氛围中或多或少地受到这些看法的影响，容易产生自卑的情绪。

“贫困文化论”认为，穷人由于长期生活在贫困之中，结果产生了一套特定的生活方式、行为规范和价值体系。这种“亚文化”一旦形成便会对周围的人和后代产生影响，从而代代相传，于是贫困便在这种文化的保护下维持下去。要想消灭贫困就必须改造贫困文化，使穷人抛弃自暴自弃、不求上进的价值观而接受积极上进、不断奋斗的价值观。

当前中国的农民工往往远离主流社会的居住点，聚集在市郊等一些地方，形成了自己的“社区”。农民工在这些社区生活并发生人际间的互动，一段时间后必然会形成属于自己的共同的亚文化。这些亚文化的存在虽然有积极的一面，但是农民阶层的“边缘人”的社会处境和被排斥的现状也必然会融入这些亚文化中，并对处于其中的农民工造成影响。更为严重的是这些亚文化一旦形成就具有了扩展性和传递性，这对农民工子女的成长环境是相当不利的，它会使这些小孩从小就带有了一种自卑情绪，影响他们今后长远的发展。

适当的自卑感有助于引导人正确处理与他人的利益关系，有利于维护自己的正当利益。在日常的人际交往中，人应该善于以正常的、健康的心理状态与精神面貌正视自己所取得的成绩和所面临的困难，客观而准确地看待他人的能力、地位及财富，既不能因自己一时的幸运而狂妄自大，也不因自己一时的失败而悲观失望；既不能因为他人一时的落魄而低眼瞧人，也不能因为他人一时的得意而低三下四，应该使自己时刻保持不亢不卑、不骄不躁、平衡而稳定的心理

状态和精神面貌，真正做到贫贱不移、富贵不淫、威武不屈。

4）敌视心理

敌视心理是交际中比较严重的一种心理障碍。有着这种心理的人总是以仇视的目光看待别人。这种心理或许来自童年时期被家庭环境虐待、从而产生别人仇视我，我仇视一切人的心理。对不如自己的人以不宽容表示敌视；对比自己厉害的人用敢怒不敢言的方式表示敌视；对处境与己类似的人则用攻击、中伤的方式表示敌视，使周围的人随时有遭受其伤害的危险，而不愿与之往来。

案例

2009年11月23日22时，30岁的李磊在北京市大兴区黄村镇其父家中用尖刀将妻子、妹妹、父亲、母亲、年仅1岁的次子和6岁的长子刺死。李磊作案后逃往海南，后被公安机关抓获归案。行凶源于家庭积怨。2010年10月15日，震惊全国的“大兴李磊灭门案”在北京市第一中级人民法院宣判，法院以故意杀人罪一审判处杀死6名至亲的30岁男子李磊死刑。除了判处李磊死刑外，法院还判决他赔偿死者家属，也就是他的奶奶、姥姥和岳父岳母经济损失343万元。

这则让人难以置信的“大兴灭门案”曾在当年沸沸扬扬引起街头巷尾的热烈讨论，根据后来披露的杀人动机，李磊正是由于心理障碍而作案。李磊自称他自小家教很严，养成了内向的性格。婚后，妻子也属于好强个性，致使李磊在家里一直感觉有被压抑的感觉并且倍感压力，11月23日晚，酒后的李磊爆发了。他用事先准备的单刃刀先后将妻子、妹妹、父亲、母亲杀死，在将4名至亲杀死后，想到自己逃亡后两个孩子没人照顾，在客厅内坐了1个小时后，他再次举起了屠刀，闭着眼睛将两个熟睡中的孩子捅死。

看了以上案犯交代的犯罪动机，撇开有其他动机的可能性不谈，新闻描述李磊年少时好斗，社会背景复杂，可观其性格一角，很多负面情绪的产生往往来源于冲突，处事价值观的冲突，特别是一个不善于处理现实冲突和疏解自己内在情绪的人往往更容易造成情绪的积压，在比较内向的人尤其明显，情绪的压抑就像收集点券，收集到一定的量就要兑换奖品，而这个奖品的兑换往往就是体现在事件冲突的加强，情绪的积压过程就烧开水，不断的加温而最终沸腾甚至冲开锅盖。

历年来公开的“灭门案”，罪犯“灭门”的手段都极其残忍：凶手大都选择使用“冷凶器”为杀人工具，他们的犯罪心理定位非常明确，那就是绝不留活口！这些“灭门案”还有一个共同点，就是凶手们亡命徒式的低智商杀戮。在近年发生的这些“灭门案”中，大部分凶手都未经过较为“专业”的周密策划和布局，往往都是随机而动，在血溅门庭之后逃之夭夭，而不在乎身后留下了多少“线索”，大兴灭门案亦是如此。而对这些灭门案进行动机调查时，无不发现这些凶手都对家人及社会有着强烈的敌视心理，这些心理没有得到周围人足够的重视，以至到最后酿成不可逆转的悲剧。

案例

2006年1月21日，一四川籍农民工在公交车上扬言要实施爆炸，结果只是为了找人倾诉而排解被老板无故殴打的经历。随后，这名农民工因涉嫌编造散布谣言被警察带走。

对于农村中年人，尤其是外出打工的农民工而言，城市人的偏见和歧视很容易激起他们的敌视心理。由于我国长期处于城乡二元体制，城市人和来城务工人员的隔阂短期内无法消除。再加上固有制度对农民工的利益维护严重失衡和不公致使农民工付出几倍劳动却无法得到与城市人相同的报酬，这些都会加深农民工的怨恨心理和敌视心理。有些农民工恶意破坏公共健身器材，破坏公用电话亭等，这些都是敌视心理的发泄。这种心理如果不加以疏导，很容易产生恶劣后果。

7. 婚姻心理障碍

中年期是人一生中最成熟的阶段。中年人是社会的中坚力量，更是家庭的顶梁柱，他们在家庭中同时扮演着丈夫或妻子的角色、父亲或母亲的角色，儿子和女儿的角色。同时中年人的婚姻中也由于各种各样的因素出现了诸多婚姻问题。农村中年人的婚姻问题中，又以城市农民工和与之相对应的农村留守妇女的婚姻问题最为严重，由于种种原因，他们可能有着各种各样的婚姻心理障碍。

家庭是社会的细胞，农村中年人的婚姻问题其实也就是农村中年人本身的问题。正如城市农民工的婚姻问题其实就是农民工本身的问题，农民工问题解决了，其婚姻问题也就自然而然地消失了。所以，为了促进城市农民工婚姻和家庭生活的稳定，促进农村地区的健康迅速发展，加快社会主义和谐社会的建设，我们一定要关注中年期的婚姻心理障碍。

（1）婚姻恐惧症

恋爱、结婚、生孩子是人生三大喜事，可随着婚期的临近，许多准新人会有一种莫名的恐惧，担心这害怕那，甚至产生临阵脱逃的念头。这种症状，其实是一种回避心理在作祟，心理学家称之为“婚姻恐惧症”。

“婚姻恐惧症”是一类很具有代表性的现代社会心理疾病，社会舆论对婚姻生活的负面宣传是“恐婚症”的起因之一，媒体经常就如何处理婚姻关系进行各种讨论，这种社会氛围使尚未走入婚姻的人们感到一种无形的压力。对婚后生活的过多考虑在面临婚姻时的表现形式就是对结婚的恐惧和逃避，很多人因此推迟结婚，甚至宁愿独身，也不愿意“受罪”。

婚姻恐惧症以前只是存在于经济发达思想进步的城市地区，近些年来，农村地区的一些成年人也开始逐渐有了恐惧婚姻的思想。农村地区的婚恋观比较传统保守，父母辈的很多婚姻都是草率结合或者是媒妁之言的结果，很多婚姻没有建立在爱情的基础上。这种婚姻模式下的生活会存在很多问题，也给下一代的婚姻心理造成创伤，使得新一代成长起来的农村成年人有恐惧婚姻、害怕婚姻的心理。

婚姻恐惧症的通常“症状”是：焦虑、烦躁、易激怒，或是疏远、冷淡、沉默寡言，因此对个体的生活和工作都会有消极影响。婚前不适症状第一次出现是在谈婚论嫁阶段，主要是对婚姻持久性的怀疑和恐惧。这种恐惧一是来源于社会舆论对婚姻生活的负面“宣传”，以及一些媒体对各种婚姻问题剖析过多地“暴露”了婚姻的阴暗面，使有“结婚意向”的人感到一种无形的压力，以致产生对婚后生活“走向”过分忧虑和对婚姻失败的恐惧。另一个原因是，一方对另一方某方面不是很满意，或对对方某些缺点在成家后能否改变、自己能不能适应等心存疑虑。第二个阶段是结婚的前一个月或前一个星期出现的恐惧、紧张、焦虑等“症状”。与第一阶段不同的是，这时产生“恐婚”的原因是对婚后生活困难程度的“扩大”的恐惧。

婚前恐惧症出现的原因是多种多样的，既有自身的原因，也有外在的原因。在农村地区，包办婚姻的依然流行是造成很大一部分农村成年人婚姻恐惧的重要原因，我们来看下面一则案例。

案例

小丽和大伟都是常年在外打工的农村人，过年回家时由亲戚介绍认识，匆匆见了几面之后便各自回到各自的打工城市，大半年没有再见面，只是通过电话联系。家人都说他们年龄不小了，催着在年底结婚。然而小丽的心中却常常恐慌，因为她觉得自己对大伟甚至都还不算了解，他的生活习惯、性格特点、经历都不清楚，每次一想到这些，小丽就会从心里排斥婚姻。

案例中小丽的情况，在农村并不罕见，针对这种情况，男女双方需要不断地加强相互之间的了解，加深感情，这是最重要的婚前心理准备。这项准备若不充分，其他准备再完备也不会保障婚后生活的美满幸福，纵然是婚前物质准备应有尽有，亦难以弥补心理的损伤，维持夫妻真挚的恩爱。处在这个状态下的男女应该多了解一下再考虑结婚，或者婚前长谈一次，尽可能多地互相了解，或许可以消除对未来婚姻的恐惧感。

除了包办婚姻外，对婚姻的恐惧还会来自很多其他方面的担心，例如，担心“婚姻是爱情的坟墓”，担心和未来婆婆不能很好相处，担心自己的另一半出现婚外情，担心婚后失去个人自由，担心被家务活所累等。上述这些担心的心理状态主要是女性所担忧的，男性对婚姻的焦虑是对自己能不能承担起家庭重担的能力持怀疑态度，主要考虑的是自己在家庭中的责任。在结婚的前几天，他们会觉得婚后那么多事都得自己“扛”，要“顶天立地”了，突然觉得自己“罩不住”了，主观结论就是整个担子一下子就落在肩上了，无法承担。有些男人还会想到与女方父母的关系和未来孩子出生后的问题。有些人在看到他的同事结婚以后很快就有了孩子，光孩子买尿布钱、奶粉的钱两口子都负担不起，就会想：“我们结婚后有孩子怎么办呀？另外，不能总顾小家，还得孝敬父母，过去经常请他们吃饭，请他们外出玩，现在还请不请他们呀？不请是不孝顺，请他们会不会在经济上负担不起？”因此，男人恐婚的病源主要是放大了生活的压力。

其他恋人经过了多年的马拉松长跑式的恋爱后不欢而散，太多失败婚姻的例子摆在眼前，或者父母的婚姻就已经十分不幸，所有这些对于未婚人群来说都是极大的刺激。要充分信任对方已经不是件容易的事，再加上这些先例作祟，信任危机在所难免。在老一辈人的观念中，离婚是耻辱，是一种败坏门风的丑恶现象，所以当事人不到万不得已决不会轻易提出离婚。现如今，观念开放了，办理离婚的手续也不那么复杂了，因此离婚率也随之飙升。《环球时报》称，20世纪50年代，90%以上的已婚夫妇能将他们的婚姻维持到10年以上，但到了20世纪90年代，这一比例下降到不足50%，而印度的离婚率则在10年内翻了一倍。有意思的是，德国为了降低离婚率甚至不惜立法加大离婚的难度。回到我国，根据2010年初有关部门对各大城市离婚率进行的调查显示，排名第一的是北京，离婚率高达39%，即使排名第十的哈尔滨市也达到了28%。即便是在观念相对保守的农村地区，离婚数字也在逐年递增，有关资料显示，大部分的离婚案件都是由第三者介入而发生。所以，担心同床共枕的人会变心，是现代年轻人不愿意踏入婚姻殿堂的一大原因。

婚姻恐惧症是一种不健康的婚姻心态，对生活和工作都会有影响。对于农村一些适龄却有着婚姻恐惧症的男女来说，如果担心不适合未来的生活，在讨论结婚前，经常到对方家里坐坐，了解他（她）的家人，或者和他（她）多谈谈他的家人，直接或间接地了解未来的家庭成员的生活习惯等，这个过程也是心理适应的过程。对婚姻持久性怀疑和恐惧时，要保持开放的心态，能够去跟对方沟通交流，进而打消这种疑虑。无论出任何事，类似他（她）突然不愿意结婚这种事，可能你觉得很不舒服，但不要急着否定双方的感情，还是要多问问他（她），可能他(她)有其担心和顾虑的原因,他(她)的担心未必是多余的,有时可能是很实际的。如果协调好,对婚后的生活也是很有利的。

(2)婚姻适应不良

“七年之痒”“结婚十年”,这些词语的出现让我们关注着中年人的婚姻状态以及婚姻适应不良的问题。中年人婚姻适应不良主要表现在以下几个方面:一方面,对于持家的方法、子女的教育、婆媳的相处及家庭的计划安排等方面知识的欠缺,使家庭之间出现不同的分歧和矛盾;另一方面,从恋爱中和新婚初期的卿卿我我、罗曼蒂克到婚姻生活中的油盐酱醋,很多夫妻难以转换,出现了适应不良。同时人到中年,很多现实生活中的转变也让夫妻更需要适应能力,比如家庭结构的变化、职业的更换、子女的出生和照料,家人的生离死别等。

中年人婚姻的适应不良影响了夫妻之间的关系,有的夫妻争吵不断,使家庭成为战场;有的则貌合神离,不再沟通和交流;有的夫妇关系则更多地依靠子女而维系,同床异梦;有的则只存一纸结婚证,分居两地甚至分居。

种种情况都会更加损害婚姻,使夫妻双方的身心健康长期受到折磨,同时家庭内部很不和谐的气氛会使孩子幼小的心灵和精神生活受到伤害,甚至影响孩子的人格和性情。

婚姻适应不良的12种因素

1)无效的夫妻沟通。

2)性不适应或不适配。

3)对长期承诺有高度焦虑感,对一辈子在一起的婚姻承诺感觉到压力。

4)较少共同分享的活动,几乎没有共同活动,各做各的。

5)较少情爱的交流,缺少爱抚和交谈。

6)不忠贞,外遇问题或暧昧异性交往。

7)对配偶的情感与需求不敏锐或冷淡。

8)有权力与掌控的冲突,例如家庭的经济权利,孩子教养权利。

9)问题解决能力较低,遇到问题吵架或冷战,而不是想办法去解决问题。

10）对金钱、独立性、姻亲关系、小孩等的看法，有所冲突。

11）身体虐待。

12）无法积极适应角色改变的需求，无法调节自己作为一个妻子和孩子妈妈的角色、一个丈夫和孩子爸爸的角色。

中年夫妻，正是工作最关键的时候，同时又上有老下有小，总是感觉时间不够用，负担太重。越是如此，越要注意构建自己良好的支持系统，经常利用机会全家人一起郊游度假等，增加家庭的幸福感，同时夫妻也要注意有一些两人空间，多回忆恋爱时的甜蜜和感动，多感激对方为彼此的付出，多鼓励支持彼此。

（3）丧偶综合征

扬州瘦西湖中有一座鹤墓。传说有一对白鹤相厮相守，永不分离，一天，有一只白鹤不幸死去，另一只白鹤便不吃不喝，哀鸣而死。人们感动它们的这种专情，故为它们修了一座墓。故事的真假无法考究，不过动物殉情的事例确实有之。

心理学研究表明，一对相亲相爱、风雨共济、患难与共的伴侣，一方的突然死去对另一方造成的创伤是难免的，有时甚至是相当严重的。他们在短期内无法接受这个事实，往往存在一定的心理障碍，总觉得故去的人并不是真正的死亡，而是暂时远去，还会回来。丧偶综合征是指人突然失去休戚与共、风雨同舟的终身伴侣后所产生的适应性障碍。由于丧失了自己最知心、最体己的亲人，其心理反应往往出乎意料地强烈。轻者可表现心境抑郁，表情悲伤，持续时间短暂；重者可表现悲恸欲绝，呼天抢地，痛不欲生或呆若木鸡，神思恍惚。

就伴侣去世的原因来看，如果是久病卧床、备受疾病折磨的慢性病，那么无论对死者还是对居丧者来讲，从某种角度而言都可说是一种解脱，因而丧偶综合征的症状可能很轻；如果死者死于急病或意外事故，那么对居丧者的精神打击很大，丧偶综合征的症状就可能很重。

（4）再婚心理障碍

正值中年的男女如果丧偶或者离婚，再婚是一件再普通不过的行为，有人认为再婚率逐渐上升已成为当今婚姻中的一个新趋势，然而民政部门的有关统计资料却令人深省：再婚家庭的离婚率比初婚家庭要高。其原因是多方面的，但重要的原因是不少再婚男女经历过心灵创伤后受传统道德观念和生活习惯的影响，存在着种种心理障碍，导致感情隔阂而再度离婚。因此，准备或已经再次重新穿上结婚礼服的人，应该防范可能产生的心理障碍，并对已经产生的心理障碍有效化解，才能获得幸福美满的家庭生活。

一般而言，再婚夫妻的心理障碍主要有以下几种：

1）比较心理

比较心理是再婚夫妻最容易犯的一个毛病，用原配偶的优点与现配偶的缺点相比较，事事挑剔，处处不满。这种心理不但会伤害到对方的感情，也会使自己对重建的家庭不满失望，导致婚姻的再度破裂。殊不知人各有所长，亦各有所短。应当积极地全面地评价对方，了解对方，认识对方优点，帮助其克服缺点，使对方成为自己理想中的配偶。

2）怀旧心理

怀旧心理多出现在前婚夫妻感情深厚，一方因病或意外事件而亡故的再婚者。再婚后时常流露出对前婚配偶的怀念之情，而这种怀旧心理最易引起再婚中对方的痛苦。所以，再婚者在再婚后必须从感情上面对现实以防范怀旧心理。

3）报复心理

有一些被动离婚者，对前配偶心怀怨恨，在重新选择对象时只要求外貌或某些方面超过前配偶，达到报复的目的。由于这种选择常带有盲目性，不讲感情基础，非但不能使自己的心理得到平衡，而且也使再婚后家庭基础不稳固。

4）嫉妒心理

许多再婚者常嫉妒或计较对方的前婚生活，不时揭其隐私、捅伤疤，亵渎对方人格，挫伤对方自尊心，日久必将影响双方的感情。因此，再婚夫妻必须防范嫉妒心理，特别是性爱型嫉妒，重视对方的心理贞操，珍惜对方感情，抚慰对方饱受创伤的心灵，才能使两颗心紧紧地结合在一起。

5）习惯心理

一般而言，在第一次婚姻中，两个人可能已经形成了一定的习惯，有着各自的兴趣、爱好和生活模式，再婚后相互之间一时不能适应，特别是性生活习惯，如果互相不去了解和熟悉对方的欲望、要求和技巧，很可能导致性生活的不和谐，引起双方的不满。所以，再婚夫妻应当主动适应对方的习惯，寻找一个能照顾到双方习惯的折中解决办法。

6）自私心理

初婚家庭一般都育有子女，子女用血缘这条固有纽带，把父母黏合在一起，而再婚家庭的子女因无血缘关系，容易滋生矛盾而起离间作用，易使各自父母产生自私心理偏袒自己子女。其实，血缘不能完全超越后天的感情，关键是再婚后双方要以高尚的道德情操，大度博爱的胸怀，处理好与继子女的关系，如果视对方的孩子如自己的亲生儿女，甚至更胜一筹，那就可以大大缩短再婚夫妻的心理距离。

7）戒备心理

再婚夫妻由于上一次婚姻的失败，再加上离婚的双方可能都有一些过去家庭中的财物，可能无法完全敞开心扉，对对方怀有戒备心理，实行经济封锁、多心眼、留后手、闹独立，使一个再婚家庭看上去更像是室友合租，这会使现实家庭名存实亡。

关注进城农民工的婚姻问题

城乡分割的二元社会结构和体制目前仍然存在着，未被打破。农村劳动力大规模向城市流动，然而城市并没有给农民工提供可以实现“举家迁移”的条件。因此流动的特性给他们的婚姻增加了不稳定的因素。春节时，很多在外打工的农民工纷纷往家里赶紧，赶着与家人团聚。春节过后，又纷纷外出打工，夫妻、家人短暂的相聚后又匆匆分别，开始漫长的等待，而这等待的过程中，很多夫妻等到的是感情的冷淡、夫妻的解体、家庭的分裂。近年来，农民工离婚率呈上升趋势。离婚案件过多导致单亲家庭增多、再婚困难、抢夺财产、子女教育缺失、甚至诱发恶性事件等社会问题，成为影响家庭安定、社会稳定的一个严重隐患。

我们来看一下已婚农民工的婚姻状况。已婚农民工的婚姻情况一般比较复杂。当夫妻一方外出时，其家庭生活、家庭关系和家庭稳定往往会受到外出者打工时间的长短、打工地离家的距离、打工地外在社会环境等因素的严重影响。有一些农民工夫妻选择共同外出，然而子女的抚养教育变成了一个大问题，造成农村地区“留守儿童”的问题。而如果将孩子带在身边，则一方面会加重整个打工家庭在城市中的生活负担，同时也会遭遇到父母

无时间、无精力教育孩子，以及子女在城市就学困难等困境。特别是对于外出打工的农村女青年来说，建立家庭，结婚生育，常常意味着有可能失去在城市中的工作，甚至失去外出打工的机会。而夫妻双方如果一人出去打工，另一人在家带孩子的话，无疑又会造成夫妻婚姻关系冷淡，有可能导致家庭分裂。

已婚农民工近年来离婚率正呈现着逐年上升的趋势。我们来看这样一些地方法院受理的离婚案件，在湖南长沙、湘潭、永州等市各基层法庭办理的案件中，农民工离婚案件约占40%。据永州市民政局婚姻登记处的数据显示，该市9个县2005年离婚3 700多对，到2006年已达到4 300多对，离婚人数逐年提高，并且打工族的离婚人数占绝大部分。

总结这几年加入离婚大军中的已婚农民工的离婚原因，多数因为婚姻基础不牢固，结婚前未经充分接触，相识数月或一年便急于结婚。而婚后忙于挣钱匆匆外出打工，没有继续培养感情的时间和机会。虽然法律上已有夫妻之名，实际上却是形同陌路，这样的夫妻之间一旦出现矛盾，婚姻关系便岌岌可危。此外，传统的婚姻观念对于新生代农民工的制约力开始越来越弱，在很多受访的年轻农民工看来，离婚是自己的自由。一位来自安徽的农民工告诉记者，自己所在的村里年轻人离婚已经占了结婚人数1/3，不少婚姻虽然维持着，但也是名存实亡。

农民工由于自身流动性强，婚姻不稳定是必然的，分析一下可以看出有以下原因：

（1）两地分居状态导致感情冷淡，家庭功能弱化

这是造成婚姻不稳定，甚至婚姻破裂最主要的原因。农民工夫妻部分的选择是男性为赚钱发展而外出，女性为孩子老人而留守，还有一种是夫妻都外出打工，但是不在同一个地方。长期分居两地，缺少交流与沟通，夫妻感情淡漠。同时，由于户籍制度的限制，使得农民工家庭的孩子在务工地接受教育的可能很小，使孩子这个维系家庭关系的重要纽带无法发挥作用，减少

了对农民工的家庭约束，淡化了家庭责任义务。在一些婚姻关系中，甚至会出现“丈夫多年离家不归”、音讯全无的情况，这种情况使得在家苦守的家庭妇女心寒，迫使她们起诉离婚。此外，农民工外出打工，进入了一个五彩斑斓的城市世界，有的农民工收入相对较高，改善了生活，扩大了视野之后，与农村生活拉开了距离。很多农民工在感受到五光十色的都市与农村生活环境的强烈反差后，越来越不满足于现状，夫妻间的裂痕与冲突增加，“第三者”“婚外情”屡见不鲜。重庆市农民工离婚现状调查显示，其中，因婚外情抛弃糟糠之妻而提出离婚的男农民工占男方提出离婚的70%。

（2）婚前感情基础薄弱

在农村地区的婚姻中，婚前感情基础薄弱是个很常见的现象。广大农村青年的婚姻缔结模式仍然带有深深的“非自主”烙印，由于文化层次不高，相互了解的机会不多，凑合过日子的心态，使农村青年又开始走入“媒妁之言，父母之命”的传统婚姻形式。另外，许多农民工外出打工时的年龄很小，其外出打工中很难遇到合适的婚姻对象，其在家的父母就包办了婚姻。“闪电式结婚”渐成风。外出务工的农村青年，大多处于恋爱、结婚的黄金时期。由于诸多条件的制约，他们只能在家乡寻找伴侣，从而使“闪电式结婚”十分普遍：一是有的在家时间少，常年忙于打工，第一次见面，第二次就结婚；二是有的农民工由于家庭经济条件的限制，只要碰到基本认可的对象，就急于结婚，婚前了解可想而知。草率结婚导致婚姻基础薄弱，是造成农民工离婚低龄化现象逐步突显的重要原因。

案例

春节返乡相亲潮：女孩一天相亲5次，称记不清男方长相

农历大年初四，家住河南省虞城县田楼村的金娟这一天连续相亲了5个男孩，他们都和她年纪相仿，在20岁左右。

“见到第五个男孩时，第一个人的长相我都有点模糊了。不见不行，我老大不小了，要是这几天不定下婚事，过几天我就要到广东打工了，只能明年这个时候再找对象了。”金娟说道。

数以千万计在城市务工的男女春节期间回到农村，利用返乡的短暂时间频繁相亲，许多单身男女靠着几次相亲仓促定下了终身大事。从相亲到定下婚事，很多人总共也就见两次面而已。然而在中国农村，这就是许多青年男女婚姻的缩影。春节前夕回家——春节期间频繁相亲——订婚——再次外出务工，这就是“中国式农村婚恋”。

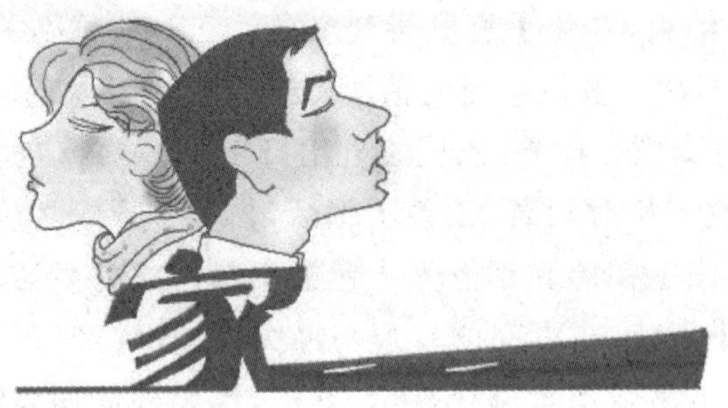

(3) 传统婚恋文化受到冲击

改革开放的深入，思想观念的解放，婚姻自由度增加，过去被认为"嫁鸡随鸡、嫁狗随狗"的传统婚姻家庭观念发生了变化，流动到城市中的农民工也与城市人一样，越来越多的人不再认为离婚是丢丑，而是法律赋予的自由合法权益。这是农民工离婚率逐年上升社会文化与舆论背景。

已婚农民工走出封闭的乡村，眼界的开阔，见识的增多，城乡环境的反差，使价值观、人生观、婚姻观发生变化，夫妻从两性结合的经济合作共同体向情感伦理实体转变，对婚姻的情感期待值逐渐升高，爱情在夫妻关系中的作用逐渐加大，提高婚姻质量、强调夫妻双方感情融洽开始成为农民工的追求目标，期待婚姻能给予自己更多的满足，一旦夫妻双方在"感情不和"的情况下，更容易通过离婚追求幸福生活，因此，性格不合(情感不合)成为农民工离婚的主要原因。

(4) 社会干预机制减弱

新《婚姻登记条例》取消了离婚调解程序，申请离婚的当天基本上就可以领取离婚证。离婚不再需要调节，成为双方的一件简便快捷的"私事"，且成本低廉。这使得一些心理素质低下，无法自己调节的农民工在发生家庭矛盾之后意气用事，草率离婚，缺乏离婚申请到领取离婚证的冷静反思期，更没有解决婚姻家庭问题的心理咨询和指导，家庭婚姻问题的社会干预减弱。

婚姻是整个社会存在和发展的重要部分，是促进社会和谐稳定的基础和细

胞。如果婚姻出现破裂和危机，不仅会给夫妻双方及子女带来不幸，同时也会给国家和社会带来困难，严重者会影响社会的发展与稳定。表面看离婚是夫妻双方的问题，但离婚案件又常常涉及老人赡养、子女抚养、财产分割、农田调整等问题的处理。由于大量的家庭解体，导致了中国独特的"留守儿童"队伍庞大以及青少年犯罪案件的急速增多。农村离婚案件的急速攀升已危及到农村社会的稳定，对建设新农村、建设和谐社会都是一大隐患，应当引起社会各界的高度重视。进城农民工婚姻亮起红灯，会带来以下危害：

（1）危害子女的身心健康

有关资料数据显示表明，在未成年人犯罪中，农民工子女占六成以上，成为社会稳定与可持续发展的负面因素。部分农民工婚后夫妻关系恶化，甚至离异。给孩子的身心带来多方面不利的影响。夫妻离异后由其中一方单独抚养孩子，从一定程度上会降低孩子的生活质量。父母离异造成对孩子的教育缺失，影响他们的性格形成，影响他们的未来发展，甚至有的孩子危害城市公共安全，走上了违法犯罪道路。

（2）留守妇女的权利无法保障

离婚后的农村妇女，由于方方面面的原因，妇女的户籍、继承权、村民权益等无法得到有效落实，致使妇女的各种权益无法得到保障，在妇女没有重新结婚以前，使得许多离婚妇女成为"夹心人"。同时由于留守妇女从夫居的传统，部分留守妇女离婚后甚至连居住的地方都没有。所以即使遇到婚姻危机也很少有人选择离婚。因此，当遇到家庭暴力和丈夫的婚外性行为的时候，也只能默默忍受。农村留守妇女为家庭做出了许多牺牲，一旦遭遇婚姻危机，由于维权意识差，合法权益得不到保障。

(3) 危害农村社会稳定

高离婚率必然会危害到社会的稳定，增多的离婚案件意味着家庭的不稳定，家庭矛盾如果无法得到有效化解，肯定会导致社会秩序的混乱。此外，在有些地区，婚姻仍然被看成两个家庭甚至两个家族的结合。离婚中被动的一方，意味着“被抛弃”，对于其背后的家族来说也是不光彩的事情。另外，离婚所引发的子女抚养、财产分配等问题，一旦没有处理妥当，达成共识，很容易产生纠纷，甚至演变成两个家族间的冲突，严重影响农村社会稳定。近年来，因为离婚所导致的暴力伤人案件频发，也反映了这一点。

总之，婚姻是整个社会存在和发展的重要部分，是促进社会和谐稳定的基础和细胞。农村中年人的婚姻现状以及农民工的婚姻稳定问题，应当引起全社会的广泛关注，用更宽广的思维去分析、认识和处理农民工问题。只有这样，才可能避免由于大规模人口流动所带来的巨大社会问题。

8. 性问题

人到中年，性依旧是困扰着他们的一个问题，甚至影响着中年人的婚姻。“无性婚姻”“婚外性”，这些名词相信我们大家都不陌生，此外还有近些年来已经引起了广泛关注和争议的外出务工农民工的性压抑，以及留守妇女的性缺失状况，这些都应引起我们的注意。

(1) 无性婚姻

社会学家说，夫妻间如果没有生理疾病或意外，却长达一个月以上没有默契的性生活，就是无性婚姻。无性婚姻也指男女双方在承诺不进行性生活的基础上结成夫妇关系。一些人因种种不可抗力造成性功能丧失，一些人心灵受过重大创伤，还有一些人先天无性，此外还有一些人根本对性就不感兴趣或只是希望组成形式上的婚姻……这样一些人群自愿组成婚姻，也叫无性婚姻。如果以第一个标准衡量，据说中国有1/3婚姻归于无性婚姻。由于种种原因，无性婚姻在我们的生活中大量存在着，这是不容回避的一个事实。

由于工作时间不同，为不打扰对方休息，很多夫妻商量平时分床睡，有“需要”再在一起睡。而今，大多数男性发现想要亲热时自己已无能为力了。约3成夫妻过上了“无性”婚姻生活，年龄集中在30岁至50岁之间。其主要原因是由心理障碍而导致了生理障碍，而最根本的因素则是缺少沟通和交流。其次，网络也是造成夫妻缺少交流的重要原因，许多夫妻迷恋网络，把业余的时间和精力向虚拟世界的人宣泄，自然对夫妻感情的维系不再用心。而妇女产后将大部分精力分给孩子而冷落了丈夫，也是造成无性婚姻的原因之一。

我国的《婚姻法》规定，夫妻之间互相享有配偶权，配偶权的核心是性权利，这种权利义务的实现需要双方同时履行和协调配合，而且配合双方既是权利主体，又是义务主体，缺一不可。配偶权派生的同居权是婚后男女双方都享有与对方以配偶身份共同生活于同一住所的权利，另一方有与对方同居的义务，包括夫妻的性生活、共同寝食和相互扶助等权利。一方没有任何理由拒绝尽夫妻间义务，甚至可以看成一种精神虐待或家庭暴力。

（2）婚外性

一方面是比例极高的无性婚姻，另一方面则是愈演愈烈的婚外性现象，这种略带讽刺的情况，不得不引起我们的深思。所谓婚外性，是指已婚者在婚姻之外与他人（已婚或未婚）发生关系的两性关系，通常是与婚外情相伴产生的，被认为是比较严重的越轨行为。目前在农村地区，婚外性现象也犹如一颗毒瘤，危害着家庭。

婚外性行为的直接受害者就是参与婚外性行为的双方，而间接受害者是他们的配偶和子女。无论男性还是女性，在他们有婚外性行为之后，都会有一定程度的犯罪感，认为对不起丈夫或妻子以及子女，又担心事情败露，整日忧心忡忡，处于短暂的快乐和长久的恐惧之中。

婚外性的出现主要有以下原因。

首先，中国传统社会是一个封闭的流动性非常差的小农社会，一个人一旦做出诸如婚外性行为的越轨之举，那么他所生活的村庄或社区里的人都会知道，通常情况下他会受到当地族规或村规的严惩。即使能躲过惩罚，也必将导致他社会地位的下降，而且他也会丧失很多发展的机会。但在目前的社会转型期，人口的流动性增大，许多人远离了自己世代居住的家乡而在其他地方定居下来,这样,原来制约他们的族规、村规等社会规范就不能起到作用;过去能决定一个人命运的人事档案制度正在逐渐失去其强大的社会控制作用,所以转型期社会惩罚大大降低了。

其次,在中国的一些地区,婚外性,尤其是富人的婚外性,不仅不被看作违反社会规范的越轨行为,反而被很多人看作社会身份地位的体现。在这种想法的指引下,许多人将婚外性行为当作显示个人社会地位的途径。从这个意义上来看,婚外性行为这种"炫耀性的消费行为"又是一种象征性的竞争,人们通过相互攀比或炫耀性消费来维持或提升社会地位和身份。性学家潘绥铭对于中国人性关系的调查显示:在每月收入最高的5%的人里,有45.1%有过婚外性行为,而在收入最低的40%的人中,却只有5%有过婚外性行为。就发生的可能性而言,富人是穷人的6.1倍。这一结果基本上符合"炫耀性消费"的理论要素。

农村中年人尤其是外出务工的农民工的婚外性行为,当然有着独特的原因,在下面部分我们将做具体分析。

农民工性问题

20世纪80年代以来,随着我国城市化的加快和二元结构的变化,农村剩余劳动力大量进入城市务工,使他们成为介于农民和工人之间的"边际人",谓之"民工",形成"民工潮"。随之而来的农民工的社会保障问题、子女教育问题、工资问题以及与城市居民相处问题成为关注焦点,而对于农民工的情感问题,特别是对农民工的性权利问题虽有涉及,但是关注程度和解决力度还远远不够。由于农民工的性权利易遭到侵害,往往导致农民工性压抑,从而引发一系列问题,而且由于农民工的文化程度普遍偏低,对性健康知识了解不足,加剧了后果的严重性。

案例

21日晚上,来自四川乐山的46岁农民工到隔壁工棚的简易卫生间偷看一贵州农民工的妻子冲凉,被发现后,企图用一根木棍自卫,被偷窥的女子的丈夫和几个工友抢过木棍对其一阵追打,导致右眼眶皮肤破裂、颅底多发性骨折。当记者问他为什么偷看女人冲凉时,他回答说:"工地没工干,无聊呗。"

据了解,在工地的农民一般都集中在25岁至50岁之间,结了婚把老婆留在家里就出来打工的占调查人数的91%。这个年龄段的男人,正是对性生活需求旺盛的阶段。然而对他们来说，人类最本能的需求却成了最昂贵的奢侈生活。

案例

来自河北的老张今年31岁，结婚5年了，出来打工已经是第3个年头。去年春节到了郑州以后，到现在他还没回过家。“心疼路费，现在工人这么多，把我顶了咋办？”他说，往返路费需要1 000多元，顶他干半个月的活了。想媳妇的时候，老张要么去公共电话亭给妻子打个电话，要么就拿媳妇的照片出来仔细看上半个小时。“上次媳妇来找过我一次，工地不让住，我就和媳妇睡在公园的草丛里。”说起这段往事，他笑了笑：“没办法，俺也是人！”

重庆市沙坪坝区有关部门近期组织专人对该区100名外来务工人员的精神生活状况进行了专项调查。调查结果表明，性压抑已成农民工痛楚。调查显示，50%的男性、53%的女性民工表示，他们交朋友的渠道是老乡，除此之外，48%的男性、66%的女性的交友对象是“一起打工的”。在回答“据您所知，其他跟您一样在城市打工的人很久没过性生活了，他们会选择干什么”这一道选择题时，男性民工21%选择“找小姐”、18%选择“整夜睡不着”、18%选择“喝酒麻醉自己”、25%选择“看黄色录像”或“讲黄色笑话”；女性民工有19%选择“拼命干活发泄”、5%选择“强忍着”。调查显示，已婚夫妻打工而两地分居，长期没有性生活时，24%的男性、33%的女性“整夜睡不着”。39%的男性、55%的女性民工通过“给家里打电话”来度过漫漫长夜。这样的缓解方式，虽然可以缓解一定程度上的需要，但如果把性压抑在潜意识范围内，不仅不会消除，反而会在其他方面表现出来。比如紧张、焦虑、头疼、精力减退、抑郁症等，严重的会有自杀和犯罪情况发生。

性是一个刚性需求，不管男人还是女人，如果性需求被压抑，每天都会很烦躁，影响情绪和记忆力，更会影响工作积极性，影响社会生产力。我国目前尚属不发达国家，按照马斯洛的理论，多数人的需求还处于满足生理和安全层次。这多数人中，就包括农民工群体，他们的工作和生活方式，使他们基本的性需求难以得到满足，这不但会影响他们个人及其家庭的幸福，也会产生性暴力犯罪、性安全等一系列严重的社会问题。农民工对性传播疾病的状况并不了解，他们的健康正面临着高危性行为和性病知识缺乏所带来的疾病威胁。

只有融入都市生活才是解决民工性压抑的最终出路。有人提出，要为民工解决一些实际问题，比如在工地附近开设夫妻房，以便民工的家眷来探亲，还可以给民工探亲假，以解民工分居两地的相思之苦。

“留守妇女”的性问题

留守妇女，也称留守妻子，指丈夫外出后单独或与其他家庭成员居住在户籍地的妇女。随着改革开放和城市化进程的加快，中国人口的流动性不断提高。在农村劳动力向城市转移的过程中，由于外出劳动力的主体是男性，老人、妇女和孩子留在户籍地，于是农村出现了留守妇女群体。随着农民工大量涌入城市，农村中一个特殊群体正在形成——她们忍受着与丈夫长年两地分居的孤寂，守着家中的一亩三分地，赡养老人，照顾孩子，一肩挑起全家的重担，她们被称为“留守妇女”。

中国农业大学一项针对农村留守人员状况的调查显示，目前全国有8 700万农村留守人口。其中包括2 000万留守儿童、2 000万留守老人和4 700

万留守妇女。她们要照顾家中老人、小孩，要家务、农活一肩挑，长年累月地独自撑起一片天，她们的生存状态堪忧。

4 700万农村留守妇女是一个何等庞大的群体，几乎是韩国的人口总数。本来人们就常说：三个女人一台戏，4 700万妇女上演的该是怎么样的一出大戏，况且，这是一群丈夫不在身边，每日不仅要辛苦劳作，还要侍候老人照顾孩子，在一天的辛苦之余还要面对孤独，心中的那份思念和骚动不是亲身体会很难感受，而这种煎熬还不是一天两天，有时可能会长到三年五载，甚至终生都难有几回欢聚。

有媒体报道，在这庞大的留守妇女一族中，69.8%的留守妇女经常感到烦躁，50.6%的留守妇女经常感到焦虑，39.0%的妇女经常感到压抑。留守妇女的生存现状和心理状态岌岌可危，已经到了必须重视的地步。农村留守妇女一般都是30～40岁，在生理需求上，正是享受快乐的最佳年龄，也是人的生理和心理需求最旺盛的阶段。在这个年龄段，不管是男性还是女性，生理欲望也是最强烈的时候，也就是人们常说的最容易“出问题”的时候。现实中，中国农村大多数成年男子都在外打工，这些外出打工的男人，一年内除了过春节，几乎很少回老家。在关注着他们性压抑问题的同时，他们那些留守在家中妻子的性压抑问题，也不得不引起我们的重视。

从生理方面来看，正常的、有规律的生理需求可以调和女性体内的各种生理机能，促进激素的正常分泌。压抑则会使女性的身体机能失调，抗病能力下降，影响生理健康。生理上的不适，还影响女性的心理健康。长期的压抑容易使人产生抑郁、焦虑、恐惧、怀疑等心理病变，使人对生活失去信心，对事情不负责任，容易冲动。更有一些不法分子，利用留守妇女的心理弱点，骗财骗色，给这些留守妇女的身心造成了极大伤害。

案例

46岁的王宝是一个地地道道的农民，初中文化，貌不惊人。然而，他却“成功”地在多名妇女身上骗色劫财。除了一张“三寸不烂之舌”外，王宝的秘诀在于挑准下手的人群——农村留守妇女。

2011年4月2日15时，杨晓红一觉醒来，只觉得头晕目眩。她翻了个身，发现“男友”王宝不在，以为他已经起床了。杨晓红想起身下床，但浑身一点劲也没有，挣扎了好一会儿才支起半个身子。猛然间，她觉得手腕轻了许多，定睛一看，不禁吓出一身冷汗——她手腕上一条重约50克的黄金手链不见了。她下意识地又摸了一下脖子和手指，铂金的项链和戒指也不见了。再伸手到枕头下面拿手机，结果手机也没了。让杨晓红更加愕然的是，“男友”的行李也不见了。她跌跌撞撞地出了“男友”租住的屋子，努力让自己不往坏处想，找了个电话亭试着给王宝打电话，然而王宝的电话始终处于关机状态。杨晓红赶忙拨通了朋友小刘的电话。电话另一端，小刘焦急地责备她：“你家人正在到处找你，都快急死了。”至此，杨晓红才知道，她3月31日上午到王宝的出租房，这一觉竟然睡了两天多。

“一定是他在我喝的饮料里下了药。”杨晓红事后想。但即便如此，她还是打算忍气吞声，不敢对家里人说。在朋友一番劝说和长久的思想挣扎后，杨晓红终于决定瞒着家人报警。警方经过检验，在杨晓红喝剩的饮料残留物中查出了安眠药成分。4月13日，经过连续11天的攻坚，正在江苏省沭阳县“物色对象”的王宝被兴化警方成功抓获。据警方调查，2002年9月，王宝曾因犯敲诈勒索罪在山东省济南市被判刑入狱。王宝生性好吃懒做。2003年11月刑满释放后，他便四处游荡。这个没什么文化的中年男子，却有一套嘴上功夫。在外游荡期间，他发现留守在家的中年女性感情往往处于孤独和寂寞中，于是便动起了歪脑筋——骗色。王宝打着做生意的幌子，以“交朋友”的方式，凭着“善解人意”的花言巧语，先后轻而易举地骗取了多名女性的信任，以达到他的目的。

久而久之，王宝萌发了一个更加邪恶的念头——骗色以后再劫财。随后，他便继续以“交朋友”的名义物色目标。王宝把目标锁定在那些穿着较好的中年妇女身上，并且还要确认是单身女性或者是留守妇女。一旦发现该妇女有情感需求，他便发起攻势，同时见机赠送些礼品，直到赢得对方的芳心。几次偷欢之后，待该妇女放松警惕，王宝就在其饮料中投放大剂量的安眠药，最终实施劫财的罪恶行径。据兴化警方调查，除了杨晓红一案，2010年11月和2011年2月，王宝还先后在金湖县和海门市对留守妇女张霞和刘芸实施了犯罪。而两名受害人因羞于启齿，没有向警方报案。直至王宝落网后，兴化警方找上门，她们才向警方讲述了“不堪回首”的一幕。

关注4700万留守妇女“生寡”的情感压抑

2009年第3期《中华诗词》发表的左河水《蝶恋花·农民工之妻》一词，以赋的创作手法，形象、细微地描写了一位我国内陆农村留守妇女，对其在东南沿海打工的丈夫的此种相思之情与身心的双重困苦。词曰："一捆家书同枕宿，抱抱读读，魂系山村妇。黑夜梦迎千百度，远天望尽东南路。花谢花开寒与暑，高卷窗帘，对月遥相顾。春种秋收农事复，相思更比耕田苦。"

农村留守家庭，特别是广大的留守妇女，不仅生存状况令人担忧，所引发的社会问题更值得人们去思考。实际上这也是农村社会一个不安定因素，从心理上去关心，从人性化角度为他们创造团聚的条件，维护好他们家庭的和睦，这也是一项"维稳"。现在我国很多地方在户籍政策、农民工子女入学以及城市接纳等方面都做了很多有益的探索和尝试，这是对广大农民工家庭的关心，更是我们社会体制的进步。

结 语

中年人的心理健康状况，不仅影响着本人以及家庭的幸福，影响工作及事业的成效，同时也对整个社会的稳定和发展产生重大影响。对中年人常见的心理问题和现象有一个基本的全面的认识，有利于我们更好地预防和面对中年期可能出现的心理问题和心理疾病，进行有效的心理干预与心理保健，以培养健康乐观的心理品质，这也对促进城乡和谐发展，创建精神文明有着举足轻重的作用。

三、农村老年人常见的心理问题和现象

德国著名作家歌德曾写过："老年时像青年时一样高高兴兴吧！青年，好比百灵鸟，有他的晨歌；老年，好比夜莺，应该有他的夜曲。"和青少年、中年一样，老年也是人生的一个重要的阶段，然而让我们遗憾的是，很多老人并不能做到诗歌里所说的"像青年时一样高高兴兴"，各种各样的心理问题和现象在老年人身上悄然发生着。和城市老年人相比，农村老年人的医疗条件差，居住环境差，由于子女出外打工，农村地区出现了很多留守老人，他们的心理健康状况和常见的心理问题，更值得我们去研究和关注。

我们首先来关注一下农村老年人，特别是留守老人的生活现状。农村老年人生活水平偏低，部分居住环境较差。子女在外务工的收入，往往用来经营自己小家庭的生活，给予父母的补贴很少。老人主要是靠自己的劳动所得维持生存，收入很低，生活清苦。此外，农村老年人年事渐高，身体生理机能日益衰弱，

老人患病的次数增多，时间上也越来越长，由于子女不在身边，老人生病时往往无人照料，特别是需要子女陪同上医院看病治疗时，老人更是觉得孤苦无靠。农村老年人通常还承担着隔代教育的任务，然而由于农村老人的文化程度普遍较低，大多老人只管供孩子吃、穿，至于学习、心理、性格和道德教育，就只能听之任之了，带孙子力不从心，有的连照顾自己也成了问题，大大地增加了留守老人的生活负担和精神负担。农村精神文化生活比较单调，老人大多是“蹲墙根、找树阴、聊聊天”，过着“出门一孤影，进门一盏灯”的寂寞生活，这很容易使他们感到孤独。村里的小卖部往往是人群集聚地，老年人因无购买能力，到其场所闲坐时亦不受店主欢迎。老人感到有心里话没处诉说，有时间没事打发，其思维能力，记忆判断能力等也会衰退，甚至更容易诱发老年性痴呆，老年性抑郁症等老年性精神疾病或心理疾病。

由此可见，农村老年人由于自身的生活特点，很容易患上各种心理问题。着这一章节里，我们就来探讨一下农村老年人常见的心理问题和现象。

1. 老年抑郁症

在我们的生活中常常可以看到这样的老人，不愿意吃饭、睡不着觉、很健忘，如果真的是这样的话，这位老人很可能患上了老年抑郁症，然而由于现在的很多年轻人整日忙于工作，根本没时间照顾老人，所以很容易忽视他们身上的小毛病。你是否注意到父亲退休以后，话越来越少了，假日约他全家一起出门被他一概拒绝，白天发呆的时间变长，时常摇头叹息或是叨念着自己是没用的人，不如早点归天。抑或你是否注意到以往能干利索的母亲，最近变得焦虑不安，身体到处不舒服，胸闷，心悸，失眠，担心自己得了绝症，对子女依赖变高，抱怨多烦躁不安，觉得自己什么都不会做，会拖累家人不如自己了断，其实这些都是老人得抑郁症的表现。一般人认为成年人需要面对更多的压力，得抑郁症的概率高，老人应该到了安养天年的时候，为什么得抑郁症？

下面我们来看一下老年抑郁症的常识，以便让我们做好老年抑郁症的相关预防。抑郁症是指一种不寻常、持续的严重抑郁情绪，这种极度悲伤的感觉同时会产生一连串生理上的不适，包括失眠、没有胃口、体重减轻、长期感到疲倦及失去体验快乐的能力。患者感受不到生活的乐趣，并经常有头疼、背痛及腹痛的症状，专注力也大幅度下降。老年期抑郁症是较为常见的老年期精神障碍，广义的老年抑郁症是指发生在老年期这一特定人群的抑郁症，这类病人由于精神情绪抑郁而表现为活动减少，很少说话，生活显得懒散，表情呆板，其临床表现在某些方面和老年痴呆症很相似，因此也有“假性老年痴呆症”这一说法。

典型老年抑郁发作表现为心境低落、思维迟缓及活动减少等。其中，情感低落是抑郁障碍的核心症状。主要表现为显著而持久的情绪低落，悲观失望。患者常感觉与过去明显不同，生活没有兴趣，提不起精神，高兴不起来，整日忧心忡忡、郁郁寡欢、度日如年、苦不堪言。在抑郁发作的基础上病人会感到绝望，产生失望与无用感。70%以上的老年抑郁患者可有焦虑和激越，表情紧张、惶惶不可终日。老年患者对忧伤的情绪往往不能很好表达，有时躯体焦虑完全掩盖了抑郁。也有的患者无故抱怨别人对他不好，以致使人无所适从。此外，思维迟缓也是老年抑郁症的典型症状之一，老年抑郁症患者思维联想缓慢，反应迟钝，言语少、语调低、语速慢，自觉“脑子较前明显的不好使”。轻者可以进行言语交流，多为问多答少。初始交流还可以，继续交流就越显困难，严重者无法交流。老年抑郁症患者通常失去了生活的热情和乐趣，不愿意参加正常社交活动，有的甚至连就餐都失去兴趣。经常会感到精力不足，疲乏无力，以致越来越无精打采，精疲力竭，甚至日常生活都不能自理。轻者丧失参与活动的主动性，办事拖拉。重者终日卧床，不语、不动、不食达到木僵状态。

严重抑郁发作的患者常伴有消极自杀观念和行为。消极悲观的情绪及自罪自责观念致患者产生绝望的念头，认为“自己是个没用多余的人”。进而发展成为自杀行为。老年抑郁有慢性化趋势，也有的患者不堪忍受抑郁的折磨，自杀念头日趋强烈，以死求解脱。长期追踪，抑郁性障碍总的自杀死亡率为15%～25%。

老年抑郁症病人还常常会伴有某些躯体症状，主要表现为睡眠障碍、食欲减退、体重下降、性欲减退、便秘、躯体某部位的疼痛、阳痿、闭经、乏力等。调查显示，约有80%的患者有睡眠障碍，主要是中段和末段睡眠差。有时伴有入睡困难和噩梦，少数睡眠增多。典型的是早醒，早晨两三点醒后，即陷入白天如何过的痛苦绝望之中。顽固性便秘也会在老年抑郁症病人身上得以体现，有的患者可伴有幻觉。体重减轻与食欲减退不一定成比例，不典型抑郁症病人则可表现为食欲增强、体重增加。性欲减退老年人较常见，男性为阳痿，女性为性感缺乏，也有的患者出现与其身份不符的行为，如挥霍无度及猥亵行为。

对于老年抑郁症，尤其是农村老人的抑郁症，很多患者的子女都不能理解，他们认为“家里应该都没有什么好烦恼的，不知道他（她）为什么会时时都为小事操心发怒”，殊不知，老年抑郁症并不是一时的情绪不好，而是一种情感性的精神疾病，其发病原因错综复杂，其中75%的病人都是由生理或社会、心理因素引起的。

生理因素：老年人身体素质下降，各种身体疾病都有可能继发抑郁症。还有许多患有慢性病的老人，由于长期服用某些药物，也容易引起抑郁症。此外，抑郁症还具有遗传性，调查中发现有40%～70%的患者有遗传倾向，即大约将近或超过一半以上的患者可有抑郁症家族史。因此抑郁症患者的亲属，特别是一级亲属发生抑郁症的危险性明显高于一般人群。

与生理因素相比，社会与心理因素是导致老年抑郁症出现的更主要的原因。一方面老年人在生理“老化”的同时，心理功能也随之“老化”，心理防御和心理适应的能力减退，一旦遭遇生活事件不易内心的稳定，如果又缺乏家庭和社会的支持，心理活动的平衡更难维持；另一方面老年期更易发生重大生活事件，如躯体疾病、外伤、活动受限、失明、失聪、离退休、经济困窘、生活环境恶化、社交隔绝、丧亲和被遗弃等。因而遭受各种心理应激的机会也越来越多。因此社会心理因素在老年抑郁症发病过程中的作用就显得更为突出。老年期是人生总结的阶段，部分老人对自己的人生评价往往很消极，常常因后悔自责而患上老年抑郁症，对死亡的恐惧心理也影响着老年人的幸福感。

由此可见，孤独、疾病是诱发老年人抑郁症的主要原因，在老年人抑郁症患者中，多数患者都是因为家中没有子女的陪伴。农村老年人的子女大多外出务工，相当一部分都是年初而出，年终而归，与老人相处的时间很少。在空间上的分离，使成年子女一代与老年父母一代，在思想观念上的差异进一步加大，相互之间无法进行沟通。子女外出后，由于经济不宽裕，工作繁忙等原因，减少或者不和老人联系，忽视了对老人的精神慰藉。此外，农村精神文化生活比较单调，没有文化娱乐设施，农村老人只能看看电视，串串门，聊聊天，精神比较空虚。由此产生的孤独感，往往使得农村老年人极易患上抑郁症。

2. 老年焦虑症

经常看到有些老年人心烦意乱，坐卧不安，有些为一点小事提心吊胆，紧张恐惧。这种现象在心理学上叫作焦虑。焦虑是个体由于达不到目标或不能克服障碍，致使自尊心或自信心受挫，失败感、内疚感增加，所形成的一种紧张不安带有恐惧性的情绪状态。一般而言，焦虑可分为三大类：

其一，现实性或客观性焦虑。如爷爷渴望心爱的孙子考上大学，孙子目前正在加紧复习功课，在考试前爷爷显得非常焦急和烦躁。

其二，神经过敏性焦虑。即不仅对特殊的事物或情境发生焦虑性反应，而且对任何情况都可能发生焦虑反应。它是由心理和社会因素诱发的忧心忡忡、挫折感、失败感和自尊心的严重损伤而引起的。

其三，道德性焦虑。即由于违背社会道德标准，在社会要求和自我表现发生冲突时，引起的内疚感所产生的情绪反应。有的老年人怕自己的行为不符合自我理想的标准而受到良心的谴责。如自己本来是被周围人认为是一个德高望重的人，但在电车上看到歹徒围攻售票员时，由于自己势单力薄，害怕受到伤害而故意视而不见，回来后，感到自己做了不光彩的事，深感内疚，继而坐立不安，不断自责。

焦虑心理如果达到较严重的程度，就成了焦虑症，又称焦虑性神经官能症。焦虑症是以焦虑为中心症状，呈急性发作形式或慢性持续状态，并伴有自主神经功能紊乱为特征的一种神经官能症。

焦虑症可分为急性焦虑和慢性焦虑两大类：急性焦虑主要表现为急性惊恐发作。患者常突然感到内心焦灼、紧张、惊恐、激动或有一种不舒适感觉，由此而产生牵连观念，妄想和幻觉，有时有轻度意识迷惘。急性焦虑发作一般可以持续几分钟或几小时。病程一般不长，经过一段时间会逐渐趋于缓解。慢性焦虑症，其焦虑情绪可以持续较长时间，其焦虑程度也时有波动。老年慢性焦虑症一般表现为平时比较敏感、易激怒，生活中稍有不如意的事就心烦意乱，注意力不集中，有时会生闷气、发脾气等。

焦虑症在生活中很常见，随着人们生活压力的不断增加，焦虑症患者越来越多。新的研究显示，焦虑症困扰着众多的老年人，受焦虑症影响的老年人是忧郁症老年人的2倍，焦虑症影响了约7%的老年人，然而针对老年人焦虑症的研究却非常少，一般人常认为这种病在老年人中很少见，或认为该病是老化的正常反应。事实上，焦虑在老年人中非常普遍，会严重影响生活质量。

(1) 焦虑症和神经衰弱的区别

焦虑症和神经衰弱均属神经症的范畴，其发病均与精神因素有关，均可有焦虑症状，故有时容易混淆。但也有不同点可供鉴别：焦虑症的焦虑症状突出，且呈发作性，无明显原因的紧张不安、焦虑、烦躁、易兴奋而衰竭不明显；神经衰弱主要为神经兴奋性增高，缺乏耐性，易于疲劳，虽常有紧张焦虑情绪，但并不明显，呈非发作性，易兴奋、易衰竭性较突出。焦虑症的自主神经功能失调明显，如心悸、气促、胸闷、喉部堵塞感、口干、出汗、颜面潮红或脸色苍白或尿频、尿急尿急等，且常有运动性紧张，如肌肉紧张、颤抖、搓手顿足、坐立不安等，而神经衰弱则上述表现不突出。

焦虑症的发病原因一般可分为以下三点：1）生物学因素：有些人交感神经活性过高，应激反应过敏，容易诱发此症。此症的某些方面具有遗传特征。但也有人表示怀疑，认为焦虑症患者在家庭生活中情绪不稳，不排除会对其后代的心理发育造成直接影响，而非完全遗传学因素。也有人认为本病的发生与大脑额叶及边缘系统有关，与肾上腺素能系统、GABA能系统、五羟色胺能系统有关。其神经递质的抑制、吸收、释放和重吸收传递过程障碍是焦虑症发作的关键。2）社会心理因素：广泛性焦虑症的发生还和社会心理因素有关。患者通常曾遭受过生活窘迫、工作困难、学习压力过大、人际关系紧张等情况。此外，与移民、下岗、生意失败、遭遇意外等事件也有密切关系。3）担心害怕：患者担心自己不能应付现在面临的问题，做一件事情总感觉害怕、失败，担心被人拒绝，对死亡充满恐惧等。

（2）如何辨别老年焦虑症

老年焦虑症应当引起我们的重视，那么如何辨别出老年焦虑症呢？我们可以从以下几个方面进行观察。

1）查不出病因，但经常感觉痛苦

患有老年焦虑症的病人多方奔走于综合医院，见医生就滔滔不绝地说：浑身难受，不能躺，不能坐，不愿吃，不能睡，不能干活等。头胀，脑门冒汗，但颅脑CT无异常；胸口发堵，但24小时动态心电图无异常；厌食，胃胀气，但胃肠透视、胃镜检查无异常；血化验正常。偶有病人血压、血糖偏高，但无病史，与痛苦程度也不符。出现无器质性病理改变的疼痛、紧缩感、颤抖、出汗、头昏、气短、恶心、腹痛、衰弱等，是焦虑症躯体焦虑的复杂表现。其原因是过度的内心冲突，自主神经功能失调，交感神经系统亢奋。

2）无意识的过度依赖

患有老年焦虑症的病人会极其依赖医院，依赖亲人。病人常在儿女们的搀扶簇拥下，由西医转到中医，由门诊转到住院处，一年四季时常看医生，或住上几次院。儿女们付出很大精力，病情却不见好转，甚至愈演愈烈。弗洛伊德把这种现象解释为“后增益效应”，即神经症（包括焦虑症）产生后，病人缺乏安全感，需要呵护关照，达到精神上和物质条件上的满足。南辕北辙式的过度治疗和家人无微不至的照料，使病人因病“受益”，于是神经症持续下去。

3）与现实不相符的忧心忡忡

有这样一些老人，身体本无疾病，或有一点无伤大雅的小病，却担忧自己的病治不好，不断地问医生；担忧看病花钱多，其实病人家境好，儿女都劝其别心疼钱；过分不放心老伴，不放心儿孙等等。这种与现实处境不符的持续恐惧不安和忧心忡忡就是焦虑症的表现。

4）不能自拔的成瘾

因长期使用苯二氮卓类（如安定等）药物，病人不同程度上瘾。尤其是静脉注射此类药物，虽然病人很快进入舒服、轻松、能睡状态，但成瘾迅速，难以戒断。一旦停药，病人反应强烈，他们甚至跪倒在地，露出令人怜悯的目光，不断央求：“给我打针，给我打针吧！”由此可见，成瘾使病情更加恶化，病人却蒙在鼓里。

5）事先不隐瞒的自杀心态

许多病人说，宁可断胳膊断腿，也比得焦虑症强。因老年人耐受性差，经不住折磨，一些病人最终选择了自杀。他们毫不隐瞒自杀想法，经常唠叨：实在受不了这个罪，不行，我得去死，你们谁也帮不了我。他们让家人去买安眠药，甚至商量怎么个死法。无论家人怎样劝说，帮其找乐，悲剧还是发生了。在这种情况下要为病人选择其接纳信任、经验丰富的专业医生，在进行心理治疗的同时，选准新型抗焦虑药物。实施治疗的前4周为关键期，病人会因感觉不到效果，怀疑医生的保证，陷入绝望，仍选择自杀。这一阶段，家人应寸步不离地守护病人。

3. 幻觉与妄想

幻觉是外界不存在某种事物而病人感知到这种事物，也就是没有现实刺激作用于感觉器官而出现的直觉体验。如果反复出现或者持续出现幻觉，则是一种病理现象。常见的幻觉有幻听、幻视、幻嗅、幻触以及内感受器与本体感受器的幻觉。

妄想症又称妄想性障碍，是一种精神病学诊断，指“抱有一个或多个非怪诞性的妄想，同时不存在任何其他精神病症状”。妄想症患者没有精神分裂症病史，也没有明显的幻视产生。但视具体种类的不同，可能出现触觉性和嗅觉性幻觉。尽管有这些幻觉，妄想性失调者通常官能健全，且不会由此引发奇异怪诞的行为。妄想是思维内容的一种主要表现，患有妄想症的老人通常表现为整天多疑多虑，胡乱推理和判断，思维发生障碍。如果一个人坚持的信念是错误的，甚至与社会现实以及文化背景相抵触，却还毫不动摇，我们基本上可以判断这个人患了妄想症。

妄想症按目标指向进行的分类可分为以下几类：

（1）关系妄想

关系妄想是指患者把实际与他无关的事情，认为与他本人有关系。

（2）被害妄想

患者坚信周围人或某些团伙对他进行跟踪监视、打击、陷害，甚至在其食物和饮水中放毒等。被害妄想的表现有控告、逃跑、伤人、自伤等行为。多见于精神分裂症和偏执性精神病。

（3）特殊意义妄想

患者认为周围人的言行、日常的举动，不仅与他有关，而且有一种特殊的含义。

（4）物理影响妄想

患者认为自己的思维、情感、意志行为活动受到外界某种力量的支配、控制、操纵，患者不能自主，称其影响妄想。如果患者认为这种操纵其精神活动的外力是由某种先进仪器所发出的激光、X射线、红外线、紫外线等（均属于物理因素），就称为物理影响妄想。

（5）夸大妄想

患者夸大自己的财富、地位、能力、权利等。可见于情感性精神障碍躁狂发作、精神分裂症和脑器质性精神障碍，如麻痹性痴呆。

（6）自罪妄想

又称罪恶妄想。患者毫无根据地认为自己犯了严重错误和罪行，甚至认为自己罪大恶极、死有余辜，应该受到惩罚，以至于拒食或者要求劳动改造以此赎罪。主要见于情感性精神障碍发作，也可见于精神分裂症等其他精神疾病。

(7) 疑病妄想

患者毫无根据地坚信自己患了某种严重躯体疾病或不治之症，因而到处求医，即使通过一系列详细检查和多次反复的医学检查验证都不能纠正其歪曲的信念，称疑病妄想。严重的疑病妄想，患者认为自己"内脏已经腐烂了"，"本人已经不存在，只剩下一个躯体空壳了"，又称虚无幻想，多见于精神分裂症，也可见于更年期和老年期精神障碍。

(8) 嫉妒妄想

患者坚信配偶对其不忠，另有外遇。因此，患者跟踪监视配偶的日常活动，甚至检查配偶的内裤等，想方设法寻找所谓的证据。多见于精神分裂症、酒精中毒性精神障碍、更年期精神障碍等。

(9) 内心被揭露感

又称被洞悉感。患者认为其内心的想法或者患者本人及其与家人之间的隐私，未经患者文字的表达，别人就知道了。很多患者不清楚别人是通过什么方式、方法了解到他内心想法的。至于被洞悉感的产生，常见到有下列两种情况：第一种情况是患者虽然坚信上述想法是正确，但却说不出自己怎么会有这种想法的，以及根据什么才有这种想法；第二种情况与前一种情况有所不同，被洞悉在其他精神症状的基础上，患者才作出的病态的推理与判断。多见于精神分裂症。

(10) 暗示妄想型

这种妄想比较特殊，患者会把其他人对于你的某些举动认为其中带着某些暗示，有好有坏，因人而异，因此经常会造成出很多误会，而导致其他等方面的精神疾病。

案例 1

65岁的王女士总是认为自己的女婿在自己家放毒气，想要害死自己。为此她将家里的所有门窗全部封紧，将厨房里的吸排油烟机以及下水道堵塞，并拿着曾经堵过下水道的布到有关部门去检验毒气。病人所深信不疑的这种事情，其实是根本不存在的。然而无论周围人用什么方法来证明和解释，王女士都依然认为自己是正确的，对别人提供的事实完全不相信。

案例 2

"大夫，请您详细地给我检查检查，我肚子里一定是长了癌，总觉得右边肚子疼。这些日子总是拉肚子，还有脓血，我琢磨着八成是肠子烂了。”“大夫，您看我的手脚冰凉，血都凝住了，您摸摸我的胸口，心也不跳了，大夫您救救我吧。”某医院精神科老年病房里一位姓赵的老年人，自住院之后就不断向医生述说着躯体的痛苦，时时刻刻纠缠着医务人员要求检查治疗，总觉得自己得了不治之症，末日即将来临。然而实际上，赵老头跑遍了全市各大医院，医生对他进行各种全面的身体检查，从未发现任何问题，各项化验结果全部正常。然而他却始终坚信自己得了“不治之症”，纠缠家人要求给他治病，并指责家人不关心他的病情，家人无法，只能将他送进医院的精神科来。

妄想症按照妄想发生过程进行分类可分为原发性妄想和继发性妄想。原发性妄想是突然产生的、内容与当时处境和思路无法联系的、十分明显而坚定不移的妄想体验。它不是感知觉上的紊乱，也不是认识上的困难，更不是智能领域内的障碍。继发性妄想是指在已有的心理障碍基础上发展起来的妄想，是以错觉、幻觉，或情感因素如感动、恐惧、情感低落、情感高涨等，或某种愿望（如囚犯对赦免的愿望）为基础而产生的。若作为基础的此种心理因素消失，这种妄想观念也随之消失。

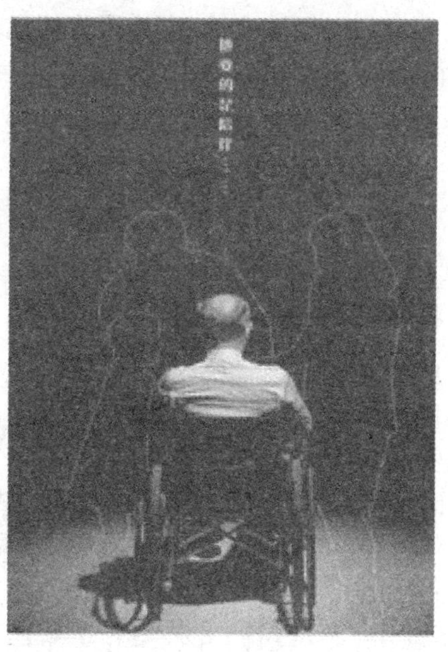

为什么会患妄想症？

（1）主要原因为缺乏对其他人的基本信赖，其特点在于使用“否定作用”“外射作用”来处理其心理困难，而导致系统化为妄想。

（2）性格多敏感、容易猜忌，且比较自私自利并以自我享乐为目的。

（3）无法看轻自我界限，分不清自己与他人的看法，也缺乏认识自己动机与态度的能力。

（4）有不少妄想的病人，内心可能有一些其他人认为是不可告人之秘密，内疚感和恐惧感非常强，很怕人知道。

（5）妄想内容除受个人因素影响之外，有些病人发病还因为处于特殊环境或长期紧张状态，受社会文化因素影响。

此外，物质生活富裕且子女配偶都不缺失的老人，在家太寂寞也会患妄想症，这种情况很容易被家人和社会忽视。这种长期精神孤独的“空巢老人”以及留守老人应引起家庭和社会关注。留守老人生活和疾病上缺乏照顾，精神上空虚。“儿女们经常给老人寄生活费用，也解决不了他们渴望儿孙围绕的那种温馨感和幸福感。”大多老人们只有等到过年时才可和子女团聚。很多“空巢老人”缺乏精神慰藉，也会存在不同程度的幻觉与妄想，一旦这种情绪无法疏解，很容易酿成悲剧。

4. 健忘与老年期痴呆

有些上了年纪的老人会经常出现这些情况：为了找钥匙把家里翻了个底朝天，结果发现它却在自己手里；走出家门之后才忽然想起煤气没关；到银行取钱时发现忘记带银行卡或者密码记不起来。如果是这样，这些老人很可能得了健忘症。

什么是健忘症呢？医学用语称之为暂时性记忆障碍。简单讲健忘症就是大脑的思考能力（检索能力）暂时出现了障碍。因此，症状随着时间的发展会自然消失。而有时看起来与这种症状很相似的痴呆则是整个记忆力出现严重损伤所致。它们是两种截然不同的疾病。

健忘症的发病原因是多样的，其最主要的原因是年龄，所以还是老年人更容易患上健忘症。人的最佳记忆力出现在20岁前后，然后脑的机能开始渐渐衰退，25岁前后记忆力开始正式下降。此外，健忘症的发生还有其外部原因，持续的压力和紧张会使脑细胞产生疲劳，使健忘症恶化。过度吸烟、饮酒、缺乏维生素等可以引起暂时性记忆力恶化。最近，专家也开始注意到，心理因素对健忘症的形成也有不容忽视的影响，到医院就诊的健忘症患者有很多抑郁症症状。一旦人患上抑郁症，就会固执地仅关注抑郁本身，而对社会上的人和事情漠不关心，于是大脑的活动力低下，从而诱发健忘症。有些常年外出打工的子女忽视了对留守在农村的父母的心理陪伴，这些农村老年人会很容易得上健忘症。

健忘症的自我诊断

以下问题可以检验你是否健忘；

(1) 经常忘记电话号码或人的姓名；

(2) 有时已经发生的事情，短时间内却无法回忆起细节；

(3) 几天前听到的话都忘了；

(4) 很久以前曾经能熟练进行的工作，现在重新学习起来有困难；

(5) 反复进行的日常生活发生变化时，一时难以适应；

(6) 配偶生日、结婚纪念日等重要的事情总是忘记；

(7) 对同一个人经常重复相同的话；

(8) 不管什么事做过就忘了；

(9) 忘记约会；

(10) 说话时突然忘了说的是什么；

(11) 忘记吃药时间；

(12) 买许多东西时总是漏掉一两件没买；

(13) 忘记关煤气而把饭菜烧焦；

(14) 反复提相同的问题；

(15) 记不清某件事情是否做过，如锁门、关电源；

(16) 忘记应该带走或带来的东西；

(17) 说话时突然不知如何表达；

(18) 忘记把东西放在哪里；

(19) 曾经去过的地方再去却找不到路；

(20) 物品在经常被放置的地方找不到，却在想不到的地方找到了。

回答了以上问题，可以大体知道自己的健忘程度。

(1)（符合 0～5 个）正常。偶尔有些琐事想不起来，这只是极轻微的记忆力减退，没必要浪费时间来担心这个问题。

(2)(符合 6～14 个)轻微的健忘症。很多怀疑自己得了严重健忘症的人大多数处于这个阶段。轻微的健忘症多数人都有,不必有太大的心理压力,但应注意调整,戒烟酒,补充维生素。

(3)(符合 15～20 个)严重的健忘症。应找专家问诊,寻找恰当方法治疗。

其实,健忘症并不是可怕的疾病,但因为健忘而造成的忧郁、不安或自信心降低却可能带来更大的危害。我们认识了健忘症就应该正确地对待它,积极地调整自己,不要让它来困扰我们的工作、生活。

老年痴呆症是由多种因素造成的神经退变性疾病。其临床表现以退行性大脑认知功能障碍为特征,有明显记忆力降低并伴随个性和行为改变;视觉空间功能、语言交流能力、抽象思维能力、学习和计算能力及日常生活工作能力持续下降,并严重到影响患者日常工作和社会活动的程度。这种退行性脑功能障碍持续发展,最终出现痴呆。老年期痴呆是老年人的常见疾病,与增龄有关,年龄越大,发病率越高,根据调查,60 岁以上的老年人的发病率为 1%到 2%,年龄每增长 5 岁,发病率增加一倍,80 岁的老年人发病率接近 20%。目前,随着人口老龄化的加深,社会上有越来越多的老年人,老年痴呆症已经成为严重影响人类生活质量的疾病之一。

案例

现年 76 岁的农村老太太张奶奶,从 4 年前开始出现记忆力差,丢三落四的症状,东西经常放错地方,一找不到,就会怀疑是自己的儿媳偷走了自己的东西。每次出门经常走丢,外出后经常找不到家。去别人家的时候会偷偷将别人家的东西拿走放到自己的口袋里。刚吃过饭又要吃,不给的话就大发脾气。无法认出儿女子孙。到后来病情加深,还出现随地大小便胡言乱语的现象,称自己在家里看到“鬼神”,经常拿着棍子到处乱打,还经常说家里出现了小偷,要求儿女快点去抓坏人。

上述案例中的张奶奶，就是一种十分典型的老年痴呆症状。老年痴呆症的早期表现是有一些警兆的，从上面张奶奶的案例中我们可以看出转瞬即忘是最突出的表现。老年痴呆症患者常常忘事，事后再也想不起来，而且可能反复问同一个问题，忘掉了早先的答案。此外还有顾前忘后，老年痴呆症患者会忘记将饭菜端上餐桌，甚至忘掉已做好的饭菜。患者可能连一些简单的字词也会忘记，或者不会使用适当的语句表达。患者的时间和地点概念混乱，即便就在自己的家附近，也可能经常迷路。老年痴呆症患者的判断力降低，抽象思维能力丧失，患者有可能彻底忘记由其看护的儿童而离家，或是轻易受骗上当。更会常常忘掉自己设置的存折密码，自己的存款数额也忘得一干二净。患有痴呆症的老年人会将物品放在不恰当的位置，或将很多废品如废纸、布头当作宝贝珍藏。他们的脾气和行为变化无常，在短时间内，行为、情绪可能从平静状态变为泪流满面或者拍案而起。老年痴呆症病人的性格也会发生变化，如疑神疑鬼、猜忌别人等。这些病人通常还会失去主动性，变得比原来懒惰，不愿参与任何活动，甚至是原来喜欢的活动。对人也不热情。

老年痴呆症的起病比较隐匿，家人很可能会忙于工作而忽视了这些症状，或是认为这些是人到老年的正常的生理衰退现象而没有给予足够的重视，以导致病情加深，严重影响老年人的正常生活，也给家人带来了沉重负担。

机体的衰老是引起老年痴呆的根本原因。人到老年，脑组织的衰老、萎缩、变性是老年痴呆发病的基础，也是为什么年龄越大发病率越高。另外，外界因素的作用，如感染、中毒、精神刺激等也会导致机体新陈代谢紊乱而引发老年痴呆症。专家预测，随着我国人口老龄化加快，再加上农村“留守老人”“空巢老人”的数量增多，老年痴呆症将是我国未来十年里对人们健康危害最大的精神疾病。导致老年痴呆症的因素，归纳起来有以下几点：

（1）脑血管疾病

脑血管疾病很容易引起老年痴呆症，如脑动脉硬化、脑血栓、脑出血以及高血压等脑血管疾病。脑血管疾病引起的老年痴呆症被称为脑血管性痴呆症。

（2）铝

加拿大多伦多大学研究人员经过研究调查发现，饮用水中的铝也是导致老年痴呆症的危险因素。

（3）遗传

老年痴呆症也有可能受到遗传的影响，科学家发现老年痴呆症患者机体内含有致病的基因链，是这种基因链导致这类破坏性的神经性疾病。

（4）饮食过量

长期饮食过量也有可能引起老年痴呆症。长期过量饮食，会使得人体内的大量血液，包括大脑的血流大部分调集到胃肠道，以供胃肠道消化食物的需要，这样就会导致大脑供血不足。大脑供血不足必然会引起语言、思维、记忆、想象等区域的抑制，使得记忆越来越差，最终发生老年痴呆症。老年痴呆症的人群中，将近有一半的患者，青壮年时期都有饮食过量的习惯，特别是晚餐吃得过饱。由此可见，养成良好的饮食习惯十分重要。

此外，长期便秘和吸烟也很容易引起老年痴呆症。

如何鉴别老年人的健忘与老年痴呆症

健忘是老年人群中十分常见的一种现象，有一些人担心健忘会导致老年痴呆，其实老年健忘和老年痴呆症是有着本质性的区别的。从精神医学上来讲，老年健忘被称为良性健忘，这是由于身体机能下降导致的衰老所引起的一种必然现象，而老年痴呆症所表现出来的健忘，则是一种恶性健忘，属于脑器质性疾病引起的智能减退，属于病理性改变。老年性健忘与老年痴呆症一般可以从以下几个方面来区别：

（1）认知能力

老年健忘认知能力健全，分得清楚时间地点人物，只是出现记忆力减退的情况。而老年痴呆症患者会出现认知障碍，甚至会丧失认知能力，他们不清楚年月日，也无法区分白天晚上，因此常常会白天睡觉，晚上活动。老年痴呆症患者还常常会不认识自己的亲人孩子，出门时找不到回家的路。

（2）情绪变化

老年健忘者和老年痴呆症患者的情绪是完全不同的。老年健忘者会担忧和焦虑自己的健忘，觉得影响生活。而老年痴呆症患者完全没有这种情绪，他们不知道自己身患老年痴呆症，情感上变得冷漠和无动于衷。

（3）遗忘性质

人到老年，虽然脑细胞有着不同程度的退化，导致脑功能减退，但大多数存活脑细胞的功能仍然存在，老年健忘只是以远记忆力障碍为主的部分遗忘，经过别人的提醒一般都可以回想起来。然而老年痴呆症患者的记忆力障碍则是恶性遗忘，近记忆力出现障碍。

（4）思维改变

老年健忘者知道自己的记忆力减退，会准备一本备忘录或者常常让家属提醒，老年健忘者除了容易健忘之外，其他的活动都是正常的。然而老年痴呆症患者的思维活动越来越迟钝，整个脑功能出现全面退化的情况。

（5）对疾病的态度

老年健忘者知道自己的健忘，对疾病的态度一般比较积极，会积极治疗提高自己的记忆力或者请求他人帮忙记忆。然而老年痴呆症患者根本不知道自己患病，对自己的病态表现毫不知情，也不会主动要求治疗。

从以上五个方面可以区分老年健忘症与老年痴呆症，作为子女要多多留心家中老人，不要因为老人有些健忘就担心其患上了老年痴呆症，也不要过于乐观地把患上老年痴呆症的病人仅仅当成一种老年期的正常健忘，而错过了最佳的治疗时期。

5. 老年人的睡眠障碍

睡眠是我们每天生活的一部分，占去了我们一生1/3的时间，但一般人对它却知之甚少。实际上，睡眠是一种优质的休息，使人从疲劳中恢复过来，以便继续生活、工作。与觉醒状态相比较，进入梦乡的人自觉意识消失，肌肉放松，神经反射减弱，体温下降，心跳减慢，血压轻度下降，胃肠道的蠕动也明显减弱。按照睡眠时眼球滚动是否加快，可将其分为两型：

非快眼动睡眠：约 90 分钟，共分 4 期，睡眠程度逐渐加深，是静睡状态。

快眼动睡眠：20～30 分钟，梦多在此期，是梦睡状态。

入睡从非快眼动睡眠开始，然后进入快眼动睡眠，并如此周而复始。在一昼夜 24 小时中，睡眠约占 1/3（7～8 小时），也有报告认为正常范围是 4～10 小时。

然而对农村老年人而言，睡眠不好是一个普遍存在的问题。不易入睡，容易惊醒，清晨醒来过早，白天却昏昏沉沉，总打瞌睡，这些情况几乎是老年人共同的痛苦。很多老年人为此焦虑不堪。那么，老年人睡眠为什么会减少？是什么原因导致失眠的？怎样才能拥有优质的睡眠呢？

长期的失眠很容易引起老人其他身体及心理上的疾病，老年人失眠怎么治疗是老年人及其家属应该重视的问题。老年失眠症不同于中青年的失眠特点，在病因病机方面与精神思想因素关系不大，不像中青年那样主要由精神负担沉重、思虑过度、心血耗伤所致，故其治疗不同于中青年失眠。其实，老年失眠症是由年老带来的全身和大脑皮质生理变化所导致的。老年失眠症的发病原因主要由以下几点：

（1）生理性因素

年龄越大，睡得越少，这是众所周知的。神经细胞随年龄的增长而减少，而睡眠是脑部的一种活动现象，由于老年人神经细胞的减少，自然就能引起老年人睡眠障碍，而失眠则是最常见的症状。

（2）脑部器质性疾病

老年人随着年龄的增长，脑动脉硬化程度逐渐加重，或伴有高血压、脑出血、脑梗死、痴呆、震颤麻痹等疾病，这些疾病的出现，都可使脑部血流量减少，引起脑代谢失调而产生失眠症状。

（3）全身性疾病

进入老年，全身性疾病发生率增高。老年人多患有心血管疾病、呼吸系统疾病，以及其他退行性疾病如脊椎病、颈椎病、类风湿性关节炎、四肢麻木等。这些病，可因为疾病本身或伴有症状而影响睡眠，加重了老年人的失眠。

（4）精神疾病

有关资料统计，老年人中，有抑郁状态及抑郁倾向的比例明显高于年轻人。抑郁症多有失眠、大便不通畅、心慌等症状，其睡眠障碍主要表现早醒及深睡眠减少。随着患者年龄的增加，后半夜睡眠障碍越来越严重，主诉多为早醒和醒后难再入睡。

(5) 心理社会因素

各种的心理社会因素，均可引起老年人的思考、不安、怀念、忧伤、烦恼、焦虑、痛苦等，都可使老年人产生失眠症。主要特点为入睡困难，脑子里想的事情总摆脱不掉，以至上床许久、辗转反侧，就是睡不着。或者刚刚睡着，又被周围的声响或噩梦惊醒，醒后再难以入睡。

睡眠障碍的主要临床表现有入睡困难、睡眠不深、易惊醒、自觉多梦、早醒、醒后不易入睡、睡后感到疲倦或缺乏清醒感，白天则出现嗜睡、精神不振、疲乏、易激怒和抑郁症状。患有睡眠障碍的人常常对睡眠障碍感到焦虑和恐惧，严重时还可影响其心理活动效率和社会功能。

近年来，我国各类精神病总体患病率呈上升趋势，从卫生部疾病控制中心调查结果显示，90%的农村老年人都受着不同程度的失眠的困扰。顽固性失眠如果得不到控制，机体平衡会遭到破坏，则会陷入恶性循环，从而威胁人体健康。经常缺乏睡眠很容易会引起抑郁症、头晕目眩、心悸气短、体倦乏力、不思饮食、耳鸣、恐惧、急躁易怒、恶心、口苦、口臭、腰酸腿软、注意力不集中、健忘、人际关系紧张等，同时还会引起身体内机体免疫力下降、神经内分泌失调，随着失眠过程的延长，极易导致心脏病、肠胃病、高血压、糖尿病、肥胖、神经性皮炎、白内障等疾病。失眠已经成为老年人健康的新杀手。

失眠老年人慎服安眠药

有的老年人由于长期受到顽固性失眠的困扰，不得不依靠安定类药物来催眠，久而久之与安定就成了“好朋友”。这种现象在中老年朋友中十分普遍，觉得安定多服点没关系，然而实际上，长期使用可形成依赖，甚至成瘾。由于老年人肝肾功能随年龄的增加而减退，随便吃安眠药可造成肝肾衰竭，产生耐药性，引起精神障碍，诱发其他疾病。我们知道安眠药在体内大多是经过肝脏、肾脏代谢的，长期服用会增加肝肾的负担，有的还会引起肝脏肿大、肝区疼痛、黄疸、水肿、蛋白尿、血尿及恶心、腹胀、食欲缺乏、便秘等肝肾功能损害及肠胃反应。有的安眠药还会导致精神不振、智力减退，血压下降等蓄积中毒症状，甚至引起呼吸循环功能障碍情况。因此，老年人用安定类药物更应小心。

对顽固性失眠或入睡困难者可选用短、中长半衰期的安定类药物；早醒者可选用长半衰期的安定类药物；但是具体用法用量需要及时咨询相关医师，切不可盲目自行服用。对于由失眠引起的身体内分泌失调和身体的排毒功能下降所导致的身体循环系统不能正常循环，这类失眠患者可以使用一些安神和增强免疫力，调节内分泌失调之类的药物，（如氨基酸片等），只有等身体的循环系统正常，失眠症状才会缓解直至痊愈。

长期用药的老年病人不要违背他们的意愿强行撤药，这种情况下小剂量使用安眠药反而是必要的。需要减药时，减低用药剂量的速度宜慢，采取中药治疗可取得快速理想的治疗效果。

6. 老年疼痛

我国1999年即进入了老龄社会，是世界上老年人最多的国家，占全球老年人口总量的1/5。近20多年来，我国老年人口平均每年增加302万。2050年每10人中将有3名老人。因此，关心老人，发展老龄事业，是全社会承担的义不容辞的责任。国际疼痛学会（IASS）在每年的10月份都会定一天“世界疼痛日”，关注老年疼痛也曾多次作为“世界疼痛日”的主题。随着老龄人口的增多和生活节奏的加快，在65岁以上的老年人群中，约80%患者至少有一种慢性疾病。老年人较其他年龄阶段的人群更易诱发疼痛，故各种疼痛的发病率升高。风湿、关节炎，骨折；胃炎、溃疡病；糖尿病；心绞痛；中风和癌症等许多疾病都可以诱发老年人疼痛的发生。许多老年人常年都生活在各种疾病的疼痛之中。这不仅严重地影响了老年人的生活质量，而且也大大地增加了全社会的负担。因此，老年人疼痛已经成为一个全社会都应当关注的普遍性的社会问题。

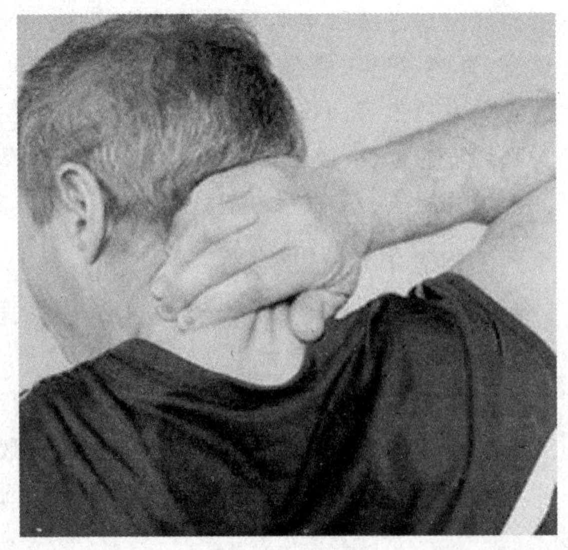

老年人疼痛是老年人晚年生活中经常存在的一种症状。许多临床医生以及老年人自己都认为随着年龄的老化，一方面准确感觉和主诉疼痛的能力降低；另一方面，不明确的疼痛和由此引发的不适感明显增加。目前，有关年龄老化过程对视觉、听觉等感觉器官功能的影响已有较明确的结论。老化过程是否也影响包括疼痛感觉在内的感觉过程，尚不十分清楚，但有一点应该明确，即疼痛并非是正常年龄老化过程中的必然产物，老年人疼痛应得到正确的治疗。

所谓的老年疼痛是指疼痛时间持续3个月以上，疼痛频率每周至少一次，同时还会伴随着不愉快的感觉和精神上的感受，可能伴随有现存的或者潜在的组织伤害。多数疼痛研究者一致认为老人疼痛是由于生物、心理和社会因素共同作用引起的一种以疼痛为主要表现的临床综合征，心理因素或精神因素在慢性疼痛的发生发展持续或加重中起着极其重要的作用。

影响疼痛的一般因素有年龄、性别、民族和种族、个体和暗示等。影响疼痛的社会心理因素主要有：注意力，个人心理素质，个人情绪，心理准备，环境因素和社会文化背景等。注意力对于疼痛的影响是极为重要的。在战场上打仗着的战士，对于不会严重影响功能的外伤，常常都注意不到，因此也感受不到疼痛，战斗结束情绪松懈下来看到伤口时，疼痛感便会立即出现，甚至难以忍受。对于老年人也是如此，农村老年人生活较为孤单，更容易注意到自己的疼痛。一旦注意到之后，疼痛则又会加深。个人的气质和性格也会影响对疼痛的感受和表达。一般来说，性格内向、不善交际的人对疼痛的忍耐力要高于性格外向，感情丰富的人的疼痛反应。老年人慢性疼痛很容易受到不良情绪的影响，尤其是孤独的农村留守老人，他们得不到陪伴，得不到细微的关怀和照顾。在这种状态下的老人很容易孤独内向甚至孤僻抑郁，对疼痛的感受和耐受十分敏感，症状突出。

流行病学研究资料显示，首次因疼痛就诊的患者，年龄多为15～45岁，老年人所占比例最低。但持续性疼痛的发生率，则老年人比例最高。其中18～30岁的发生率为7.6%，81岁以上的发生率为40%。65岁以上有80%～85%的人有一种以上的易诱发疼痛疾患。在老年人中，与退行性改变相关的慢性疼痛逐年增加；骨折的发生率与年龄呈正相关。一份对骨骼肌疼痛的调研表明，在颈、背、髋、膝、其他关节痛及关节僵直醒后疼痛6项症状的发生率中，青年人（平均年龄39.6岁）和老年人（平均年龄74.7岁）有明显差异。颈部疼痛老年人的发病率较低，而其他5种症状的发病率较高，且老年人的疼痛强度、功能受限和日常活动受限程度均明显突出。上述结果说明，在各年龄群中，随年龄增长，老年疼痛发生趋势为：(1) 持续性疼痛的发生率老年人比例高于普通人群。(2) 骨骼肌疼痛的发生率增高。(3) 疼痛程度加重。(4) 功能障碍与生活行为受限等症状明显增加。

老年人疼痛通常具有以下特点：老年患者常有多种疾病同时并存，所以其中任何一种疾病都可以解释老年患者的症状。老年患者的反应不敏感，而且他们的精神因素也起很大的作用。所以，他们有时会较少地诉说疼痛感觉和影响疼痛的因素。有些疾病的隐袭性可延误诊治，如风湿性多肌痛，不典型的心绞痛。老年人的疼痛由不可治愈性疾病引起的较为多见，如晚期癌症。

老年疼痛一般可以分为急性疼痛、癌痛和慢性非恶性疼痛。急性疼痛主要是疾病或损伤（如骨折）的一个症状，为了减轻慢性疼痛和改善生活质量，越来越多手术治疗的老年人也常常经历急性术后疼痛。老年癌症患者的生活质量有赖于疼痛症状的控制、镇痛药的适当使用以及阿片类镇痛药相关副作用的处理。慢性非恶性疼痛指的是持续6个月以上、对常规治疗反应不佳、比其他类型疼痛影响更多病人的一类疼痛。老年人经常经历持续的慢性非恶性疼痛，有代表性的是关节痛、腿痛和背痛。老年人慢性疼痛常常是退行性病变如骨关节炎的结果，可能引起严重的不良后果。

疼痛，特别是老年人的疼痛，往往被认为是器官老化及病变的一部分。然而许多老人对自身的慢性疼痛都采取忍耐的态度，这种认识是非常错误的，急痛指在疾病得到治疗后，疼痛随之消失，它对人是一个警告，让人引起注意。但是慢性本身就是一个疾病，需要治疗，需要有专科医生来看，对于病痛长时期地忍着，熬着，可以引起慢性疼痛病症诊治的延误，加重病情。持续的疼痛，可导致生活质量的下降，包括抑郁及残疾。可以认为，有病有痛忍着不治，是不符合“和谐社会”的要求的，这个时代即将过去；代之而起的口号是：“免除疼痛是患者的基本权利”。这一点现在还没有得到公众的认识，要改变这种忍的观念，对于老年疼痛一定要给予足够的关注，及时治疗。

7. 老年人的酒依赖和药物依赖

逢年过节，常年在外务工的子女返回农村老家时，总会习惯性地买上几瓶好酒孝敬老人。好酒不仅以其特有的醇香美味著称，饮酒后还可以使人身心放松、心情舒畅、全身放松、减轻疲劳。适当的饮酒还是对身体有好处的，但是老年人一定要注意不要形成酒依赖。酒依赖又称酒瘾，是由于长期较大量饮酒导致机体对酒精产生的心理上的嗜好与生理上的瘾癖。为满足嗜好和避免因停饮而发生躯体不适反应，酒依赖者不得不经常饮酒。反复饮酒之后，身体对酒精产生耐受性，酒量越来越大。长期大量饮酒可导致慢性酒精中毒，引起肝硬化、胃炎等一系列躯体疾病和遗忘、幻觉、意识障碍等精神症状。酒依赖者的病死率、自杀率和交通事故死亡率都显著高于一般人群，除危害个人健康外，经常饮酒和醉酒还给家庭生活和社会治安带来一系列的麻烦。

酒依赖包括对酒精（乙醇）的心理依赖、生理依赖与耐受性。患有酒依赖的老人在临床和行为上有以下一些表现：将饮酒视为生活中第一优先事项，置个人健康、工作纪律、家庭责任和社会规范于不顾，一味追求喝酒，到后来举杯就不能自制，经常是不醉不休。为避免戒断症状的发生而频频饮酒，不少酒依赖者起床后的第一件事便是饮酒，因为经过一夜睡眠之后，体内酒精经过代谢已所余无几。由于对酒精的耐受性，酒量越来越大，饮酒越来越多，但患者对真实饮酒量总是讳莫如深，“没喝多少”成了他们的口头禅。血内酒精浓度降低到一定水平以下时便出现戒断症状，表现为手颤抖、肢体及躯干颤抖、情绪激动、恶心、出汗等。如果及时喝上几口酒，这些症状便很快消除，否则会越演越烈，甚至出现意识障碍和抽搐。

酒依赖通常是生物学因素、心理因素与社会因素综合作用的结果。每个人的生物学素质不同，导致发生酒依赖的快慢和难易也不相同。有的老人可能只喝过几次酒就产生了酒依赖，有的老年人可能长期饮酒也不会产生酒依赖。心理因素方面，易焦虑、易紧张、易冲动、好炫耀、不易满足及缺乏自制能力的人更容易患上酒依赖。心理因素对酒依赖的形成还有诱发作用，不少人之所以出现酒依赖，是在遭遇精神刺激之后借酒浇愁、饮酒越来越多的结果。尤其是农村的一些老年人，缺乏精神生活和家庭温暖，常常会独自饮酒，不加控制，最后导致酒依赖。社会因素对酒依赖的发生有着肯定的作用，重要方面包括：公众对饮酒所持的态度、习俗饮酒方式、酒的供应、家庭及社会人际关系情况等。著名的产酒地区、倡导饮烈性酒御寒的寒冷地区，酒依赖的发生率均较高。有些地区的社会习俗崇尚饮酒，工作之余，一杯在手；亲友相逢，把酒联欢；喜庆宴席更少不了开怀畅饮，甚至将大量饮酒视为男子汉气概的体现，这样的社会习俗无疑会助长酒依赖的发生。另有研究发现，酒依赖的发生率与社会人际关系的紧张程度成正比，而与家庭成员间的亲密程度成反比。

酒依赖的危害是非常大的，酒依赖者可出现明显的人格改变，变得自我中心，孤僻内向，兴趣狭窄，情绪不稳，不爱整洁，缺乏基本的责任感及道德感，对家庭亲人的生活漠不关心，一心只想着弄钱喝酒。因此，酒依赖者中，家庭不和、夫妻分居、离婚等的发生率都显著高于一般人群。家庭环境不良对子女的教育和成长都带来不利影响，酒依赖者的子女中，酒依赖、药物依赖和反社会人格障碍的发生率都显著增加。酒依赖者还会给子孙后代带来后患，国外报道的“星期天婴儿”或“节日婴儿”就是指其父在周末或节日期间，在醉酒状态下使妻子受孕生出的孩子，这些孩子中多数先天性体质虚弱，甚至会发生先天性智力发展迟滞、精神分裂症和幼儿期孤独症等疾病。酒依赖者对工作不负责任，经常迟到、早退或旷工，生产事故发生率也很高。此外，酒依赖者中交通事故发生率及自杀率都很高，国外有调查发现，自杀身亡者中，约 1/4 是酒依赖者。慢性酒精中毒会引发性功能障碍，继发的嫉妒妄想症往往会给家庭带来极大危害。

案例 1

60 岁的张老头以前是个饮酒很有节制的人，自从退休之后，由于长期一个人在家，对酒精产生了严重依赖，甚至到了不能自拔的地步。每天早晨一起床，第一件事就是拿出放在床下的酒瓶喝上几口。由于饮酒过度，才 60 岁的张老头和同一年龄段老人相比身体差了很多，看上去也很苍老。

案例 2

茅大爷 68 岁，自从 30 多岁当上村干部起就开始喝起酒来。起先是因为工作关系，必须陪领导和客户喝点酒，逐渐地，喝酒成了他每天的生活习惯，午饭或者晚饭时，总爱倒上几杯白酒，哪怕是自己一人吃饭时也是如此。一年前，茅大爷来深圳帮女儿女婿带孩子，仍继续着每天喝酒的习惯，家人并未在意。大半年后，他因为感冒服药，而不得不停止喝酒。停酒后的第二天，他给远在湖北的老伴打电话，说他头很晕，连自己做了什么事情都记不清楚。当时老伴并未重视。而女儿由于经常不在家，也没过多关注他。停酒后的第5天，女儿发现他紧张害怕，手脚发抖，说有人追赶他，打他，找他要钱，陷害他，让他坐牢，还有公安来抓他，并经常说听到有人叫他，就算是夜里也要去开门。他还经常自言自语，有时对着墙壁说“进来坐一下，你冤枉我”。还无缘无故地在空中乱抓，说“你看，这么多的棉絮在飘”，“石灰掉下来了”。有时在床上也伸手抓棉花絮，还边抓边往外走。他的病情到了晚上往往加重，只能睡个把小时，甚至整晚不睡。

上述案例中茅大爷的情况就是一种酒依赖的并发症，酒依赖者在停饮之后可出现戒断症状，一般表现为肢体震颤和情绪激动，也可出现幻觉和癫痫性抽搐。最严重的反应是戒酒谵妄，亦称震颤谵妄，通常发生在长期大量饮酒者突然停饮2～7天之后，表现为意识模糊，恐怖性错觉、幻觉和感知觉综合障碍、精神运动性兴奋、肢体或全身剧烈震颤，并伴有心动过速、血压升高及大量出汗等症状。若不及时抢救，可因衰竭致死。酒依赖的医学并发症除了戒断症状之外，还有急性酒精中毒、慢性酒精中毒。一次饮酒过量可以造成急性酒精中毒，严重者可因延髓呼吸中枢受抑制而死亡。饮酒过量也容易诱发急性出血性胰腺炎。慢性酒精中毒对健康有不良影响，其原因是多方面的。酒精对人体组织有直接毒性作用，对脑细胞和肝细胞的损害尤为显著。长期饮酒会降低胃肠吸收功能，加上进食减少，所以嗜酒者经常出现维生素B和蛋白质的缺乏。经常醉酒容易引起外伤。对起居冷暖和饮食卫生的疏忽容易招致感染，这些因素也容易诱发躯体和精神疾病。消化系统和神经系统是酒精中毒时受害最烈的部位。酒依赖者中，肝硬化、胃炎、消化性溃疡、食管静脉曲张、食管癌和急、慢性胰腺炎的发生率都高于常人，肝硬化的发生率是一般人群的10倍。酒精中毒除可引起一系列的精神障碍之外，还可引起周围神经炎、小脑变性、癫痫和视神经萎缩等。此外，酒依赖者中贫血、阳痿、心肌病、维生素缺乏症和结核病的发生率也高于一般人群。

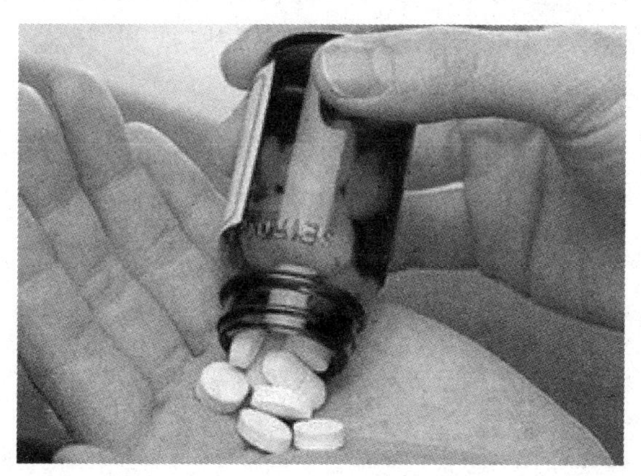

喝酒在中国人的生活中占据着重要地位。工作之余，一杯在手，怡情养性；亲友相逢，把酒言欢，更添兴致；喜庆宴席更少

不了开怀畅饮。在很多场合，大量饮酒甚至被视为男子汉气概，一些女性饮酒甚至不让须眉。然而在这样的生活氛围中，人们往往忽视一个基本事实：偶尔饮酒可以助兴，过度饮酒则可酿成大祸。事实上，老年人喝酒看上去很普通，但它却并不只是喝点小酒这么简单的事。过度饮酒导致的酒依赖，一定要引起我们的注意。

药物依赖也称物质依赖，是许多中枢神经药物所具有的一种特性。药物，又称精神活性物质、成瘾物质或物质，指能够影响人类情绪、行为、改变意识状态，并有致依赖作用的一类化学物质，人们使用这些物质的目的在于取得或保持某些特殊的心理、生理状态。依赖是一组认知、行为和生理症状群，使用者尽管明白使用成瘾物质会带来问题，但还在继续使用。自我用药导致了耐受性增加、戒断症状和强制性觅药行为。所谓强制性觅药行为是指使用者冲动性使用药物，不顾一切后果，是自我失去控制的表现，不一定是人们常常理解的意志薄弱、道德败坏的问题。

药物依赖传统上可分为躯体依赖和心理依赖。躯体依赖也称生理依赖，它是由于反复用药所造成的一种病理性适应状态，主要表现为耐受性增加和戒断症状。心理依赖又称精神依赖，它使吸食者产生一种愉快满足的或欣快的感觉，驱使使用者为寻求这种感觉而反复使用药物，表现所谓的渴求状态。

容易使人上瘾的药物最常见的有两类，一类是麻醉镇痛药，如吗啡等，这类药物除镇痛作用外，还可引起欣悦或者愉快感，通常剂量连续使用一到两周后即可成瘾。另一类是催眠和抗焦虑药，如各类安定类药物，特别是精神疾病和心理障碍患者，由于医疗的需要往往服用此类药物，长期应用要特别注意。轻度药物依赖者的表现为离不开这种药物，不吃就难受，并感到浑身各种不适，只有继续服用才能感到舒服，这时应该尽快采取措施，慢慢来戒掉这种依赖。

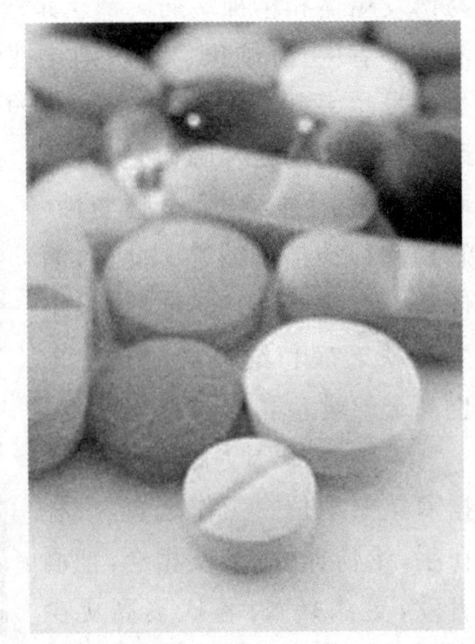

药物依赖会对人的身体机能产生很大危害：

（1）药物依赖会损害神经以及内分泌

麻醉药物的使用，会使内源性阿片肽系统受到抑制，然后通过一系列复杂的神经内分泌系统改变引起机体损害，患者体质逐渐衰退。

（2）药物依赖会损害神经系统

药物依赖可引起某些神经系统的症状，在服用后其首发症状表现为精神异常，如烦躁不安、焦虑、激动、偏执狂、幻觉、欣快、抑郁甚至精神错乱等，有一些药品如麦司卡林、苯环己哌啶等可导致严重精神障碍，这类药物可导致中枢神经呈一时兴奋状态，但有时又陷入严重的抑郁状态；可使人焦虑、失眠、烦躁不安、瞳孔放大、体温和血压升高；对方向、距离和时间的感知偏差；最大的危害是损害判断能力，从而导致暴力行为。

（3）药物依赖会损害免疫系统

药物滥用可引起机体损伤及免疫功能下降，有报道称，静脉用海洛因成瘾者外周血中免疫球蛋白与对照组相比有显著下降。有研究表明，阿片成瘾者膀胱癌的发生率较单纯吸烟者高19倍以上。此外，药物依赖者极易并发各种病毒性肝炎、艾滋病、肺炎、肢体坏疽等疾病。

（4）药物依赖会损害脏器

长期大量使用大麻对肺部有严重不良影响，并可导致支气管炎、支气管哮喘、肺气肿甚至肺癌。吸入海洛因可引起肺滑石样病变甚至因急性哮喘而死亡。

阿片类药物依赖

阿片类物质是指任何天然的或合成的、对机体产生类似吗啡效应的一类药物。阿片是从罂粟果中提取的粗制脂状渗出物，含有包括吗啡和可卡因在内的多种成分。阿片类药物滥用是世界范围内的公共卫生和社会问题，我国饱受阿片之苦长达一个多世纪。至1949年，我国吸食阿片、海洛因的人数约2 000万人，成为近代中国贫困、落后的重要原因之一。进入20世纪80年代以来，我国的吸毒问题死灰复燃。根据公安部门公布的数据，我国记录在案的吸毒者在1990年约为7万，1993年为25万，1995年为52万，2002年为100.1万，2003年超过104万，2005年为116万。阿片类药物具有镇痛、镇静作用，能抑制呼吸、咳嗽中枢及胃肠蠕动，同时能兴奋呕吐中枢和缩瞳作用。阿片类药物能作用于人中脑边缘系统，使人产生强烈的快感。

老年人形成药物依赖主要有两方面的因素，一个是药物本身因素，还有一个是老年人个体条件因素。

药物本身因素：依赖性药物有一些共同特点，如对神经系统特别是对大脑，有较强的亲和力，容易引起神经系统、躯体以及精神方面的变化。在药理作用上，这些药物会使人产生精神上的“快感”，即一种无原因的精神舒适、心情愉快、全身精力充沛的感觉，有些老年人由于想获得这种精神上的舒适感，不顾后果地区获取药物。

老年个体条件因素：随着年龄的增长，老年人的疾病增加，有些疾病必须要用到含有麻醉药性的止痛药，对这类药物的依赖也随之增加。此外，药物依赖的病人中很多都有性格缺陷，如情绪不稳定，性格内向等，再加上依赖性、逃避现实等各种心理上的苦闷，留守老人空巢老人的孤独感以及经济收入的下降都是导致老年人心理障碍的重要社会因素，有的老年人便通过服药来获得精神上的安慰，因此形成了药物依赖。

8. 离退休人员的社会适应问题

离退休，是一个人从工作职务上退下，基本完成个人职业发展任务，进入人生发展的下一个阶段的转折。这是人生面临的一个重大变化。三四十年的职业生涯，习惯了每天上下班的紧张节奏，习惯了忙忙碌碌地投入工作，习惯了与职场同事相处的热热闹闹……陡然回归到一种清静的家庭生活，许多人会感到不适应。这种不适应是正常的。但重要的是要尽快适应。然而，有很多老人不能适应离退休这一局面，甚至会患上离退休综合征。

离休和退休是生活中的一次重大变动，由此，当事者在生活内容、生活节奏、社会地位、人际交往等各个方面都会发生很大变化。所谓离退休综合征是指老年人由于离退休后不能适应新的社会角色、生活环境和生活方式的变化而出现的焦虑、抑郁、悲哀、恐惧等消极情绪，或因此产生偏离常态的行为的一种适应性的心理障碍，这种心理障碍往往还会引发其他生理疾病、影响身体健康。离休和退休是生活中的一次重大变动，由此，当事者在生活内容、生活节奏、社会地位、人际交往等各个方面都会发生很大变化。由于适应不了环境的突然改变，而出现情绪上的消沉和偏离常态的行为，甚至引起疾病，就谓“离退休综合征”。

统计表明，1/4的离退休人员会出现不同程度的离退休综合征。老年人的离退休综合征是一种复杂的心理异常反应，主要表现在情绪和行为方面。患者一般会出现以下症状：性情变化明显，要么闷闷不乐、郁郁寡欢、不言不语，要么急躁易怒、坐立不安、唠唠叨叨；行为反复、或无所适从；注意力不能集中，做事经常出错；对现实不满，容易怀旧，并产生偏见。总之，其行为举止明显不同于以往，给人的印象是离退休前后判若两人。这种性情和行为方面的改变往往可能引起一些疾病的发生，原来身体健康的人会萌生某些疾病，原来有慢性病的则会加重病情。有心理学者曾对某市20位同一年从处级岗位上退下来的干部进行追踪调查，结果发现，这些退休时身体并无大碍的老年人，2年内竟有5位去世，还有6位重病缠身。可见，离退休真是一道“事故多发”的坎儿。

离退休综合征患者容易出现的心理情绪有以下一些：(1) 无力感。许多老人不愿离开工作岗位，认为自己还有工作能力，但是社会要新陈代谢，必须让位给年轻一代，离退休对于老年人实际上一种牺牲。面对“岁月不饶人”的现实，老年人常感无奈和无力。(2) 无用感。在离退休前，一些人事业有成，受人尊敬，掌声、喝彩、赞扬不断，一旦退休，一切化为乌有，退休成了“失败”，由有用转为无用，如此反差，老年人心理上便会产生巨大的失落感。(3) 无助感。离退休后，老年人离开了原有的社会圈子，社交范围狭窄了，朋友变少了，孤独感油然而生，要适应新的生活模式往往使老年人感到不安、无助和无所适从。(4) 无望感。无力感、无用感和无助感都容易导致离退休后的老人产生无望感，对于未来感到失望甚至绝望。加上身体的逐渐老化，疾病的不断增多，有的老年人简直觉得已经走到生命的尽头，油干灯尽了。

然而，并不是所有的离退休人员都会患上离退休综合征，这也和每个人的情况有关。我们来看这样一则案例：

案例

今年60岁的孙老和李老同时退了休，然而两个人退休后的情况却大不相同。孙老心情舒畅，安然享受着退休后的悠闲生活，而李老则因为退休心情烦躁，常常产生无力感和无用感，还会觉得心情烦躁。究其原因，这和两个人的个性特点有关，李老平素工作繁忙、事业心强、好胜而善于争辩、严谨和固执，这种人更容易患上离退休综合征，因为他过去每天都紧张忙碌，突然变得无所事事，这种心理适应比较困难。相反，孙老平时工作比较清闲、个性比较散漫，离退休前后的生活节奏变化不大，心理上也不会出现波动。

此外，退休前除工作之外无特殊爱好的人容易发生心理障碍，这些人退休后失去了精神寄托，生活变得枯燥乏味、缺乏情趣、阴暗抑郁。而那些退休前就有广泛爱好的老年人则不同，工作重担卸下后，他们反而可以充分享受闲暇爱好所带来的生活乐趣，有滋有味，不亦乐乎，自然不易出现心理异常。人际交往不良，不善交际，朋友少或者没有朋友的人也容易引发离退休障碍，这些老年人经常感到孤独、苦闷，烦恼无处倾诉，情感需要得不到满足；相反，老年人如果人际交往广，又善于结交新朋友，心境就会变得比较开阔，心情开朗，消极情绪就不易出现。是否容易患上离退休综合征也和老人在离退休前的职业性质有关，如果一个人离退休前是拥有实权的领导干部，更容易患上离退休综合征。因为这些人要经历从前呼后拥到形只单影、从门庭若市到门可罗雀的巨大的心理落差。其次，离退休前没有一技之长的人也易患此综合征，他们如果想再就业往往不如那些有技术的人容易。

一般来说，老年人离退休需要适应三个时间期：(1) 等待期。这一阶段可看做离退休的缓冲期，随着离退休时间的接近，对离退休生活应怎样度过应该开始准备了。(2) 离退休期。如果在等待期就做好了充分的准备，对离退休生活有较深入的了解，这一时期就不会出现严重的不适应。但是，如果等待期做的不充分，突如其来的离退休生活会让人极其不适应。学习一些老年心理卫生保健知识是会有帮助的。(3) 适应期。一般在一到两年时间里大部分老年人都会适应离退休后的生活。越来越多的老年组织和老年团体提高了老年生活质量，度过一个幸福愉快的晚年。

结 语

老吾老以及人之老，幼吾幼以及人之幼。家家有老人，人人皆会老。关爱老年人，也就是关心自己的将来。自1999年进入老龄社会后，我国现已是世界上老年人最多的国家，占全球老年人口总量的1/5。目前，我国超过60岁的老年人有1.43亿，21个省区市成为人口老年型地区。近20多年来，我国老年人口平均每年增加302万。2050年每10人中将有3名老人。因此，关心老人，发展老龄事业，将是我们每个人必然要承担的义不容辞的责任。尊老爱老是中华民族的优秀传统。不仅要关心老年人的身体健康，还要关心老年人的心理健康，这是我们每个人都需要更新的观念，也是精神文明建设中的一件新事。

四、解决农村不同人群存在的心理问题的重要性

农村的健康发展对社会的稳定和谐有着极其重要的作用，而关注农村不同人群存在的心理问题，则是保障农村健康发展的重要途径。关注和解决农村不同人群存在的心理问题不仅仅可以加强对其心理特征的把握和了解，同时关注其精神层面的状态，采取相应的政策和加强相应质素建设，对于规避社会不稳定因素，激发他们的能力，构建和谐社会，都重要的意义。

青少年是一个国家的希望和未来，而农村青少年更是肩负着发展新农村建设新农村的任务。然而根据调查显示，有心理和行为问题的小学生约为13%，初中生约为15%，高中生约为19%，大学生约为25%，随年级升高递增趋势，而这一数字近年来渐渐增大。枯燥的数字反映出青少年心理健康水平令人担忧，同时对青少年也有启示：那就是我们每个人都要关心自己的心理健康。在心理健康欠佳的青少年中，有相当多的人表现出来的只是轻微心理失调而非心理疾病。这些年轻人，有的情绪波动大，时而热情豪放，时而郁郁寡欢；有的脾气暴躁，冒险逆反；有的孤独寂寞，意志消沉；有的依赖从众，情感脆弱；有的自卑烦恼，多思多虑；有的学生嫉贤妒能，难以自控；有的固过分紧张、焦虑引起学习困难；有的体形变化、异性交往、情感误区引起青春烦恼等。在这种情绪和心理问题困扰下的青少年，自然无法承担重任，所以应对他们加强心理教育，加强心理咨询，加强心理治疗，使他们能认识到自己心理上存在的问题，来更好地去面对和解决，促进青少年健全成熟的人格发展。

“爸爸！妈妈！你们是否听到我内心的呐喊。你们既然给了我生命，却为何把我丢下？每当别人家的孩子依偎在父母的身旁，你们可知道我内心的期盼？多么渴望你们温暖的怀抱，你们可知我内心的忧伤？我每天都等在盼，盼望你们快快把钱赚够，尽早回家。我需要一个完整的家，你们是否听到我的哭声？我每天都蒙着被子泣不成声。多少次在梦中

与你们在一起，我们一家子在一起多么的开心多么的快乐。可醒来我却是一个人孤零零的在彷徨。你们在哪里？你们知道吗？没有爸爸妈妈的日子里我是多么孤单！我的幼年童年都在残缺中慢慢泡大。你们给我幼小的心灵，投下了永远无法抹去的阴影。每当你们要回家，我是多么的欣喜若狂；每当你们要离开家的时候；我是多么的失落无奈，爸爸妈妈：我不要太多的新衣、也不要太多的零用钱。我只要你们温暖的怀抱，不要离开我，我想你们！”这是一位留守儿童的日记，在中国农村，有千千万万这样的留守儿童，因为环境原因，他们通常会有着情感冷漠，自卑心强，厌学情绪严重，缺乏安全感，叛逆心强，心理负担重，情绪焦躁等诸多心理问题，而他们在出现这些心理问题的时候，往往又缺少倾诉的途径和宣泄的对象，由此以往，不仅损害了青少年自身的健康发展，对青少年的身心健康造成影响，还有可能发展成犯罪行为，危害着社会的稳定和安全。因此，解决农村青少年的心理健康问题刻不容缓。

与青少年相比，中年人的心理虽然已经成熟起来，但仍有很多不容忽视的问题。农村中年人在一个复杂多变的社会中，面临着各种压力，很容易激发起各种不良心态的出现。一个健康的人不仅要有强壮的体魄，以抵御各种疾病的腐蚀，还应具有健全的精神状态心理平衡和调节能力，以应付各种不良的心理刺激，进步自己在社会中的适应能力。此外，每年都有将近 1.5 亿的农村成年人进城务工，关注这些人的心理问题，不仅关系着农村地区的稳定发展，更关系着城市的健康发展。从个体的角度分析农民工这个特殊群体心理健康问题：不甚满意的工资报酬、工友间的人际关系紧张、无暇兼顾家庭带来的负罪感、职业发展前景不明造成的恐惧感等是新一代农民工心理问题的主要根源。这些经济和社会因素给缺少生活保障的农民工带来了不安和压力，而面对这些问题，如何帮助其进行心理疏导并有效化解，已成为当前心理工作者所面临的新课题、新挑战。其次，个体的心理发展水平与其所处的环境和自身条件是紧密相关的，如周围人的心理健康水平、职业、经济水平、婚姻状况，以及自身的职业、经济收入和婚姻状况等。农民工作为一个共同体，相互之间的影响在所难免，所以某个个体的不良情绪和心理问题往往会波及周围许多人，形成群体性心理问题。这也是为什么有些心理问题的爆发通常呈现聚合性，即在某个公司或某个地区集中发生一些由心理障碍造成的农民工自杀问题。其实，农民工的心理问题不单是他们个人的事情，还将影响到企业的绩效。由于压力造成的健康问题，通过直接的医疗费用和间接的工作缺勤等形式，都会给企业造成一定程度的损失。所以，无论是社会还是企业本身，都应当积极应对农民工心理健康问题，帮助他们缓解经济、家庭带来的种种压力。

据世界卫生组织(WHO)的统计,从1950～2004年54年间,世界人口的平均寿命从46.6岁提高到66岁。大多数发达国家已经进入老龄化社会。我国北京、上海等城市的人口也已迈进老龄化的行列。在如今的农村村庄中穿行,最大的感觉就是静。间或有房屋开着门,望进去,一把椅子上,会静静地坐着一位老人。农闲时间静坐发呆,成了不少留守老人打发时光的方式,“出门一把锁、进门一盏灯”成了时下他们生活的真实写照。按照中国的传统,最大的幸福莫过于三世同堂、四世同堂,然而随着青壮年的外出,这种传统正在被打破。一些年轻人认为,留下来,意味着清贫、平庸,只有走出去才有希望。但是大部分老年人无法适应外面的生活,也不愿意背井离乡,最终选择了坚守家园。一项由中国老龄科学研究中心完成的调查表明,我国农村现有45.2%的老人感到不幸福,有35.1%的老人经常感到孤独,独居的和没有配偶的老人感到孤寂的比例更高。这些留守老人生活和疾病上缺乏照顾,精神上空虚。儿女们经常给老人寄生活费用,也满足不了他们渴望儿孙们在身边的那种温馨感和幸福感。大多老人们只有等到过年时才可和子女团聚。很多“空巢老人”缺乏精神慰藉,存在不同程度的抑郁、失落、焦虑、孤独等情绪。一旦这种情绪无法疏解,很容易酿成悲剧。2009年,世界卫生组织的《全球性医学研究报告》指出,世界各地每年约有100万人死于自杀,其中约有1/3发生在中国:而中国的自杀死亡者,80%来自中国农村。据统计,截至2012年3月30日,中国60岁以上老人数量为1.85亿,其中49.7%老年人为空巢老人。老年人是中国两大自杀高峰人群之一。

我们知道,农村的留守老人,很大一部分还承担着隔代教育的责任,如果自己的心理就出现了问题,又怎么能给予子孙好的陪伴和教育呢。此外,大部分青壮年外出务工,农村老人虽然年老,但也分担着家中的担子,对一个家庭的健康发展有着十分重要的作用。俗话说,“家有一老,如有一宝”,关注和解决农村老年人的心理问题,就是关注农村家庭问题,就是关注整个农村问题。

第三部分　农村不同人群的心理调适与心理养生

一、农村青少年的心理调适及要注意的问题

在上一章节中，我们已经对农村青少年容易出现的心理问题有了一个大概的认知和了解。既然有了了解，便应该对其进行心理调试，以使得农村青少年都能拥有健全的人格和健康的心理，面对众多的压力和冲突，面对逐渐失调的心理，作为青少年，应通过自身的能力，来维护和保持心理健康，防止心理疾病的产生。心理调适是使用心理科学的方法对认知、情绪、意志、意向等心理活动进行调整，以保持或恢复正常状态的实践活动。既可以自己进行心理调适，也适用于帮助别人。自我心理调适是根据自身发展及环境的需要对自己进行的心理控制和调节，从而最大限度地发挥个人潜力，维护心理平衡，消除心理问题。青少年是一个特殊群体，他们不仅要学习丰富的科学文化知识，在人文素质上武装自己，同时在生理和心理上也要迅速成长起来，逐渐发展成一个完善的人，掌握各种生存技能并具备应对人生中可能发生的各类事件的能力。那么，在这一章节里，我们就来看一下农村青少年如何进行心理调适以及在心理调

适的过程中要注意的问题。

1. 兴趣

什么是兴趣？兴趣以需要为基础。需要有精神需要和物质需要，兴趣基于精神需要（如对科学、文化知识等）。人们若对某件事物或某项活动感到需要，就会热心于接触、观察这件事物，积极从事这项活动，并注意探索其奥秘。兴趣又与认识和情感相联系。若对某件事物或某项活动没有认识，也就不会对它有情感，因而不会对它有兴趣。反之，认识越深刻，情感越炽烈，兴趣也就会越浓厚。

人的兴趣是多种多样的，但概括起来又可以分为三大类：

第一，物质兴趣和精神兴趣。物质兴趣主要指人们对舒适的物质生活，（如衣、食、住、行方面）的兴趣和追求；精神兴趣主要指人们对精神生活，（如学习、研究、文学艺术、知识）的兴趣和追求。就中学生来说，由于人生观和世界观尚未完全形成，无论物质兴趣和精神兴趣都需要师长进行积极的引导，以防止在物质兴趣方面的畸形发展，在精神兴趣方面的消极发展和追求。

第二，直接兴趣和间接兴趣。直接兴趣是指对活动过程的兴趣。例如，有的中学生想象力丰富，富于创造性，喜欢制作各种模型，在制作过程中，全神贯注，表现出浓厚的兴趣；间接兴趣主要指对活动过程所产生的结果的兴趣。有的中学生业余喜欢绘画，每当完成一幅画，他都会对自己取得的成果表现极大兴趣。直接兴趣和间接兴趣是相互联系、相互促进的，如果没有直接兴趣，制作各种模型的过程就很乏味、枯燥；而没有间接兴趣的支持，也就没有目标，过程就很难持久下去，因此，只有把直接兴趣和间接兴趣有机地结合起来，才能充分发挥一个人的积极性和创造性，才能持之以恒，目标明确，取得成功。

第三，个人兴趣和社会兴趣。个人兴趣是个体以特定的事物、活动及人为对象，所产生的积极的和带有倾向性、选择性的态度和情绪。社会兴趣指社会成员对某一领域的普遍兴趣，或社会某一领域对社会成员的普遍需求。

兴趣是指一个人经常趋向于认识、掌握某种事物，力求参与某项活动，并且有积极情绪色彩的心理倾向。例如，对心理学感兴趣的人，就会把注意倾向于心理学，在言谈中也表现出心向神往的情绪。而爱好，则是指一个人在兴趣的引导下，经常参与某项活动，并且有积极的活动倾向。例如，一个人爱好心理学这门科学，那么他就会常到书店和图书馆，购买和借心理学的书，阅读这些书，并会精神振奋，情绪愉悦，感到有乐趣，因而表现既自觉又积极。农村青少年培养兴趣和爱好，对他的健康成长乃至一生，有重要的影响和意义。

首先，青少年的兴趣和爱好可以使他们热爱生活，适应环境。青年的兴趣和爱好可以成为他们的一种向上的精神支柱。在这种支柱的支配下，他们会感到生活充实和人世间的美好，会产生一系列积极的情绪体验，继而促进他们热爱生活，珍惜时光。他们会在兴趣和爱好的驱动下，去寻找兴趣知音，结成朋友，相互帮助，并对生活的环境感到满意和适应。

其次，青少年的兴趣和爱好，可以使他们克服各种各样的困难和险境，培养出顽强毅力，并沿着既定的目标奋勇前进。

再次，青少年的兴趣和爱好，可以开发他们的智力，促使他产生积极的情绪，并给他们无穷的力量，对学习中遇到的难题，他们能认真思索、钻研，直至攻破；青少年的兴趣和爱好还可以逐渐培养他们的观察力、思维力、想象力、注意力和意志力，而在这样的力量的支配下，会使他们并发出无穷的智慧，促其成才。

第四，青少年的兴趣和爱好，可以成为他们人生的一项事业。因此，他们既能获得事业的成功，又能用自己的专长服务于社会，成为社会有用之人。世界上很多哲学家、文学家和科学家的成功，都是从兴趣和爱好开始的。例如，电话的发明人科学家贝尔。他年轻的时候，对科学实验发生了特殊的兴趣，并着手对电波进行研究。那时，电报刚刚发明久，人们对电报能传播讯号感到特别好奇、贝尔也以浓厚的兴趣，用业余时间进行这方面的研究。后来，他通过无数次实验，克服重重困难，于1915年研制成了第一架实用电话机。此后，电话进入了人们的生活领域。如今，各式各样的电话，如电视电话、自动拨号电话、记录电话等相继出现，为人类的通讯提供了极大方便。

兴趣既然有这样重要的价值和意义，那么，身处农村的青少年如何培养兴趣呢？培养自己兴趣的方法如下：

一方面，农村青少年可以根据自己的实际条件和能力，选择某项专业作为自己的兴趣和爱好，慢慢地培养，持之以恒地追求下去，终会有收获的。有一位心理工作者，他年轻的时候，由于个性和人际关系欠缺，想弥补这方面的不足且希望了解人的思想和心理，于是对心理学产生了兴趣，并将它作为一种爱好。以后，他买了一系列心理学方面的书，并细心阅读和钻研，几年后，他成为一名心理学工作者，并用自己所学知识服务于社会，应该说，这就是一种成功。

另一方面，有些青少年由于没有什么专长，以及文化程度不高，不知道该把什么作为自己的兴趣和爱好。因此，生活得很是空虚和茫然，但又希望改变这种状况，对这样的青少年，应该从实际出发，选择一项切实可行的专业知识作为自己的兴趣，去参加这项专业的学习班，系统地学习这方面的知识，最后，把它作为自己的爱好，持之以恒地追求下去。在不久的将来，你会发现，你的选择是正确的，是一个社会有用之人，那时，你将会感到很幸福。

当然，青少年要有所作为，不能有那些不良的兴趣和爱好，如搓麻将赌博，终日沉迷于网吧游戏厅之中。这样的兴趣和爱好不会使青少年获得成功，反而会毁掉青少年。

作为家长或老师，怎样培养自己孩子的兴趣呢？

首先，家长要善于观察少儿平时的活动，发现其兴趣爱好。大千世界，芸芸众生，每个孩子都与众不同，每个孩子都有自己的理想和观念，每个孩子都有自己的爱好和兴趣，每个孩子都有自己的天赋和特长。孩子刚刚接触世界，对世上一切都感到非常新奇，他们有着旺盛的求知欲、爱美欲。由于个体的差异性，不同的孩子往往表现出对事物不同的注意力，即兴趣，有的孩子喜欢音乐，小小年纪，对音符有近乎完美的感受，能准确地唱出每个音符；有的孩子爱好美术，不管在什么环境，他们都能随意地画起来，衣服上、纸上、地上、墙壁上都是他们的画纸，这体现了孩子对美术爱好的天性，是兴趣萌芽；有的孩子对各种昆虫和各种小动物有着特殊的感情，有时会为了死去一只小猫而几餐吃不下饭等；凡此种种，都是孩子们最初表现出来的对某一事物的兴趣或在某一方面的天赋，我们平时就要善于观察，发现他们的兴趣，因势利导，因材施教，少儿们的兴趣才能沿着积极、健康的方向发展。世界著名数学家、物理学家高斯小时候是一个非常调皮、淘气的小孩，一次偶然的机会，教师出了一道算术题：“$1+2+3+4+\cdots\cdots+50=?$”没想到他不到5分钟就举起手说出问题的答案，一名天才的数学家就这样被发现，从此教师专门为高斯制定了培养计划，终于使他走上成功之路。如果当时老师对一贯不守纪律的高斯置之不理，其结果可想而知，高斯又怎么会有以后的辉煌呢？

其次，家长或老师应该经常与少年儿童交流思想感情，尊重其兴趣、爱好。少儿的兴趣爱好应该得到理解和尊重。他们对于“万花筒”式的大千世界，是以自己美妙、奇异的幻想去感受的，与它们同欢共乐，并由此对世上万物产生浓厚的兴趣。如有的小朋友对刚买的新衣、新鞋总是非常喜欢，不厌其烦地穿了脱、脱了穿，摸摸这，摸摸那；也有的小朋友为得到自己喜欢的玩具变形金刚、飞机模型等，宁愿放弃好吃的东西。有一位小男孩特别喜欢橡皮泥，他的房间里、桌子上、床头堆满了各式各样用橡皮泥捏的小动物，妈妈嫌他把屋子弄脏、弄乱了，于是帮他收拾屋子时，全部扔了，结果使小男孩大哭一场，几顿饭都没吃。这说明父母或老师绝不能凭自己的爱好，凭自己的经验，按照自己的主观意愿，对孩子横加干涉，而应以孩子的意愿为主，不能以成人的思维代替孩子的想法，应经常抽时间陪他们一起游戏、活动，与他们交流感情，走进孩子们的游戏王国，去发现他们的才能，尊重他们的兴趣，并加以正确引导。否则只会适得其反，欲速则不达，扼杀孩子的个性。有这样的一位母亲，为了圆自己的钢琴梦，将自己没有实现的希望理想转化到女儿身上，不顾小孩自己的兴趣爱好，一味逼孩子练琴，甚至棍棒相加，结果只能是事与愿违。社会上不是曾发生过孩子拒学钢琴、自残双手的悲剧吗？这说明孩子的兴趣发展受到胁迫时，就会产生过重的心理压力，严重影响孩子的身心健康。

家长或老师应该在生活中培养少年儿童的兴趣、爱好和特长。一个人从兴趣到爱好到特长，应该说是有一个梯度的。孩子活泼好动，兴趣广泛，最富于幻想，最易接受新鲜事物，渴望认识生活和周围世界。有的孩子本来就对某一方面的事物感兴趣或有某方面的长处、特长，而有的孩子现在暂时还没有，要靠家长或老师去培养兴趣、爱好和特长。要重视营造氛围、激发动机。文学巨匠鲁迅曾说：“读书人家的孩子熟悉笔墨，木匠的孩子会玩斧凿，兵家儿早识刀枪。”鲁迅先生自己小时候生活的家庭环境，就有一种良好的文化氛围，他熟读了李白、白居易、陆游等人的诗歌和中国古典名著《西游记》等，为他将来走上文学之路奠定了坚实的基础。

2. 习惯

习惯对一个人的影响是不言而喻的，我们甚至有“习惯决定成败”“习惯决定命运”这样的说法。青少年时期正是习惯的养成期，养成一个良好的习惯，可以使青少年终生受益。

我们经常谈论到习惯这个话题，如生活习惯、学习习惯等。那么，什么是习惯？如何培养学生的良好习惯呢？习惯是一种相对稳定和自动化了的行为，有多种不同的分类。从习惯的作用看，有积极习惯和消极习惯；从习惯的时间性看，有传统习惯和时代习惯；从习惯的水平看，有动作性习惯和非动作性习惯；从习惯的性质看，有公德性习惯和个性化习惯。虽然习惯的分类很广，但是，习惯的养成都是沿着“被动—主动—自动”这条路径的。

我们为什么需要培养好习惯呢？当人一味追求快速成功，渴求拥有大智慧时，往往忽略了良好的习惯才是步向成功的钥匙。好习惯一旦形成，就极具稳定性。心理上的行为习惯左右着我们的思维方式，决定我们的待人接物；生理上的行为习惯左右着我们的行为发生，决定我们的生活起居。世界著名心理学家威廉·詹姆士这么说过：“播下一个行动，收获一种习惯；播下一种习惯，收获一种性格；播下一种性格，收获一种命运。”可见，好的习惯是十分重要的，它可以让人的一生发生重大变化。满身恶习的人，是成不了大气候的，唯有有好习惯的人，才能实现自己的远大目标。

培养习惯应该遵循习惯的以下原则：(1) 关键期原则。幼儿时期是习惯形成的关键期，不可忽视孩子的不良行为，尤其是孩子的第一次行为。如，第一次摔倒、第一次外出、第一次单独购物等。(2) 差异性原则。习惯的养成受个体差异的影响，所以在培养孩子的习惯时要注意生理上的差异、个性结构上的差异、认知风格上的差异和智力上的差异等。(3) 一致性原则。社会对个体行为评定的标准与学校、家庭对个体行为评定的标准要一致。不然，会导致孩子在做事时无所适从，不利于个体习惯行为的养成。(4) 整体性原则。人的习惯不可能只有一个，个体的多个习惯构成了人的整体行为，所以要注意个体整体习惯的培养。

据《中国青年报》报道，由中国青少年研究中心完成的课题——“少年儿童良好习惯的调查研究”的结果显示，当今少年儿童有 8 大良好习惯，7 大不良习惯；少年儿童在做人、做事和学习 3 个大的方面几乎都养成了一些基本的良好习惯，发展比较全面。

当今青少年的8大良好习惯是：勇于表现自己；生活比较有序；待人有礼貌；喜欢交往；做事遵守规则；爱护环境；敢提问题、敢于发表见解；喜欢新事物。同时，调查还发现了当今少年儿童的 7 大不良习惯：喜欢依赖别人；任性，做事经常以自我为中心；害怕承担责任；在交往中容易伤害别人；不爱劳动；在消费中，盲目、攀比、炫耀；学习不爱刻苦钻研，常常被动学习。

此外，当今青少年习惯发展有以下三个特点：一是传统性习惯好，时代性习惯不足，如孩子在“认真学习，独立完成作业”“上课专心听讲、不做小动作”等传统性习惯上做得比较好；而在自主学习、探索学习、创新学习、通过多种途径查阅资料、获取大量有用知识等现代性习惯上做得不够。

二是强调动作性习惯，忽视智慧性习惯，这主要是由于人们对“善于反思”等智慧性习惯的认识还不够，父母和教师在培养儿童的好习惯时，也比较重视动作性习惯，忽视智慧性习惯。

三是重视私人性习惯，轻视公共性习惯，被调查者提到的好习惯大多与个人生活、学习、做事、成长、发展相关，这些习惯大多是私人领域里的行为，而对一些公众性习惯，如爱护环境、与他人合作、遵守规则、诚信、对社会对他人的责任心等公共性习惯提及较少。

那么，农村青少年应该主动去培养哪些习惯呢？首先是良好的生活习惯。生活是人生第一课，也是最基本的课程。生活习惯的好坏，不仅影响青少年的身心健康而且也是青少年综合素质的体现。生活习惯包括饮食、起居、排便、卫生等习惯，做到按时睡眠、起床、安静睡眠并有正确的睡姿，不挑食、不偏食、细嚼慢咽，饭前便后正确洗手、早晚刷牙，饭后漱口等。与良好的生活习惯相对应的则是不良的生活习惯，我们来看看有哪些生活习惯属于不良生活习惯。

不良生活习惯

（1）睡前不刷牙

睡前刷牙比起床后刷牙更重要，这是因为遗留在口腔中和牙齿上的细菌、残留物在夜里对牙齿、牙龄有较强的腐蚀作用。

（2）睡懒觉

睡懒觉使大脑皮层抑制时间过长，天长日久，可引起一定程度人为的大脑功能障碍，导致理解力和记忆力减退，还会使免疫功能下降，扰乱机体的生物节律，使人懒散，产生惰性，同时对肌肉、关节和泌尿系统也不利。另外，血液循环不畅，全身的营养输送不及时，还会影响新陈代谢。由于夜间关闭门窗睡觉，早晨室内空气混浊，恋床很容易造成感冒、咳嗽等呼吸系统疾病的发生。

(3) 不吃早餐

许多人有不吃早餐或只进食少量牛奶的习惯。研究证实,人体空腹过久与胆结石的形成有密切关系。这是因为人体在空腹时,体内的胆汁量分泌减少,胆汁中胆碱的含量下降,而胆固醇的含量不变,长此下去,胆汁中的胆固醇,就会处于一种饱和状态。由于胆汁中胆碱与胆固醇正常比例减少,胆固醇极易沉淀,形成胆固醇结石。鉴于此,为了保证身体健康,每天应按时吃早餐。

(4) 饱食

饱食容易引起记忆力下降,思维迟钝,注意力不集中,应激能力减弱。经常饱食,尤其是过饱的晚餐,因热量摄入太多,会使体内脂肪过剩,血脂增高,导致脑动脉粥样硬化。还会引起一种叫“纤维芽细胞生长因子”的物质在大脑中数以万倍增长,这是一种促使动脉硬化的蛋白质。脑动脉硬化的结果会导致大脑缺氧和缺乏营养,影响脑细胞的新陈代谢。经常饱食,还会诱发胆结石、胆囊炎、糖尿病等疾病,使人未老先衰,寿命缩短。

(5) 留胡子

胡子具有吸附有害物质的性能。当人吸气时,被吸附在胡子上的有害物质就有可能被吸入呼吸道内。据对留有胡子的人吸入的空气成分进行定量分析,发现吸进的空气中含有几十种有害物质,其中包括酚、甲苯、丙酮等多种致癌物,留有胡子的人吸入的空气污染指数,是普通空气的4.2倍。如果下巴留有胡子,又留八字胡,其污染指数可高达7.2倍。再加上抽烟等因素,污染指数将高达普通空气的50倍。

(6) 跷二郎腿

跷二郎腿会使腿部血流不畅,影响健康。如果是静脉瘤、关节炎、神经痛、静脉血栓患者,跷腿会使病情更加严重。尤其是腿长的人或孕妇,很容易得静脉血栓。

其次，青少年要养成良好的文明礼貌习惯。礼貌看起来是种外在行为的表现，实际上反映着人的内心修养，体现一个人自尊和尊重他人的意识。父母要教育孩子学习使用文明礼貌用语，如"您好""请""谢谢""对不起""请原谅"。同时，要注意培养孩子的文明举止，见人要热情打招呼，别人问话要先学会倾听，并有礼貌地回答，保持服装整洁，站有站相，坐有坐相。

道德习惯对青少年的人生发展也十分重要。青少年养成良好的道德习惯，才能和别人友好相处，积极追求美好的事物，自觉遵守社会行为规范，具有高度责任感，将来才能成为社会上成熟可敬的人。道德习惯包括各种行为规则，尊敬关爱长辈，不随地大小便、不损坏花草、树木、爱护公共财物，遵守交通规则，能换位思考、团结友爱等。

(1) 诚实、守信、不说谎话，不随便拿别人的东西；

(2) 尊敬师长、团结同学、不打架、不骂人；

(3) 与客人主动打招呼，多用礼貌用语；

(4) 遵守公共场所秩序，不大声喧哗、追逐打闹；

(5) 讲究卫生、穿戴整洁、不随地吐痰、不乱扔果皮纸屑。

良好的学习习惯对青少年的学习兴趣与学习成绩有很大的影响，与青少年的成才直接相关。它包括自主学习、合作学习、探究性学习。学习好的孩子学习习惯都比较好，而学习不好的孩子多数并不是因为脑子笨，而是没有良好的学习习惯。良好的学习习惯有如不长时间看电视、玩电脑游戏，不需要父母的督促、陪伴能自觉完成学习任务，学习专心认真，经常进行广泛的阅读，知道珍惜时间，什么时间做什么事情等。良好的学习习惯一般包括提前预习及时复习的习惯，经常阅读的习惯，用于提问的习惯，规范书写的习惯等。

案例

北京有一家外资企业高薪招聘应届大学毕业生，对学历、外语的要求都很高。应聘的大学生过五关斩六将，到了最后一关：总经理面试。一见面，总经理说："很抱歉，年轻人，我有点急事，要出去10分钟，你们能不能等我？"这仅剩的几位大学生们都说："没问题，您去吧，我们等您。"经理走了，大学生们闲着没事，围着经理的大写字台看，只见上面文件一叠，信一叠，资料一叠。都是些什么呢？他们你看这一叠，我看这一叠，看完了还交换：哎哟，这个好看，哎哟，那个好看。十分钟后，总经理回来了，他说："面试已经结束，你们全都没有被录用。"大学生们个个瞪大了眼睛："这是怎么回事，面试还没开始呢？"总经理说："我不在的这一段时间，你们的表现就是面试。很遗憾，本公司从来不录用那些乱翻别人东西的人。"

从人的生理角度来说，良好的习惯可以通过生物钟、通过条件反射自动提醒你自觉地去做应该做的事。比如每天早晨及时起床，自觉地为上学做好一切准备；上课铃声一响自觉地跑回教室，做好上课前的准备；放学回家，先复习当天所学课程，然后再做作业。作业完成后如有时间，把明天的新课预习一下。这些事情，对于一个有良好习惯的人来说，几乎都是靠生物钟、靠条件反射来自动控制的。如果不是靠习惯，这许许多多看似平常的事做起来就会显得手忙脚乱，甚至丢三落四，甚至于使你很被动，造成心烦意乱。良好的习惯还可以发挥下意识的作用。一般人都有这样的体验：吃完早饭准备上班，刚一走近自行车便随手掏出钥匙，接着打开车锁，然后朝着单位的方向前进。这些动作几乎连想都没有去想。这是下意识在发挥作用。同样道理，一个具有良好学习习惯的人，他的下意识会随时随地支配他按照平时习惯了的套路做那些与学习相关的事，使之在不知不觉中，事情做得轻轻松松，有条有理。这些，实际上就是受了习惯支配。好的习惯一旦养成，便可终身受益。世界上著名的"铁娘子"英国首相撒切尔夫人在谈及习惯时说："有时事务太忙，我也可能感到吃不消，但生活的秘诀实际上在于把90%的生活变成习惯，这样你就可以习惯成自然了。毕竟你想都不用想就去刷牙，这是习惯。"撒切尔所说的"想都不用想"，实际上就是受习惯支配着的下意识在发挥作用。

3. 关爱

关爱是一个眼神，给人无声的祝福。关爱是一缕春风，给人身心的舒畅。关爱是一句问候，给人春天的温暖。关爱是一场春雨，给人心田的滋润。关爱是一个微笑，给人亲切的关怀。关爱是一湾清泉，给人心灵的洗涤。关爱之心是一种品德，也是一种境界，更是一种态度。青少年是祖国的未来，民族的希望，关心、爱护、保障青少年尤其是农村留守儿童的健康成长，是全社会义不容辞的责任。

关爱对青少年的健康成长有着十分重要的作用，有调查研究显示，除了孩子的个体差异之外，不同的家庭环境特别是父母的关爱状况是导致孩子成长状况千差万别的重要因素。根据上海12355青少年公共服务平台与上海社科院社会调查中心日前结束的《上海家庭关爱状况研究》的调查结果，23.1%的家庭可能存在关爱不足的问题，“失爱青少年”群体急需社会关注。调查结果显示，关爱不足的原因主要有三种：一是父母(监护人)主观上“不愿”关爱子女，占比达1.6%；二是父母受经济、工作、精神等客观条件限制“不能”关爱子女，占比为5.8%；三是由于不懂得教育方法和技巧而“不会”关爱子女，占比达15.7%。其中，第一种原因导致的关爱不足对青少年的身心发展、健康成长产生的后果尤其严重，是特别需要关心的群体。

案例1

婷婷是父母超生的孩子，一直没有办理户口。父亲原是生意人，后来生意破产，就卖掉了原来的住房，从此不见踪影。而婷婷的妈妈智力有问题，无业，没有能力照顾女儿。婷婷现住在奶奶家，但这间房子的产权属于奶奶二婚的丈夫，所以婷婷无法申报户口。婷婷的其他亲属，都拒绝让婷婷的户口迁入，因为他们害怕婷婷会分割她们的家庭住房。今年12岁的婷婷只有小学一年级的文化程度，在小学二年级时，因为没有户口，没有钱付学费，被学校勒令退学，至今辍学在家。婷婷属于“失爱青少年”，即因家庭关爱严重缺失，处于无人监管、无专门机构托管的状态，导致生存、发展困难的青少年。

案例2

13名因缺失父母关爱的青少年，通过网名为“泪痕”的蒋某上网联络聚在一起，以同龄人为目标疯狂实施抢劫，结果8人被判刑。这是近日禹州市法院审结的一起青少年团伙抢劫案。家住禹州市区的被告人蒋某，自幼父母双亡，同年迈的外祖父共同生活，去年初中毕业后，终日沉迷于网络游戏。2008年1月，蒋某用“泪痕”网名，在网上分别结识了郏县安良镇父母离异的郭某、禹州市郭连乡父亲被枪决的姚某和张得乡父母离异的牛某，相似的家庭背景，十五六岁的年龄，使他们很快成为好友，并相约居住在禹州市区一小旅馆，结伴上网并四处滋事。随后，四人又分别通过网络或朋友介绍，认识因父母离异等原因造成的单亲家庭的未成年人杨某、沈某等9人。为筹集上网和食宿费用，13人购置刀具、斧头等作案工具，专门以十五六岁的在校学生为目标，采取跟踪、围堵、威逼、刀砍等手段，自今年2月3日至3月15日，作案8次对14人实施抢劫，共抢得现金237元、手机11部，赃款及赃物变卖所得全部挥霍。3月17日，接到被害人举报，禹州市公安机关将蒋某等四人抓获，后顺藤摸瓜将其余罪犯一一抓获。

关爱“留守儿童”

留守儿童是中国长期的城乡二元体系松动下的一群“制度性孤儿”。一方面：他们的父母到城里打工拼命挣钱，争取或获得了另一种生存方式；另一方面，他们又因为在城市里，或自身难保，或无立锥之地，无法将他们的子女带进城里，留在自己的身边。同时为了生活或生存，他们不能够轻易地离开自己的工作，不能轻易地离开城市，就是在这种带不出与回不去的双重矛盾中，留守儿童虽然有父母，但是他们依然不得不接受“骨肉分离”的现实。这个时代的孤儿由于长期被托养或寄养，缺少父母之爱容易导致心理缺陷，由于老人溺爱或亲友疏于管教缺少正确的价值引导。孩子是未来、是希望，中国不能无视他们的存在。他们关乎整个农村教育和社会进步，鲁迅曾发出“救救孩子”呼声，现在是该“救救”留守儿童的时候了。

关爱留守儿童需要全社会的共同努力，是一个牵涉到家庭、学校、社会的系统工程。关爱留守儿童首先要提高认识，认识到此举的重要意义。儿童是祖国的花朵和未来，而留守儿童又占了很大的比例，所以教育好留守儿童，是关系祖国未来的一件大事。学校、社会、家长等方面都必须团结起来，共同承担这一伟大的责任。

学校可实施的关爱留守儿童的措施：学校是教育的主阵地，学校应责无旁贷地高度重视“留守儿童”的教育。学校在在校内应当专门制定“留守学生”教育工作计划，把“留守学生”的教育工作视为学校教育工作的重要组成部分。此外，学校还可以建立“留守学生”档案，要注意把握“留守学生”具体情况，包括姓名、性别、家庭住址，父母工作地及工作状况，联系方式等。学校还应当成立“留守学生”监护人教育委员会，定期召开会议，使学校、家庭、社会对“留守学生”的教育做到齐抓共管。建立“留守学生”心理咨询室；建立“留守学生”自我教育制度；定期召开“留守学生”管理经验交流会，这都是学校在校内可实施的措施。

有些学校为了更好关爱留守儿童，开设了“二线一室”。即开通“亲情热线”，让外出务工家长定期与子女通电话；开通“教师热线”，让外出务工家长可随时与班主任取得联系；设立“心理健康咨询室”，安排有经验的教师担任心理医生，及时帮助“留守儿童”解决心理上的困惑。同时，还以“师爱助你成长”为主题深入开展有助于“留守生”身心健康发展的各类活动，如主题班（队）会、“您在他乡还好吗”书信竞赛活动、集体生日、法制安全讲座以及“我为留守生献爱心”活动等，让“留守生”充分感受到来自学校大家庭的温暖。

社会的关爱和学校的关爱都无法与家庭教育的重要性相比。家庭是孩子成长的第一课堂，父母作为孩子的第一任老师，对孩子的健康成长有着不可替代的作用。中、小学阶段的孩子，对事物的好坏、对错、是非等判断力较弱，正处在一个生理急速变化，心理发育不稳定的阶段，家长要尽可能地关注孩子的成长，努力把孩子培养成为一个正直、善良、诚实的人。

4. 鼓励

报纸上曾报道南京某厂技术员周宏采用“赏识教育法”，把自己双耳几乎失聪的女儿，培育成高材生的故事，说明了鼓励对孩子成长的重要意义。当父亲的周宏，有一次检查刚念一年级的女儿作业，发现十道题只做对了一道，他没有像别的家长那样跟孩子发火，而是在做对的那道题上，打了一个大大的红钩，并表扬她：“你真行！第一次做应用题就对了一道，爸爸像你这么小的时候，碰都不敢碰呢！”8岁的女儿听了爸爸的鼓励，高兴极了，信心倍增，更对应用题以至数学产生了兴趣。后来，就是这位做10道题就错9道题的失聪小女孩，能背出圆周率小数点后一万位。10岁时，创作出版了6万字的科幻童话。升初中考试时，数学考了99分。许多家长涌到周家求教育子经验，周宏深有体会地说：“哪怕天下所有人都看不起你的孩子，但你仍然应该真心地欣赏他、拥抱他、赞美他！”这便是“赏识教育法”的魅力。

漂亮的衣服，精美的礼物，这固然是青少年所喜欢的，不过，青少年更需要的还是充满欢乐和关爱的精神生活。鼓励使人进步，打击使人落后。无论在东方还是在西方，人们都把由衷的夸奖和鼓励看作人类心灵的甘泉。

人的进步，自我努力固然是第一要素，但外界因素也不可小觑，套用一位伟人的话说，可谓“鼓励使人进步，打击使人落后”。曾有这样一件事，一名爱说话、好表现的战士每次开班务会都要受到班长批评，原因是他爱多嘴多舌。班长越批他，他越对着干，结果成了一个“刺头兵”。后来换了一个班长，这个班长把他的敢说真话当作优点加以肯定，结果使他看到了希望，在班长的引导下，他工作积极，注意说话方式，年底被评为优秀士兵。实践证明，尽管工作的出发点都是好的，但方法不同，效果则大不相同。心理学研究证明，获得别人的肯定和夸奖是人类共同的心理需要。一个人心理需要一旦得到满足，便会成为鼓励他积极上进的原动力。事实也是这样，一个人只要获得信心，心里一高兴、干劲一来，就可以发挥出超乎平常的能力。反过来说，一

个人的努力和成绩不能得到应有的肯定，也就是说，当“报酬”不存在时，就激不起努力的兴趣，也就不可能爆发出超凡的能力。这是人类心理的一面，也是任何人无法改变的。

案例

一位初中数学老师在教一个新概念时，很多学生感到难以理解。他们说，自己感到强烈的挫败感，觉得自己真笨。因此，这群处于青春期的孩子开始情绪低落，以致影响了学习兴致，开始有人厌学。这位老师没有因此疾言厉色地责备学生，而是先把课停了下来，然后让他们写下班上每位同学最突出的优点。最后，老师将这些评价发给学生。几乎每位学生都是笑着看完了纸条，有的还惊呼道：“我真有那么好吗？”“我不知道自己这么受欢迎”。多年后，班上一位叫马克的学生战死沙场，数学老师去参加他的追思会。这时，马克的战友说：“您是马克的数学老师吧？他临终前一再交代，要把这个交给您。”这位老师接过来一看，竟是当年课堂上的那张小纸条。马克的父母上前深情地说：“感谢您给了马克这样一份让他终身珍视的礼物。您和同学们的肯定和赞美，让他成长为一个自信乐观的小伙子！”当天，参加追思会的同学们也纷纷感谢老师这种肯定教学法，有位同学说，因为了有了肯定和鼓励，他才有了自信，勇敢地面对生活中的风风雨雨。

其实，在生活中，孩子也经常会因为学习、交友而感到受挫，家长和老师不要总责备孩子“你怎么这么笨”，一幅“恨铁不成钢”的面孔。美国心理学家托马斯·亚内尔博士提出，此时孩子已经容易因受挫而变得自卑，因此，家长和老师就更应该给孩子些鼓励和赞美，如夸奖孩子擅长的一方面，让他们看到自身的闪光点，就像这位数学老师的做法一样。尤其是对青春期孩子来说，肯定式教育对于他们树立自信更有效。经常被鼓励的孩子会更阳光更自信，那么，应该怎样给予孩子鼓励呢？有时候简单的话语就可以给孩子奋发向上的力量，每个孩子都有希望受到家长和老师的重视的心理，而赞赏其优点和成绩，正是满足了孩子的这种心理，使他们的心中产生一种荣誉感和骄傲感。孩子在受到赞赏鼓励之后，会更加积极地去努力，会在学习上更加努力，会把事情做得更好。赞赏和激励是滋润孩子成长的雨露阳光。我们来看看哪几句话会给孩子奋发向上的力量：

(1) 你将会成为了不起的人！

(2) 别怕，你肯定能行！

(3) 只要今天比昨天强就好！

(4) 有个儿子(女儿)真好！

(5) 你一定是个人生的强者！

(6) 你是个聪明孩子，成绩一定会赶上去的。

自信心是人生前进的动力，是孩子不断进步的力量源泉。因此，父母在教育孩子的过程中，一定要重视其自信心的培养。可以说，许多学习落后或者逃学、厌学的孩子，都源于自信心的丧失。只有自认为已经没有指望的事，人们才会放弃，学习也是一样的，只有孩子认为自己没有希望学下去了，他才会逃学、厌学。实际上，即使那些学习很差的孩子，只要我们能重新燃起他们内心自信的火种，他们都是万全可以赶上去的。这样几句话可以给孩子自信。

(1) 孩子，你仍然很棒。

(2) 孩子，你一点也不笨。

(3) 告诉自己："我能做到"。

(4) 我很欣赏你在 ×× 方面的才能。

(5) 我相信你能找回学习的信心。

(6) 你将来会成大器的，好好努力吧。

(7) 孩子，我们也去试一试?

当今社会有很多家长和老师不懂得鼓励的重要性，经常对青少年说一些打击的话语，长此以往会造成青少年缺乏自信，变得敏感自卑小心翼翼。那么，哪些话是不应该说的呢？这里有一个搜集整理，家长或老师应尽量避免这样的话语。

(1) 瞧你那副蠢样。

(2) 你真让我感到羞愧。

(3) 你这样的孩子肯定没出息。

(4) 这孩子太不争气，脑瓜笨得要命。

(5) 我们家怎么有这么一个不争气的孩子呀。

(6) 别参加比赛了，参加了也获不了奖。

(7) 你不行，我来。

(8) 你没有一件事做得漂亮。

(9) 你这个窝囊废。

(10) 你还小,懂什么?你照我说的去做就行了。

(11) 你看,人家多能干,你只会玩。

(12) 老是考不好,你将来肯定没出息。

(13) 考不上大学你还有出息吗?

(14) 考好了奖励,考不好惩罚。

(15) 一定要进前5名!

(16) 为了妈妈,你一定要考好!

(17) 若考100分,我就给你买礼物。

(18) 就你这成绩,以后扫大街去吧。

(19) 以后我再也不会相信你!

打仗要讲究战机,播种要讲究时机。同样,鼓励孩子也要讲究时机,根据孩子的心理选择和运用最合适的教育方法和手段,在合适的场合和时间鼓励孩子,才能达到最佳的鼓励效果。哪些是日常生活中鼓励孩子的最佳时机呢?首先是孩子遇到困难时,每个孩子在日常的学习和生活中都会遇到困惑,这些时候,他们往往特别渴望别人的理解和得到问题的答案,而此刻也正是给予他们鼓励的最佳时机。应该如何去面对正处在困境中的孩子呢?很简单,鼓励孩子自己从跌倒的地方爬起来!当孩子取得成绩时,也要给予鼓励。生活中,每个孩子都有取得成绩的时刻,如被老师表扬、取得了一个好成绩、因为某种特长而取得了某种奖项等等。在这种时刻,孩子肯定会对自己充满了信心,这个时候的鼓励往往有事半功倍的效果。当孩子犯错时也需要鼓励。当孩子犯了错误时,父母最先想到的不应该是如何惩罚孩子,而是想办法让孩子意识到自己的错误，并努力改正自己的错误。鼓励就是一个很好的帮助孩子改正错误的办法。当着孩子的小伙伴或同学们时要多鼓励孩子。中国有句古话，叫做“背后教子”，这种教育观念已经被越来越多的家长所认同、接受。但并不是家长对孩子的所有教育都必须在背后进行，家长如果能够在人前鼓励孩子，往往能够起到更好的教育效果。有一个孩子的性格很内向，他的妈妈从来都是当着孩子小伙伴或同学的面鼓励孩子。孩子小的时候，不敢和小伙伴们接触，妈妈这样鼓励孩子：“宝贝，你昨天晚上不是学会了一个很好听的故事吗，讲给你的这些小伙伴们听吧！”孩子上小学了，与同学在一起时，妈妈这样鼓励孩子：“儿子，你不是总结了一些学习经验，另外还有一些问题不明白吗，和你的同学们交流一下吧！”在这位妈妈的引导下，孩子渐渐喜欢与别人沟通了。

5. 责任感

责任感从本质上讲既要求利己，又要求利他人、利事业、利国家、利社会，而且自己的利益同国家、社会和他人的利益相矛盾时，要以国家、社会和他人的利益为重。人只有有了责任感，才能具有驱动自己一生都勇往直前的不竭动力，才能感到许许多多有意义的事需要自己去做，才能感受到自我存在的价值和意义，才能真正得到人们的信赖和尊重。

勇于负责是强者的态度！大到一个国家，要在风云变幻的国际格局中树立起“负责任的大国”形象；小到一个个体，要在纷繁复杂的社会关系中成长为一个“负责任的人”。责任有不同的层面，责任感的培养也有不同的阶段，而青少年的责任感培养则是其中最为关键的一个环节。梁启超先生说得好：“今日之责任，不在他人，而全在我少年。少年智则国智，少年富则国富，少年强则国强，少年独立则国独立，少年自由则国自由，少年进步则国进步，少年胜于欧洲，则国胜于欧洲，少年雄于地球，则国雄于地球。”（《少年中国说》）少年是早晨八九点钟的太阳，少年是国家和民族的希望！培养青少年的责任感具有重要意义。

我们知道，目前有很多关于如今青少年一代缺乏责任感的报道。这主要表现在以下几个方面：

在家庭中，衣来伸手饭来张口，连最简单的家务劳动都不能做，还对父母颐指气使，呼来喝去；不与父母交流谈心，在父母不能理解他们的借口下，不体谅父母的艰难与苦心；总以为学习是父母逼迫的事，不仅不能努力争取进步，甚至连最简单的学习活动都要父母带做，如削铅笔，整理书包，上学放学由父母接送，据说还出过父母代替孩子参加体育考试的笑话；孩子像温室中的鲜花一样娇贵，连父母讲道理的话都会伤到他们的"自尊"。在学校中，课上不认真听讲，课下调皮捣蛋，逞能搞怪；不能按时完成作业，或者马虎应付，甚至雇人代做；考试抄袭，或者干脆交白卷；不尊重老师，不配合老师的教学、教育工作，不参加于己无利的集体活动。在学校以及其他公共场合不注意形象，随地吐痰，乱扔果皮纸屑，满口脏话，与异性同学追逐嬉戏；破坏公共设施，不注意维护优美环境，不懂得尊老爱幼。尤其让人担忧的一点，是青春期男孩女孩们的早恋问题。爱情是崇高的，恋爱是浪漫的，但早恋只是因为身体的发育而带来的心理萌动，青少年学生们对于爱情的理解并不完善，态度并不正确，往往因此影响学业，甚至造成更严重的后果，这都是对于自己和对方不负责任的表现。不关心时事政治，对于社会与政治问题持疏离态度，但却暗暗地受到一些不良现象的侵染，如沉迷网络，奇装异服等。

虽然并不是所有的青少年身上都存在这些现象，但大多数身上都表现出这样那样的问题，确已不容我们视而不见，置若罔闻了，因为这其中包括社会中每一方面的责任。比如说在家庭中，80后和90后孩子们的父母基本都是20世纪50、60、70年代出生，那是新中国历史上比较困难的时期，他们在自己的青少年时代吃苦受罪，大好青春因为社会或者家庭的原因而被耽误。当他们自己做了父母，拼命要为孩子创造一个舒适安逸的生活环境，希望他们能在较为顺利的环境中取得更大成就。大多数父母都曾对孩子这样说过："家里什么也不用你管，只要好好读书，我们再苦再累也情愿。"但在这样的气氛中，孩子们因受惠于父母而习惯了受惠于他人，从来不善于甚至没想到要为别人着想，要关心、帮助别人，而自己做什么事情都不认真，依赖他人，甚至偷奸耍滑，投机取巧。

另一方面，中国自70年代末80年代初实行计划生育以来，作为国家的大政方针，它对于国家的经济发展与社会稳定都发挥了很大的作用；但同时也造成了大批的独生子女，据说现在已达6 000万，相当于一个法国，或者两个加拿大的人口。独生子女的社会化问题是很早就被发现并提出的一个严重课题，很多专业学者从不同方面做过专门调研，结果大同小异，大家一致认为独生子女比非独生子女存在更多的问题和困难，如"懒惰""任性""呆板""不能干""无主见""没礼貌""孤僻""不合群""处处个人中心""难于与人交往"等等。独生子女是家中的“小皇帝”“公主”“王子”，在父母的纵容下，浮华奢侈、好逸恶劳之风日甚，过度的娇宠溺爱已经造成了事与愿违的严重后果。这些当然可以随着社会环境的改变和年龄的增长而得到很大改变，但这个转变的过程，是需要父母、教师以及社会中更广范围的人们齐心协力来实现的。高尔基说：“单单爱孩子们，母鸡也会这样做，可是，要善于教养他们，却是一项伟大的公共事业，必须具有相当的才能，必须具备广博的知识。”这是为所有围绕青少年身边的人们提出的敬告！

再者，父母的教养态度和行为方式对孩子责任感的形成具有重要作用。当父母采取民主的态度和以身作则的方式时，孩子容易形成独立思考、决定，勇于承担责任，不计利害得失的品质、习惯。当父母过度娇惯、庇护孩子时，孩子容易变得养尊处优、自私自利、为所欲为，直至成年后仍然缺乏对社会和他人的责任感。而当父母采取独断专制、严厉刻薄的方式时，孩子只能被培养成唯命是从、毫无主见、不敢负责的人。现代社会第三种情况已经较少，而问题主要表现在第二种情况方面。父母的爱心没有通过正确的途径，而是以一种歪曲的方式表达出来，在垄断了孩子的生活实践和生存体验，剥夺了他们生命乐趣的同时，也造成了他们不健康的心理和不完善的人格。比如很多家长代孩子整理书包，帮助孩子检查作业，这从教育心理学上来讲，其实是爱心（责任感）的“错位”和“越位”。责任感的培养要通过孩子自身的实践体验，家长越俎代庖不仅无济于事，反而适得其反，付出越多，失望越深。让孩子自己面对责任的挑战并承担失责的后果，他们才能懂得上学读书不是个人的私事，而是对家庭和社会的一种责任。美国教育家爱默生说得好：“你要教你的孩子走路，但是应由孩子自己去学走路。”

责任感教育是道德教育的前提，是道德教育的内核，是道德评价最一般的价值尺度，离开责任感教育就无从谈起道德教育。首先，责任感是自觉遵守道德规范的前提。任何道德规范的落实，都需要人的自觉性，而这种自觉性的养成，恰是以人的责任感为前提的。任何人有了强烈的责任感，便会自觉遵章守纪，遵守道德规范。其次，责任感是道德的内核。任何道德规范都是相应责任感的具体体现。例如，社会道德是社会责任在道德领域中的内在反映；职业责任在道德领域中的体现就是职业道德，等等。如果没有相应的责任要求，道德规范就成了空洞的条文，很难发挥积极的作用。再次，责任感是道德评价最一般的价值尺度。由于各人的素质存在着差别，其道德规范觉悟、道德水平也有所不同，但是责任感是对每个人共同的道德要求。通常情况下，我们评价一个人的道德状况，主要是看他有没有承担起相应的责任和遵守相应的道德规范，如果他承担了相应的责任，就会被认为是一个有道德的人。正是责任感在道德实践中的这些重要的特点，使我们确信人的责任感是整个道德大厦的基石。

那么青少年的责任感应该如何培养呢？这里要从父母和学校两个方面来说。

父母可以有意识地交给孩子一些任务，锻炼孩子独立做事的能力，父母多鼓励孩子做事情要有始有终，以便培养孩子持之以恒、认真负责的好习惯。父母可适当地让孩子了解一些父母的忧虑和难处。父母要鼓励孩子勇敢地承担责任。例如，孩子跟着爸爸妈妈到朋友家做客，不小心损坏了物品。这时应该让孩子知道，是由于自己的过错，才造成了这种后果，应当给予赔偿。之后一定要带孩子一起买东西，去朋友家道歉，而不是一味地以“他还小”来迁就孩子。

青少年从家庭来到学校这个更为开放的大环境中时，学校也需要为青少年责任感的培养做出努力。首先，学校要引导学生形成正确的责任意识。青少年要知道责任是维系社会与个人关系的基石，责任感归根究底来自社会有机体内部各个体以及社会与个体之间的密切联系。这是社会存在的基础，更是个体生存的前提。无论做人做事，负责的态度带来最终的成就，而不负责任的人将遭到社会的制约更别提成就什么事业。如果没有对人对己的爱心贯穿其中，社会就将不是一个温馨惬意的大家庭，而只是冷冰冰的组织机构；即使人人尽职尽责，却仍然不会给人带来安全感和归宿感。爱自己，从而渴望自身人格的完善和事业的成就；爱他人，从而乐于关心帮助他人，也坦然地接受他人的关心和帮助，整个社会就会在一种良性循环中走向和谐、进步。歌德说：“责任就是对自己要求去做的事情有一种爱！”只有人人心存一点爱，只有人人奉献一点爱，世界才会像歌中唱得那样变成美好人间。

学校也要帮助青少年认识到责任的承担是有一定代价的，当你一旦作出自己的选择，就必须为自己的选择付出时间、精力乃至生命的代价，并且可能因为结果不尽如人意而受到责备和惩罚。但这一切都是对个体生命强度的考验，是真正自尊自信的强者的表现。

其次，学校要引导学生建立明确的是非、荣辱观念。有专家指出，当今的青少年学生之所以责任感淡薄，不能积极承担应该做的事情，不能勇敢纠正不应该的错误，主要是因为他们在转型期的现代社会文化背景下，失去了对是非、荣辱、善恶、美丑等观念的判断能力。荣辱感是个体在遵从或者违背道德规范从而感到个体的充实或者无能时，基于是非观、善恶观、荣辱观而产生的一种自觉的指向自我的快乐或者痛苦的体验。它是是非观形成的基础，是自尊心的表征，是抵御不良诱惑的精神力量，是道德教育的起点。因此，可以通过培养学生明确的是非观、荣誉感和耻辱感来培养学生的责任感。

因为责任有不同的层面或方面，当不同层面的责任发生冲突而面临抉择时，个体的是非标准与荣辱观念是决定性的因素，但也因个体承担责任能力的差异而有所不同。面对落水儿童，抢着下水的孩子与抢着退后的大人同样都是不应该的，他们都会让局面变得更糟。所以，责任感是因人而异的，符合自身实际和客观条件的选择才是最有意义的行为。

再则，学校要引导学生培养善于反思、勇于行动的习惯，同时还要加强教师的带头示范作用和监督作用。学校作为个体开始走向社会化的起点，教师作为青少年学生的知识传授者和人格塑造者，这个责任是非常重大的。学校从父母手中接过一个各方面都有待于进一步完善的孩子，就好像接到一个雕塑的毛坯，怎样才能使这个毛坯成型，并且最终在社会中闪现光彩，这是一个很严肃的问题。以身作则、言传身教密切配合，具有一种潜移默化、润物无声的艺术效果。

青少年的责任感包括对自己的责任感，对他人的责任感，对家庭的责任感，对学校集体的责任感和对国家社会的责任感。不同的责任感具有不同的表现形式，也具有不同的培养方法。

“十月怀胎”的艰辛，只有自己的母亲能体味，一个人来到世上就有自己的义务和权力，他不仅为自己生活，同时也要为父母、为社会而生活。每一个学生都必须认识到，一个人既然来到这个世界，就应该在合理的范围内，让自己好好地生存下去，并获得发展。即使当自己碰到任何困难的时候，也应当不断地激励自己，勇往直前，坚持到底。这就是对自己负责。

人生于世不仅要对自己负责，更要对他人负责。每个人都存在于一张社会关系网中，与他人发生着或近或远的关系。作为朋友，忠诚、互助、互谅、解危济困对于我们义不容辞。这是青少年对他人负责的表现。

作为家庭的一位成员，不应单方面要求得到家庭的保护，而必须对家庭负责、对父母负责，使家庭美满幸福、父母愉快健康。我国古代思想家主张的所谓“齐家”，在某种意义上，就是要求人人必须具有对家庭的责任心。青少年父母及家人因病卧床不起时，要主动照顾。当家庭气氛不和时，要去调节，对家人有爱心。

青少年立身的集体，需要每个成员去过问、关心，为其良好发展出谋出力，作为学生应在班集体中学会与他人合作，以自己为集体的努力与牺牲而自豪。班级（团体）、学校是学生学习生活的集体，与学生的成长息息相关。要教育学生懂得，自己的进步、成长离不开集体的关怀、帮助和影响，集体的发展、兴盛需要每个成员的学习、努力和协作。在学校生活中，要热爱和关心集体，注重团结合作，乐于关心和帮助他人，勇于为集体增光添彩。要随时注意自己的言行举止，不要妨碍他人和损害集体。

“天下兴亡，匹夫有责”，每个人对自己的祖国，都负有义不容辞的责任。对国家的责任、对社会的责任是全部人生责任中最崇高的一种责任。青少年学生肩负着在新世纪实现祖国的繁荣富强和民族的伟大复兴的历史重任。要教育学生将今天的学习同明天的建设、个人的前途同国家的命运联系起来，像周恩来那样真正“为中华之崛起而读书”。

6. 想象力

想象力是人在已有形象的基础上，在头脑中创造出新形象的能力。比如，当别人说起汽车，马上就想象出各种各样的汽车形象来就是这个道理。因此，想象一般是在掌握一定的知识面的基础上完成的。想象力是在头脑中创造一个念头或思想画面的能力。

人没有幻想是不行的，人类如果没有幻想过像鸟儿一样飞翔，就不可能登上月球；人类如果没有幻想过乌托邦就不会有追求社会进步的动力。有专家甚至这样说,你有多大的想象力,你就会有多大的成就。

想象力是办好事情的前提,想得周到后就要去实行,并不是光想不做,这才是真智慧。

——方海权

只要我们能梦想的,我们就能够实现。

——刻在美国肯尼迪宇航中心大门上的人类誓言

在创造性想象中,一个人运用自己的想象力去创造希望去实现的一件事物的清晰形象,接着,他继续不断地把注意力集中在这个思想或画面上,给予它以肯定性的能量,直到最后它成为客观的现实。想象力的伟大是人类能比其他物种优秀的根本原因。因为有想象力,人类才能创造发明,发现新的事物定理。如果没有想象力人类将不会有任何发展与进步。爱因斯坦之所能发现相对论,就是因为他能经常保持童真的想象力。牛顿能从苹果落地而想象到万有引力这一个科学的重大发现,都是因为有了想象力。

曾有过这样一篇报道。美国内华达州一位母亲状告幼儿园,原因是她的女孩进入幼儿园后不久,就会写一些字母了。这位母亲认为是幼儿园的教育扼杀了孩子的想象力。理由是过去孩子看到“0”,可以联想、想象到很多诗意的东西,比如妈妈的眼睛,姐姐的嘴唇,天上的月亮……孩子会写字母后,她只知道这是个“欧”了。有意思的是,官司居然打赢了。这位母亲在庭审中讲了这样一个故事。她说她在中国旅游,遇见过这样一件事:游泳池里有一只美丽的天鹅,却不会飞,原来它的一只翅膀的羽毛被豢养者剪掉了。孩子失去想象力,就如同天鹅的一只翅膀被剪掉了羽毛。

孩子的想象力是十分丰富的,但又是十分脆弱的,不当的教育很容易扼杀孩子的想象力。那么,怎样去培养想象力呢,有以下一些方法。

（1）丰富孩子的生活经验，发展孩子的表象

想象是在孩子大量的生活经验基础上积累起来的。别人说“苹果”，你的头脑中会浮现出一个“苹果”的具体形象，这个形象就是表象。正是依靠表象的积累，孩子的想象才逐渐发展起来。我们帮助孩子积累生活经验正是帮助孩子在头脑中建立表象的过程，孩子表象的积累越多，就越容易将相关的表象联系起来，这也就是想象发展的过程。

（2）给孩子提供适合的环境，激发孩子想象的欲望

除了带孩子外出，在家中也要给孩子一个良好的环境，帮助孩子想象力的发展。给孩子合适的图书，和孩子一起分享故事描述的情景，和孩子一起想象情节的变化，鼓励孩子想一想结局怎样，都是帮助孩子想象发展的好办法。

（3）给孩子轻松的氛围，鼓励孩子表达自己的想象

孩子将想法说出来也是一个过程，这不但是将生活经验梳理的过程，也是将经验在头脑中组织、整理后表达的过程。不但要鼓励孩子大胆地想，还要鼓励孩子大胆地说。

（4）鼓励孩子大胆想象，引导孩子合理地幻想

幻想是想象的一个更高的层次，是一种合理的想象，在学前期和小学初期，孩子的幻想也是在从远离现实的幻想到接近现实的幻想发展的过程。如孩子喜欢“奥运会”吉祥物，就进而幻想，开奥运会的时候，我怎样与奥运会吉祥物见面？这就是一个合理的想象，也就是幻想的过程。还可以引导孩子想象一下未来的交通会是什么样，未来的环境会是什么样？合理的幻想正是创造的开始，也是想象的最高境界。

《人民日报》曾有这样一则报道，中国儿童的想象力状况令科学界陷入忧虑。教育进展国际评估组织对世界21个国家的调查显示，虽然中国孩子的计算能力世界第一，但创造力在所有参加调查的国家中排名倒数第五。“雪化了，变成了春天”竟然被语文老师判定为病句，课堂上思维活跃的孩子往往会被扣上“不守纪律”的帽子。想象力已成了边缘化的教育目标。在被调查的中小学生中，认为自己有好奇心和想象力的只占4.7%。“想象力的缺乏已经严重制约了我国

青少年的创造力。”中国青少年研究中心副主任、中国科普作家协会副理事长孙云晓说。在国际科学组织评选的“2001年全球重要科学发现100项”中，中国仅有3项上榜，其中有两项还是与美国科学家合作完成的；中国学子每年在美国拿到博士学位的约2 000人，为非美裔学生之冠，但美国专家评论说，虽然中国学子的成绩了得，想象力、创造力却是大大缺乏。

“在创新将成为人类进行生存竞争的不可或缺的素质时，依然采用一种循规蹈矩的生存姿态，无异于一种自我溃败”，要想改变这种现状，必须对教育评价制度进行与时俱进的改革，强调分数，更要强调“知识活用”，让知识借助想象力，得到超凡能力的升华，得到举一反三的类比。那些爱学习的孩子是好孩子，那些个性强、思维敏捷、敢于想象的“捣蛋学生”也是香饽饽。特别是在想象力和知识的比较中，更应将想象力放在首位，对想象力进行培养和呵护，让冒尖者、怪诞者也能得到社会认同和赞赏，为想象力插上腾飞的翅膀。

7. 创造力

创造力与一般能力的区别在于它的新颖性和独创性。它的主要成分是发散思维，即无定向、无约束地由已知探索未知的思维方式。按照美国心理学家吉尔福德的看法，当发散思维表现为外部行为时，就代表了个人的创造能力。可以说，创造力就是用自己的方法创造新的，别人不知道的东西。创造力的构成要素有知识，智能和人格。

其中，知识包括吸收知识的能力、记忆知识的能力和理解知识的能力。吸收知识、巩固知识、掌握专业技术、实际操作技术、积累实践经验、扩大知识面、运用知识分析问题，是创造力的基础。任何创造都离不开知识，知识丰富有利于更多更好地提出创造性设想，对设想进行科学的分析、鉴别与简化、调整、修正；并有利于创造方案的实施与检验；而且有利于克服自卑心理，增强自信心，这是创造力的重要内容。智能是智力和多种能力的综合，既包括敏锐、独特的观察力，高度集中的注意力，高效持久的记忆力和灵活自如的操作力，也包括创造性思维能力，还包括掌握和运用创造原理、技巧和方法的能力等。这是构成创造力的重要部分。人格包括意志、情操等方面的内容。它是在一个人生理素质的基础上，在一定的社会历史条件下，通过社会实践活动形成和发展起来的，是创造活动中所表现出来的创造素质。优良素质对创造极为重要，是构成创造力的又一重要部分。优良的个性品质如永不满足的进取心、强烈的求知欲、坚忍顽强的意志、积极主动的独立思考精神等是发挥创造力的重要条件和保证。总之，知识、智能和优良个性品质是创造力构成的基本要素，它们相互作用、相互影响，决定创造力的水平。

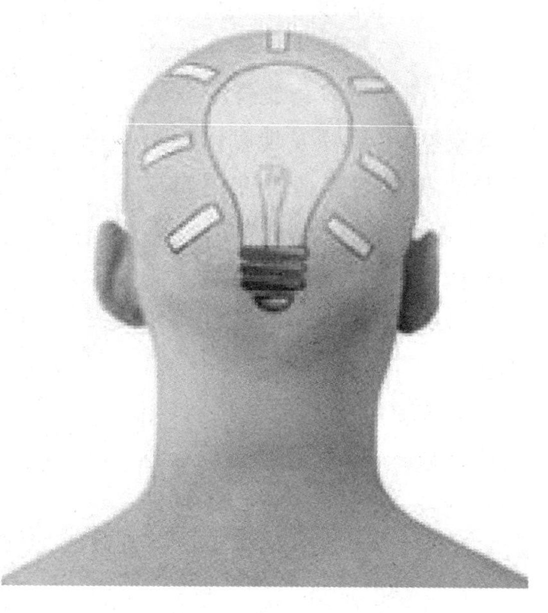

进入21世纪，知识经济已初露端倪，国力竞争，经济竞争，人才竞争日趋激烈，新世纪的人才不仅需要具备广博的知识和精湛的技术，更应具备解决实际问题的能力和创新能力。而创造性思维是未来创新人才最主要的思维品质。

培养创造性思维有以下一些途径。

（1）换位思维

绝大多数创造性思想都是源于思维角度的改变。对任何事情，都应该尝试从不同角度、不同位置、不同群体等方面去看一看，想一想，往往会有一些意想不到的发现。视角的特别，也往往决定了创造力的高低。其中反向思维便是其中一个特例。比如开发产品，最好把自己当成服务终端，考虑一下客户以及中间环节，对每一个环节都考察一遍，是不是可以做得跟别人不一样。也可以把自己当成竞争对手，想想他们的情况，多 问问为什么这样，反过来问问为什么不这样，这样思考的时候，你就可能发现问题并加以革新和完善。

（2）非常规思维

想象一下理想状态会如何，极端条件会怎样，特殊人群会有什么需要，时间起点和终端的情况呢，或者无限夸大缩小一下又如何，变成懒鬼是啥样，故意犯犯错会怎样，极小极大极多极少时又会如何等 等，这些思考可能会使你的问题简化，或者拓展。比如，你开发一个产品，想象一下要是小孩子拿了就可能猛敲，战场上可能颠簸和损伤，坏蛋就想搞破坏，你的产品是不是可以往这方面革新革新。

（3）形象思维

一定要试着用图形表达各种意思，因为形象思维能够再现事物原型，能轻易发现言语容易遗漏的空间细节和时空逻辑矛盾。所以，想问题的时候，不妨多画画图，建立模型，用想象力去弥补思维空缺。也可以用形象去类比，想象一下它像什么，内部可能是什么样的结构，换个角度想象一下，看看会是什么结果？或者，建立一定的符号，进行逻辑运算，也可以很直观地理解问题，发现矛盾。

（4）跳出定势

下意识地问问自己的思维模式是不是一种定势，是否可以跳出来呢？这样想的时候，也许就可以感悟到自己的局限，并把思维带到另外的角度或方向，甚至可以天南海北自由驰骋，突破常规。

结 语

种子萌芽生长，必须经过黑暗中的挣扎，才会有破土而出时的第一缕光亮；蛹破茧而出，必须经过苦苦挣扎才会有彩蝶的翅膀美丽如画。21世纪的青少年，必须排除人生道路上的种种困惑，克服前进道路上的种种困难，才能在学习、工作与生活中乘风破浪，勇往直前。

二、农村中年人的心理调适及要注意的问题

一个心理健康的人才能在复杂多变的社会中，维持身心功能的协调、稳定、和谐地发展，才能随时驱除各种不良的心理状态，才能成为品德高尚的人，才能成为社会需要的人才。一个健康的人不仅要有强壮的体魄，以抵御各种疾病的

侵蚀，还应具有健全的精神状态及心理平衡和调节能力，以应付各种不良的心理刺激，提高自己在社会中的适应能力。

人到中年，除了关注生理健康之外，更要关注心理健康。一个徒有强健体魄而心理不健康者将会因不适应社会变化而失魂落魄，碌碌无为，将会因不思进取而随波逐流，在不知不觉中消磨掉锐意进取的雄心，最终被社会所抛弃。中年人是社会的中流砥柱，农村中年人更是在农村发展和城市建设中都扮演着重要角色。针对农村中年人存在的心理问题，要积极进行心理调适。

1. 良好的人际关系

就每个人来说，自从出生以来就一直处在一个沟通的环境中，但在所有的沟通中，有的沟通其结果是良好的，称其为有效沟通，有效沟通与人生发展的成败关系密切。当今世界，由于社会发展的需要，有效的沟通已成为关系到人们社会心理、社会交往、经济效益、素质教育以及社会文明建设的大问题。在社会共同活动中人们彼此之间形成的各种社会关系，包括生产关系、社会意识形态关系和人际关系三个层次。人际关系以感情心理为基础，与个体及其社会行为直接联系，属于微观的关系。人际关系是一个较为复杂的社会现象，一般认为是人与人之间的心理、行为关系，体现的是人们社会交往和联系的状况，在现代社会发展中越来越显得它的重要地位。在社会生活中，一个人不可能脱离他人而独立存在，总是要与他人建立一定的人际关系。美国卡耐基教育基金会对成功人士的研究发现，“一个成功的人，15%靠专业知识，85%靠人际关系与处世技巧”。现代社会中，人际关系状况已经成为影响人们事业成功的主要因素。

人际关系是在人际沟通的过程中形成和发展起来的，离开了人际间的沟通行为，人际关系就不能建立和发展。事实上，任何性质、任何类型的人际关系的形成，都是人与人之间相互沟通的结果；人际关系的发展与恶化，也同样是相互交往的结果。沟通是一切人际关系赖以建立和发展的前提，是形成、发展人际关系的根本途径。假如人们在思想感情上存在着广泛而持久的沟通联系，就标志着他们之间已经建立起了较为密切的人际关系。假如两个人感情上对立，行为上疏远，平时缺乏沟通，则表明他们之间不相容，彼此间的关系紧张。

人际关系主要是由认知、情感和行为三个因素组成。认知是人际关系的前提条件，是在人与人的交往过程中，通过彼此相互感知、识别、理解而建立的关系。人际关系是从人的认知开始，彼此根本不熟悉、毫无所知，就不可能建立人际关系。人际关系的调节也是与认知分不开的。情感是人际关系的主要调节因素，人际关系在心理上总是以彼此满足或不满足、喜爱或厌恶等情感状态为特征的。假如没有情感因素参与调节，其关系是不可想象的。情感因素是指与人的需要相联系的体验，对满足需要的事物产生积极的情绪体验，而对阻碍需要满足的事物则产生消极的情绪体验。行为是人际关系的沟通手段，在人际关系中，无论是认知因素还是情感因素，都是要通过行为表现出来。行为是指言语、举止、作风、表情、手势等一切表现出的外部动作，它是建立和发展人际关系的沟通手段。

处理人际关系，世界上普遍认同两个基本法则：“黄金法则”和“白金法则”。黄金法则的精髓是：“你想人家怎样待你，你也要怎样待人。”白金法则的精髓是：“别人希望你怎么对待他们，你就怎么对待他们。”现代人际关系的原则方法很多都源自这两个法则。除此之外，建立良好的人际关系还有以下一些要素。

(1) 平等

平等是人际关系赖以生存的基础。在人际交往中总要有一定的付出或投入，交往的两个方面的需要和这种需要的满足程度必须是平等的，平等是建立人际关系的前提。人际交往作为人们之间的心理沟通，是主动的、相互的、有来有往的。人都有友爱和受人尊敬的需要，都希望得到别人的平等对待、人的这种需要，就是平等的需要。对有优越才能的人来说，懂得平等待人，是最伟大、最可贵的品质。坚持平等交往，就要把他人放在与自己平等的位置上，以礼待人，以诚相见。我们每个人都有自己独立的人格、做人的尊严和法律赋予的权利与义务，无论职务高低、资历深浅、知识多寡、生活贫富、身体强弱、年龄长幼，人格上都是平等的，相互之间的关系也是平等的。

（2）相互

相互原则是人际交往的吸引律。人际交往的过程实际上是相互希望获得需求满足的过程，表现为感情互相慰藉、人格互相尊重、目标互相促进、困难互相帮助、过失互相原谅等多种形式。如果在交往中一方只索取不给予，交往关系就不能维持很久；交往中互利性越高，人际关系就越稳定密切。人际关系的基础是彼此间的相互重视与支持。任何个体都不会无缘无故地接纳他人。喜欢是有前提的，相互性就是前提，我们喜欢那些也喜欢我们的人。人际交往中的接近与疏远、喜欢与不喜欢是相互的。交往中的给予并非都是物质财富，比如，当别人和你说话的时候，倾听就是给予；当别人和你打招呼的时候，点头和微笑就是给予；当别人心情不好的时候，一句问候宽慰就是给予；当发现了别人优点的时候，一句赞美就是给予。

只要告诉我，你交往的是什么样的人，我就能说出你是什么样的人

——歌德

（3）宽容

宽容对建立良好的人际关系非常重要，可以说是密切和融洽人际关系的“润滑剂”。“海纳百川，有容乃大”。人们总是喜欢和那些宽容厚道的人交朋友，正所谓“宽则得众”。天下没有两片相同的树叶，也没有两个完全相同的人，处理人际关系不能强求一致，而要求同存异、相互谅解、不求全责备。为人处世要心胸开阔，宽以待人。要体谅他人，遇事多为别人着想，即使别人犯了错误，或冒犯了自己，也不要斤斤计较，以免因小失大，伤害相互之间的感情。只要干事业、团结有力，做出一些让步是值得的。“水至清则无鱼，人至察则无徒”。既然我们自身都不完美，我们又怎能苛求他人完美无缺呢？“退一步海阔天空”，如果能做到“得让人时且让人，能容人时且容人”，纷争和冲突自然可以消弭。

（4）理解

理解主要是指体察了了解别人的需要，明了他人言行的动机和意义，并帮助和促成他人合理需要的满足，对他人生活和言行的有价值部分给予鼓励、支持和认可。

(5) 尊重

每个人都有被尊重的需求，在人际关系中，要学会给予别人尊重。尊重是每个人的基本心理需求。尊重饱含着待人处世的智慧，尽显人格操守的高贵。尊重每一个人的人格，尊重人的正当作为，包括尊重人的不同个性。尊重要坚持一视同仁、讲究平等，不以富有而骄狂、不以贫寒而卑微。尊重用谦逊、宽厚、理解、包容和友爱来温暖人的心灵，维系着良好的人际关系。

(6) 信用

人离不开交往，交往离不开信用。要做到说话算数，不轻许诺言。信用即指一个人诚实、不欺骗、遵守诺言，从而取得他人的信任。与人交往时要热情友好，以诚相待，不卑不亢，端庄而不过于矜持，谦逊而不矫饰做作，要充分显示自己的自信心。一个有自信心的人，才可能取得别人的信赖、处事果断、富有主见、精神饱满、充满自信的人就容易激发别人的交往动机，博取别人的信任，产生使人乐于与你交往的魅力。

(7) 弹性

建立良好的人际关系需要遵循弹性原则。人际交往中需要建立一个"弹性隔离带"，使自己、对方、抑或双方都能获得更大的回旋空间，可以缓和彼此的矛盾，消除相互之间的误解，以减少或避免一些不必要的摩擦或伤害。比如，初次与人交往时要冷热适度，通过逐步的接触来确定交往的深度和关系的程度，不能因过分亲密让人感到交往动机不纯，或是过分冷淡让人认为目中无人或故作深沉；和与自己有矛盾或是有隔阂的人交往时，要谨言慎行，既主动接近，又保持适当距离，既"察言观色"，掌握对方心理，又不过于敏感、捕风捉影、胡乱猜疑，避免使双方的关系进一步恶化，为彼此重新认识消除误解创造条件。弹性不是一种圆滑，而是一种交往技巧。

良好的人际关系会对中年人的生活产生积极的影响。幸福感研究表明，结婚的人或有朋友的人，他们生活得更幸福些，原因可能是他们所获得的人际关系发生了作用。人际交往是人类社会中不可缺少的组成部分，人的许多需要都是在人际交往中得到满足的。如果人际关系不顺利，就意味着心理需要被剥夺，或满足需要的愿望受挫折，因而会产生孤立无援或被社会抛弃的感觉；反之则会因有良好的人际关系而得到心理上的满足。

人际关系对培养健康的心理也十分重要。研究表明，社会支持可减少或防止心理紧张所造成的心理伤害。有些设计精巧的研究表明，社会支持与心理健康的联系是由于人际关系对心理健康发生了作用。在绝大多数场合下，社会支持和高度的自我尊重可以保有一个健康的心理世界。

如何进行有效沟通建立良好的人际关系呢？有效沟通三部曲：

（1）了解

发出信息前，须了解、分析接受方的信息资料及其信息需求。由于每个人的性格、态度、价值观等个性特点的差异，人们对他人的基本行为反应倾向也是不同的，往往带有个人独特的色彩。因此，把握人际关系状态对人际行为的影响，必须结合具体的人或事作具体的分析。人与人之间的亲近或疏远、合作或竞争、友好或敌对，都是心理上距离远近的表现形式，具有较强的情感色彩，它反映了人们的需要是否得到满足时的情感体验。人们喜欢给自己带来奖赏的人，讨厌那些给自己带来处罚的人，即人们倾向于亲近奖赏性的关系，而排斥处罚性的关系。因此，在人际沟通中，只要分析、了解人们的不同心理需要，把握人们心理需要的特点，并根据这些需要特点去满足对方的心理需求，就能获得比较好的沟通效果。

（2）猜测

发出信息时，须猜测、判定接受方可能反馈的信息会向何方发展。当你了解对方的信息资料和需求后，就要向对方发出信息，这时必须猜测对方反馈信息是否按照自己所期望的方向发展。假如猜测准确，说明你发出的信息是正确的，否则就有偏差。

（3）调整

发出信息的过程中，要善于观察对方的情绪变化，根据接受方的反馈信息和情绪的变化须不断调整自己的行为，使沟通向良好的方向发展。通过与他人有效沟通，首先对自己能有个正确的评价。因为在交流当中，能通过别人的看法来证实自我评价的可靠性。通过交流、倾听别人的意见来调整自己的行为。有效沟通有利于人们建立良好的人际环境。和谐、团结、融洽、友爱的人际关系，能够使人们在工作中互相尊重、互相关照、互相体贴、互相帮助，布满友情和暖和。不仅可以与其他人协调一致，而且还可以获得他人的支持和帮助，从而大大地减轻工作压力。不但能把自己的工作和学习做好，更重要的是有利于形成内部融洽的群体气氛，增强群体的团结合作，便于发挥出群体整体效能。在这种人际关系环境中工作会使人们感到心情愉快愉快，促进身心健康。反之，在相互矛盾、猜忌、摩擦、冲突的人际关系中，人们之间疏远和敌对，会感到心理不安、情绪紧张。

2. 健康科学的生活方式

“健康第一”，“健康是金”。曾几何时，我们开始觉醒了：什么都不重要，只有身体健康才是头等重要的大事。因为，生活在这个世界上，没有谁愿意接受病痛的折磨。谁都希望拥有一个健康的身体去尽情地享受人生。然而，有些事情说来容易做起来难，大家都明白的再简单不过的道理，往往落实到具体行动中就不行了。“人人都说健康好，就是满嘴流油满肚膘；人人都说健康好，就是不愿运动不愿跑”。一方面我们希望自己拥有健康、长命百岁，另一方面又不不愿意放弃“享福”的机会，吃香的喝辣的，油里来，肉里去，烟雾渺渺，美酒飘香……如此下去，年复一年，健康就在这种“享福”中离我们而去。健康科学的生活方式对中年人身心的健康发展十分重要不容忽视，中年人要积极去养成健康科学的生活方式。改变不健康的行为习惯。

什么是健康？世界卫生组织于 1948 年在其宪章中就提出了健康的定义：“健康不仅是免于疾病和衰弱，而是保持体格方面、精神方面和社会方面的完美状态。”可见，健康，不仅要躯体健康，还要要求心理上的健康和社会适应方面的完好状态。只有身体健康，心理健康，同时还拥有社会健康，才是一个真正的健康人。

随着物质生产的发展，人们生活水平的提高，影响人们健康的因素也在发生变化。过去主要是生物因素像苍蝇、蚊子、病菌、病毒等危害人类健康，而现在主要是生活方式、环境及医疗卫生利用等因素影响着人们的健康状态，特别是生活方式已成为影响现代人健康最直接、最密切的因素。

据世界卫生组织 1996 年的统计数字显示，冠心病、癌症、脑血管疾病是造成全世界死亡人数最多的三大疾病。引起这三种病的最主要的原因就是不合理的生活方式，例如，饮食脂肪，吃得过咸，运动减少；还有吸烟、过量饮酒等不良嗜好。这些都可以导致心脏病、高血压、脑血管病和恶性肿瘤等疾病。所以这类疾病也叫生活方式病。据我国有关部门的统计表明，引起患病死亡的主要因素中，生活方式和行为，在脑血管病中占50.3%，在心脏病中占59%，在恶性肿瘤中占50.4%。也就是说，因这类病死亡的病人中有一半以上的原因是受到了不健康的生活方式的危害。因此，中年人要想预防这三种疾病，就要摒弃那些危害健康的不良嗜好，建立科学的健康的生活方式，变“自我制造危险”为“自我保健”，就解决了一半以上的问题。或者说，就去掉了50%以上的得病可能性。

世界卫生组织提倡四大健康生活方式：不吸烟，饮酒不过量，锻炼身体和平衡膳食。而中国健康教育专家贾伟廉教授又根据我国实情提出了“中国健康七条”：讲究卫生，禁烟少酒，锻炼身体，平衡膳食，精神卫生，保护环境，注意交通安全。

（1）不吸烟

吸烟在农村中年人群体中十分常见，然而吸烟是一种非常不好的生活习惯。1998年11月，世界卫生组织西太平洋区办事处召开了第四次“烟草健康工作会议”。会议指出，在西太平洋地区国家每年因吸烟死亡的人数几乎等于因酗酒、凶杀、自杀、吸毒、溺水、交通事故、工业事故和艾滋病死亡人数的总和。吸烟会损害人体的各种组织器官，引起癌症、高血压、冠心病、脑中风、消化性溃疡、慢性支气管炎、肺气肿等多种疾病。世界卫生组织估计，全世界每天死于吸烟的达8 000人。在发达国家中，吸烟与肺癌死亡人数的85%有关，与支气管炎及肺气肿总死亡人数的75%有关，与心脏病总死亡人数的25%有关。据统计，英国平均每4个吸烟者中有1人死于肺癌，中年死亡者中1/3死于肺癌和吸烟引起的心脏病。研究显示全部癌症病人发病的1/3与吸烟有关。致癌性多环芳烃化合物的水平在戒烟第三个月后，开始从肺组织内下降，直到戒烟5年后才能达到不吸烟人的水平。据1999年5月，中国医学科学院肿瘤研究所刘伯齐教授等发表研究结果表明，在我国1990年，烟

草造成60万人死亡，到2000年将达80万，如按目前的吸烟情况，到21世纪中叶每年将有约300万人死于烟草。在90年代，北京市每年死亡者的总数中，约有1/4死于脑血管病，另有1/4死于癌症。而在癌症中，肺癌的死亡已占癌症总死亡的1/4。在我国引起肺癌的原因，男性约有70%～80%归因于吸烟，而女性约30%归因于吸烟与被动吸烟。在吸烟者中，喉癌、唇癌、舌癌、食管癌、膀胱癌和肾癌等的发生比不吸烟者高数倍。如果每天平均吸烟20支，吸了20年的烟民患肺癌的危险性比不吸烟者高20倍。以英国为例，由于多年来非常多人吸烟，吸烟使1/3的中年人丧生。因此，劝阻吸烟、反对吸烟是预防癌症、阻塞性肺病、脑卒中、冠心病等，延年益寿的重要措施。

（2）饮酒不过量

少量饮用酒精浓度在20%以下的果酒、葡萄酒、黄酒、米酒、啤酒等，对身体健康有益。美国一些科学家认为，葡萄酒可以作为某些疾病的辅助治疗剂，尤其对身体虚弱、患有失眠症、精神不振的人是良好的滋补剂。但每次饮用葡萄酒的量不宜超过100毫升。过量反倒化利为害了。有人认为，啤酒中的啤酒花具有杀菌和防腐作用，并有清热解毒、镇静、健胃和利尿之功。有的医生还用“啤酒疗法”治疗肺结核、神经衰弱、胃肠消化功能紊乱和血液系统疾病、高血压及心脏病等，尤其对习惯性便秘的疗效更为显著。有资料表明，适量饮酒还可以提高血液中高密度脂蛋白的含量，减少脂类在血管壁上的沉积，对防治动脉粥样硬化有一定作用。

然而，饮酒过量有害无益。因为，这样会“伤神耗血，损胃烁精，动火生痰，发怒助欲，至生湿热诸病”，是“丧生之源”。人到中年以后，通常应酬增多，酒局饭场很多，过量饮酒对身体危害很大。因为酒精进入人体后，首先通过胃肠道进入血液循环，其中90%要经过肝脏代谢，其他10%则通过肾脏、肺脏等代谢。因此，长期或大量饮酒都会影响肝脏功能，损伤肝细胞，造成老年性肝功能衰退或肝脏萎缩。

（3）锻炼身体

中年人在家要照顾父母，操心儿女；在单位，是业务骨干。生活、工作压力加上饮食不当和缺少锻炼，必然使得中年人的身体状况大大下降。而且中年期人的身体已经开始走下坡路，积极锻炼身体十分重要。适合中

年人运动的项目，包括散步，初期可步行300～500米，不计时间，以后距离可延长到500～1 000米，最好每天走1～2次，持续1～2小时；跑步，初期每分钟跑90～100步以内，每天10～15分钟，渐渐增加到每分钟120～130步，每天30～60分钟；游泳，蛙式长游时脉搏每分钟不超过120～135次，自由式长游时脉搏每分钟不超过125～155次；其他项目，如太极拳、骑自行车、划船、溜冰等项目也适宜中年人参加。中年人运动要适量，一般以脉搏120次／分为宜。

适宜中年人的室内运动：1）原地慢跑10分钟；2）双足原地跳跃10次；3）单足原地跳跃：左右各10次；4）头颈部活动：前屈后仰10次，左右偏转10次；5）体前屈后伸10次；6）腰侧弯：左右各10次；7）引体向上10次（利用门框上方横条作单杠）；8）俯卧撑10次；9）仰卧起坐10次；10）单足下蹲：左右各10次。锻炼时必须注意两点：一是把门窗全打开，以利空气流通；二是循序渐进，不要急于把全部项目做完。

（4）平衡膳食

平衡膳食是指选择多种食物，经过适当搭配做出的膳食，这种膳食能满足人们对能量及各种营养素的需求，因而叫平衡膳食。我们知道食物可分两类，一类是动物性食物，包括肉、鱼、禽、蛋、奶及其奶制品；另一类是植物性食物，包括谷类、薯类、蔬菜、水果、豆类及其制品，食糖类和菌藻类。不同种类食物的营养素不同：动物性食物、豆类含优质蛋白质；蔬菜、水果含维生素、矿物盐及微量元素；谷类、薯类和糖类含碳水化合物；食用油含脂肪；肝、奶、蛋含维生素A；肝、瘦肉和动物血含铁。

平衡膳食要注意以下几点：首先，一日膳食中食物构成要多样化，各种营养素应品种齐全，包括供能食物，即蛋白质、脂肪及碳水化合物；非供能食物，即维生素、矿物质、微量元素及纤维素。粗细混食，荤素混食，合理搭配，从而能供给用膳食者必需的热能和各种营养素。

其次，营养素之间比例应适当。如蛋白质、脂肪、碳水化合物供热比例为1∶2. 5∶4，优质蛋白质应占蛋白质总量的1/2～2/3，动物性蛋白质占1/3。三餐供热比例为早餐占30%左右，中餐占40 %左右，晚餐占25%左右，午后点心占5%～10%。食物的加工烹调要科学，尽量减少营养素的损失，并提高消化吸收率。

关于适合中年人的平衡膳食，还有一下口诀：即一、二、三、四、五，红、黄、绿、白、黑。“一”是每天喝一袋奶；“二”是摄入碳水化合物250～350克（相当于主食6～8两）；“三”指三份高蛋白（每份指：瘦肉50克或鸡蛋一个，或鸡鸭肉100克，或鱼虾100克）；“四”指四句话“有粗有细，不甜不咸，三四五顿，七八分饱”;“五”指每日500克新鲜蔬菜及水果(400克蔬菜,100克水果)。“红”指葡萄酒(葡萄酒以每日50～100毫升为宜);“黄”指黄色蔬菜(如胡萝卜、西红柿、南瓜、红薯等);“绿”指绿茶及深绿色蔬菜,绿茶有明显的抗癌作用,而蔬菜颜色越深,所含人体需要的各种维生素就越多;“白”指燕麦片粥,可降低胆固醇和甘油三酯;“黑”指黑木耳,它对调节血液稠度有很大好处。

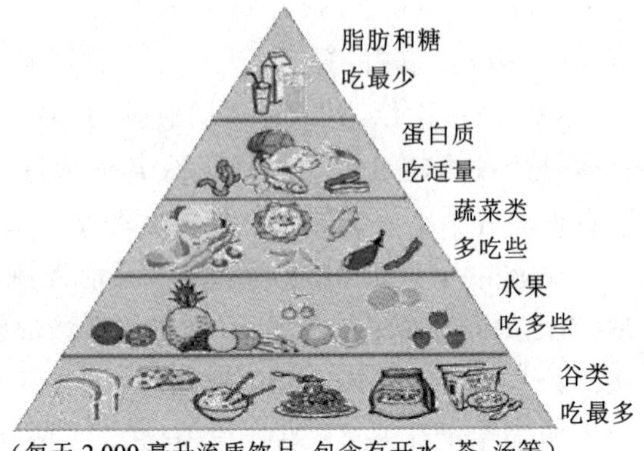

(每天2 000毫升流质饮品,包含有开水、茶、汤等)

(5)感情生活的调节

如今很多中年人都面临着感情危机和感情困惑,在三四十岁的人群中,夫妻关系不和谐成为一个很普遍的现象。随着时间不知不觉地流逝,两个人结婚时卿卿我我的热情逐渐被冷淡和漠不关心所取代,但这是否表明你们真的遇到感情危机了呢?要作出正确的判断,先来看看你的生活中是否出现了以下的征兆:

1)不再讲甜言蜜语

众所周知,对妻子甜言蜜语,再加些调侃逗笑的佐料,不失时机地夸她一番,夫妻关系就比较容易相处。对配偶讲话的方式是构成夫妻关系和谐与否的要素之一。表达一个意思可以有很多种方式,就看你怎么说了。如果你不再有兴趣对伴侣甜言蜜语,这是一个不好的信号。

2)特别热衷于社交活动

夫妻两个人都忙于参加各种舞会或朋友间的聚会,以避免两人的亲密接触。两人在家独处时,老让电视开着,也不愿意多说话。

3)没有了温柔的抚摸

夫妻间的性生活减少有很多可以理解的正当理由,比如有了新生的孩子、工作压力大、精神紧张、患病等,但如果对方好几个月都无动于衷,那麻烦可就大了,这表示你们的心灵之间已经隔了一道无形的墙。长此以往,家将不家了。

4)羞于把两个人的合影摆在桌面上

房间里没有你们的合影照片,即使有的话,也是胡乱放在床底下的杂物堆里,上面布满了灰尘。这时候,中年夫妻就要反省一下了。

5）你是否在悄悄地等待离开的一天

“有时候我想离开他，但我从不敢多想，因为我不知道别人会怎么看我，让我感到很为难，只好责怪自己想入非非，对他不专心。”如果你时常有这样的念头，那你的婚姻就很危险了。

6）不愿和伴侣一起度长假

在旅游胜地一起度假，是一件令人羡慕的美事，但是如果度假只选择短假，就意味着无心和伴侣在一起逗留太久，有时候这也是一个感情出现裂痕的标志。

7）两人不再争吵

这才是最坏的标志。那些整天吵架的小两口反而比有气闷在肚子里的夫妻更容易生活在一起。争吵至少表明你还有热情，有勇气真诚地交流，而那种懒散冷淡的默不作声则是最大的离婚征兆。夫妻间的争吵有两种：一是愤愤然，怒气一消，万事太平；二是淡淡的，此时已是覆水难收，无可挽回。

和谐美好的感情生活可以使人身心愉快，更自信更健康。那么，中年夫妻应该从哪几个方面来调节感情生活呢？

（1）经常交谈，沟通思想

交流沟通是建立和改善关系的重要途径。中年夫妻由于工作繁忙家务重，夫妻双方职业与兴趣不尽相同，谈话的机会可能越来越少，慢慢地形同路人。要解决这个问题，就要有意识地多交谈，善于挤时间聊天。当一方谈及自己的工作或单位的事情时，另一方要表示出兴趣，“洗耳恭听”，不要表现出冷淡、不屑一听的神情。如果意见相左，适当地争论一番也未曾不可，甚至吵一架也比闷着脑袋不说话强。那些既不交谈又不吵架的夫妻，一旦破裂便难以弥合，因为“于无声处听惊雷”最可怕。对对方有意见要坦诚相见，不能一味地“忍”，夫妻之间闹点小矛盾、小摩擦是谁都不可避免的，但是，事情如果能够摊开来讲，沟通清楚了，不会留下什么后遗症。就怕其中一个人是“闷葫芦”，打碎牙齿往肚里咽，忍着对方，这样麻烦迟早要闹大。怨恨累积到一定的程度，一旦爆发，后果常常是毁灭性的。如果夫妻两个人都是“闷葫芦”，那日子肯定没法儿过了。所以，夫妻之间，忍为下策。

（2）保持风度，保持新鲜感

有的人结婚之后不修边幅，男的胡子拉碴，衣冠不整；女的无精打采，灰不溜秋。双方都看着对方不顺眼。我们虽然不必过分讲究穿着打扮，但适当的“包装”还是必不可少的。衣服保持得体整洁、经常变化一下发型和衣服的式样，可以产生新鲜感。外出时给对方买个小礼物，给对方来个惊喜。男的事业有成，学问有长进，妻子也感欣慰。女方温柔体贴，宽容大度，丈夫心情舒畅。不断地充实完善自己的形象，爱情便会不断地升华。

（3）体谅对方，同做家务

一同做家务是增进夫妻感情的很好的途径，有的家庭，家务重担压在一个人肩上。天长日久，一方忍耐不住，终会暴发“内战”。明智的办法应该是共同做完家务再个人去搞业余爱好。业余爱好也应征得对方的理解和赞同，抚养教育孩子就是夫妻双方义不容辞的职责。只顾自己潇洒，不管孩子的学习，耽误了下一代，更是无法挽回的损失。

（4）各有洞天，保持距离

夫妻之间也要保持着一定距离，有着自己的精神世界和独立人格。有人说，结婚是爱情的坟墓。此话虽然有点言过其实，但也并非全无道理。天长日久，夫妻之间有种毫无秘密之感，就如同有人比喻：左手握右手。然而，更有许多夫妇，婚后感情与日俱增，两情愉悦，恩爱有加，爱情之花常开不败。究其原委，全在于夫妻感情巩固、发展得法。

3. 学会减压

中年人压力大是大家有目共睹的事实,《生命时报》曾对全国范围内 31 468 名居民进行了随机电话调查和网络调查,结果显示,九成以上的中年人觉得活得很累,工作、家庭和个人健康成为了他们压力的主要来源,而因为压力导致的失眠、体力下降等健康问题也接踵而至。不少人表示,作为工作和家庭的“中流砥柱”,中年人的压力实在太大了。

2010 年,英国《经济学人》杂志用一个形象地比喻为亚洲地区的中年人起了个名字,叫“三明治一代”,他们的共同特点是:年龄在 30 ～ 45 岁、上有老下有小、工作家庭中都是顶梁柱、花费越来越多、积蓄越来越少、身体越来越差、压力越来越大。在中国,活得累是“三明治一代”的普遍感受。调查显示,只有 2. 52%的中年人认为自己“不累”,高达 97. 48%的人觉得自己“很累”“有点累”“比较累”。其中,30～49 岁的人明显比其他年龄段的中年人更容易觉得累。与青年和老年人相比,35～55 岁的中年人幸福感普遍偏低,坠入了幸福的谷底。

首先是工作压力。工作压力是中年人感到累的最大原因,作为工作中的骨干,中年人不仅要面对工作中复杂的人际关系,上下级的隔阂,同事间的摩擦等,还要面对来自青年人的冲击,要不断学习新的知识才不会被社会所淘汰,这些压力都会使人感到情绪紧张,烦躁不安。其次是家庭负担。此外还有个人健康压力以及住房压力,婚恋关系、赡养父母、同事关系……中年人所面对的压力是最复杂的,它们环环相扣,必须努力工作赚钱,赚钱后才有能力解决其他的问题。中年人的身份、地位决定了他们需要面对来自各方面多重的压力。

压力大会给人的身心带来各种负面影响,中年人要想让自己能身心健康,必须要学会放松和减压。首先,中年人要注意避免当超人的欲望,不要要求自己万事都做得完美无缺,应先明了哪些事你可稳操胜券,然后把主要精力放在

这些事情上，这样便可获得最大的自我满足。其他事情，只需尽力而为，结果即便不尽如人意也不要对自己求全责备。在遇到问题时要逐一处理，可以挑出一两件当务之急的事情，一件一件处理，别的暂且搁置一边，一旦首战告捷，其他事情便会迎刃而解或增加信心。中年人不要过于挑剔，不要对他人期望值过高，一旦他人不遂己愿，不要感到失望、灰心丧气。其实，每个人都有发展自己的权利，不必强人所难或对别人失去信心。对别人感到泄气的人，实际上是对自己泄气。

此外，中年人要避免什么事都自己扛，什么情绪都压在心底的做法。要学会一吐为快与人倾诉，假如正为某事所困扰，不要烦在心中，把苦恼讲给你认为可信、头脑冷静的人听。讲出来可以使你心情放松，有助于更清楚地认识这些苦恼。中年人在面对争论竞争的时候，有时不妨做出一些让步，坚持自己认为正确的观点，但要冷静，同时也要考虑到结果可能证明自己是错的。即使你绝对正确，不时地做些让步也会对你的身心有益；你这样做了，别人往往也会让步，结果是免除了你精神上的压力，问题还得以解决，同时还会给你带来成熟和满意的快感。

娱乐时间对中年人来说十分重要。不少中年人将全部精力都放在工作上，总是忙得不可开交，没有半点娱乐时间，这会使得心理长期处于超负荷状态。对于他们来说，规定出一个固定的时间娱乐将会大有好处，暂时把工作全部忘掉，听古典音乐，回归自然，看电视电影，这些都是很好的减压方法，最好的减压音乐是古典音乐，有实验证明，听1个小时莫扎特的D大调双钢琴奏鸣曲K448，人的焦虑情绪会减少一半。旅游最好多去草原、海边以及淳朴的乡下等接近大自然的地方，商业味道越淡，减压效果越好。

结　语

中国历代养生家和医家都把精神修养作为养生长寿之大法。在目前，中年人已进入“情绪负重的非常时代”的情况下，精神因素将会越来越多地影响人体健康。因此，要成为一个真正的健康者，不仅要躯体无病，而且要精神愉快，心理健康。尤其在物质生活已极大丰富的今天，中年人应该更加重视心理健康。

三、农村老年人的心理养生及应注意的问题

人进入老年期之后，生理和心理都发生了一系列变化。人体组织和器官的结构功能都会逐渐地出现种种退行性的变化，如感知觉减退，记忆力下降，智力结构改变，情绪出现不稳定，人格发生变化等等。为了安享晚年，更好地度过老年期，老年人尤其是农村老年人，不但要注意身体健康身体养生，还要关注心理养生，保持心理卫生，做到老有所养老有所乐，保持一个积极乐观健康的心态。下面我们来看一看农村老年人可以从哪些方面来进行心理养生。

1. 有事做，培养兴趣

退休前忙碌的工作，退休后大把的空闲，巨大的落差下，如果没有相应的爱好、具体的安排，离退休老年人会觉得日子太过漫长难以打发。闲下来后，有些老人白天睡觉，还有些老人一天到晚无所事事心里烦闷，作息紊乱、生活不规律的后果就是身体状况急剧恶化，高血压、高血脂、各类疼痛更加严重。所以，老年人不能闲着，太闲了一定出事情。许多老年人在退休前已有业余爱好，只是工作繁忙无暇顾及，退休后正可利用闲暇时间充分享受这一乐趣。即便先前没有特殊爱好的，退休后也应该有意识地培养一些，以丰富和充实自己的生活。写字作画，既陶冶情操，也可锻炼身体；种花养鸟也是一种有益活动，鸟语花香别有一番情趣；另外，跳舞、气功、打球、下棋、垂钓等活动都能使参加者益智怡情，增进身心健康。

兴趣是指一个人力求认识某种事物或从事某种活动的心理倾向。例如，一

些体育迷，一谈起体育便会津津乐道，一遇到体育比赛便想一睹为快，对电视中的体育节目特别迷恋，这就是对体育有兴趣。一些老京剧票友们，总喜欢谈京剧、看京剧，一遇京剧就来劲，这就是对京剧有兴趣。所谓“打锣卖糖，各爱各行”，就是说人们的兴趣是多种多样、各有特色的。在老年活动中，兴趣能使人们工作目标明确，积极主动，从而能自觉克服各种艰难困苦，获取成就感，并能在活动过程中不断体验成功的愉悦。

老年人培养兴趣爱好有以下一些方法步骤：

（1）增加知识储备，培养兴趣的基础

知识是兴趣产生的基础条件，因而要培养某种兴趣，就应有某种知识的积累，如要培养写诗的兴趣，就应先接触一些诗歌作品，体验一下诗歌美的意境，了解一点写诗的基本技能，这样就可能诱发出诗歌习作的兴趣来。如果要养花种草，也要积累一些农业知识，才能在养花种草的过程中收获成就感。可以说，知识越丰富的人，兴趣也越广泛；而知识贫乏的人，兴趣也会是贫乏的。

（2）开展有趣活动，培养兴趣

直接兴趣就是人对事物或活动本身的外部特征发生的兴趣。是人们对新鲜的事物或内容在感官上产生的一种新异的刺激。如今的农村也有了一些老年人活动组织，这些组织可以开展一些有趣的活动，例如，群体比赛，集体登山等，这些活动的开展能激发老年人的兴趣与热情。

（3）根据自身的兴趣特点，培养兴趣爱好

每个老年人所处的环境、所受的教育及主体条件各不相同，要根据自身条件进行兴趣爱好的自我培养。例如，有的老年人兴趣广泛而不集中，就应加强中心兴趣的培养；有的老年人兴趣单一而不广泛，就应加强兴趣广泛性的培养；有的老年人兴趣短暂易变，就应加强兴趣稳定性的培养；有的老年人兴趣消极被动，就应加强兴趣效能性的培养。

有的老人，因为没有兴趣爱好，日子长了，会产生无聊苦闷觉得生活没有意义的悲观情绪。兴趣爱好对任何一个时期的人来说

都是很重要的。兴趣爱好既可以丰富生活内容，激发对生活的兴趣，又是一种具有积极意义的休息，可以协调、平衡神经系统的活动。对推迟和延缓衰老也有积极作用。

前不久，安徽医科大学卫生管理学院的专家在英国ART基金的支持下，对安徽省一个农村社区的1 090名60岁以上、在当地居住5年以上的老人进行了老年痴呆症的现状调查。结果表明，没有兴趣爱好的老人和有2种及以上兴趣爱好的老人相比，罹患老年痴呆症的可能要大6.3倍。在这1 090名老人中，共确诊老年痴呆症病例21例。其中，无兴趣爱好的老人患病率为3.82%；有1种兴趣爱好的老人患病率为1.84%；有2种及以上兴趣爱好的老人患病率为0.52%。单项计算的话，经常看电影、散步、听广播、打牌、养宠物、打麻将的老人，其老年痴呆症的患病率都低于不经常看电影、散步、听广播、打牌、养宠物、打麻将的老人。

哪些兴趣爱好是适合老年人并且是健康的呢？老年人可以到户外进行一些自己喜欢的轻微体育活动，如到村头田间散散步，练练气功或打打太极拳等，农村空气质量很好，老年人可以呼吸新鲜空气，增进血液循环，既有益于身体健康，心理上也可以得到一种轻松愉快、青春焕发的感觉。老年人还可以通过养鸟养鱼种花等来填补生活上的空白，增添生活的情绪，使自己的老年有所寄托。

（4）体育运动

老年娱乐多做"轻运动"。所谓"轻运动"，就是体能消耗少、技术要求低、时间要求松的运动。只要时间控制在1小时内，没有让身体感觉过度疲惫，都属于健康养生的"轻运动"。

上下楼梯是大众都比较适合的健身方式。根据个人体力，尽量加速上、下楼步伐，使全身得到功能性锻炼。在热天、雨天，楼道也能成为很好的锻炼场所。爬山登高，也是一种健康的运动方式。如果农村老年人居住的地区附近有山丘，可以经常去爬山登高。无论斜坡上、下山，还是拾级而上，都会是一种兴味盎然的锻炼。有一些运动需要注意时间和方式。游泳宜安排在早晨6时、下午5时、晚8时3个时段。每次游泳不要超过2小时，每周可以游2～5次。早晨水温较低，入水前要充分用冷水擦身，使身体适应冷水的刺激，防止抽筋等意外发生。很多人喜欢在夜晚游泳，但最好不要超过晚上10时，否则会造成神经过度兴奋而失眠。散步速度要慢，一般多在晚饭后进行，这样有助于消化、吸收与睡眠。循序渐进的步行走路，要选择适当运动量，以不感到疲劳为宜，且做到坚持不懈。

（5）气功

有一些农村老年人喜欢练气功，这也属于一种运动。气功不仅能够起到保健作用，对治疗疾病也有很好的作用。如果病人选择气功作为辅助疗法，要持之以恒，贵在坚持。这里有两个含义，其一是不要经常换功法，这山望着那山高，气功筑基通常需要3～6个月，经常调换就难以打好基础，不能深入，起不到良好的功效。其二就是要天天坚持练，三天打鱼两天晒网，再好的功法也练不出好的功效。每天坚持六字诀全套练习，每个字做六次呼吸，早晚各练3遍，日久必定会见功效。老年人在练功时还要注意劳逸适度，每天定时定量。练功好坏与时间不成正比，一味追求数量反而会加重病情。还有，要相信自己能练好气功，练气功什么时候都不晚，不要企图靠某大师“贯顶”或发一点外气就解决问题，这样只会导致人财两空。练功时更不能追求所谓特异功能，这些往往是走火入魔的先兆，追求这些等于是放弃了修身养性的大道，即使原本没病也可能会练出病来。在学气功时，老年人应注意要根据自己的身体情况灵活安排：练功环境要安静，空气要清新。老年人慢性病多，所以一定要科学地安排生活，合理地运用和练习气功。疾病的痊愈、疗效的巩固和健康的保持有赖于很多因素，除坚持练功以外，还要注意精神方面的调养，用科学方法合理地安排生活，同时要与其他治疗方法配合使用。

（6）广场舞

在如今的农村，广场舞也悄然流行起来，一些上了年纪的农村老太太十分热衷。广场舞蹈是舞蹈艺术中最大的一个子系统。广场舞蹈是自娱性与表演性为一体，以特殊的表演形式、热情欢快的表演内容、以集体舞为主体来表演的舞蹈形式。在中国各地从早到晚，都能看到广场舞的影子。

广场舞具有体育锻炼的价值，经常进行排舞练习，心血管和呼吸系统都能得到良好的锻炼，改善心肺功能，加速新陈代谢过程，促进消化，消除大脑疲劳和精神紧张，从而实现增强体质，增进健康，延缓衰退，提高人体的活动能力等良好的健身作用。从心理学的角度来分析，人的注意力是心理活动对一定对象的指向和集中，也就是说注意是受指向制约的，在翩翩起舞的过程中，其注意力必然都集中在欣赏优雅的舞曲音乐中，并沿着节奏将内心情感抒发在舞姿上，由于注意的转移，就能使身体其他部分的机能得到调整和充分休息，所以参加排舞这项运动能消除紧张的情绪和缓解压力，练习者在优美动听的音乐、美妙的舞姿中，消除疲劳、陶冶心灵，感受到愉快的情绪，从而达到最佳的心理状态。此外，广场舞还有健脑的作用。广场舞在排练的过程中不仅要运用形象记忆、概念记忆，而且还要运用情绪记忆和运动记忆，而随着年龄的不断增长，记忆力会以很慢的速度减退，这是自然规律，也是正常现象。通过排舞练习以及对大脑神经的不断刺激，来减缓记忆力减退的生理现象，达到良好的健脑效果。

（7）垂钓

“要使身体好，常往湖边跑”。这是人们通过长期垂钓实践总结出来的一句名言。它深刻反映了垂钓促进健康长寿的客观规律。

垂钓能改善人的机体功能。老年人在河边会觉得心旷神怡。因为在这清新的环境中，空气里含有大量带负电荷的大分子——负离子。负离子吸入人体后，可产生负离子效应。就是说，这种负离子，能同体内的血红蛋白及钾、钠、镁等正离子结合，使血液中的氧增多，携带的营养物质增多，人们就会倍感舒服，精力充沛。据专家测定，城市室内每立方厘米空气中仅含有负离子 40～50 个，室外也只有 100～200 个；公园或郊外，一般含 800～1 200 个；而海边或瀑布区则高达 2 000 个以上。这些大分子，气体分压越高，进入机体的溶解度就越大，血液中的氧合血色素就越多，从而使人的机体功能得到改善，明显地体现在耳聪目明，思维敏锐，手脚灵便等。从表面上看，钓鱼是“消磨”了时间，可实际上是养精蓄锐。

此外，垂钓还具有调节中枢神经系统的功能。诗情画意般的环境，会使老年人养性移情，把疲劳、忧思和俗事消散得一干二净。尤其是通过装饵、抛竿、静守到鱼儿咬钩，老年人的大脑皮层逐渐形成“兴奋灶”，即希望钓上大鱼来。假若此时鱼漂动了，或渔铃叮叮作响，一条活蹦乱跳的鱼被提上岸，那股乐劲简直达到了峰巅，可真是“乐在其中无法说”了！有专家调查得出，垂钓对患有高血压的人大有好处。为什么钓鱼比服药降血压还来得快？俄国著名生理学家巴甫洛夫曾作过这样的论述：中枢神经系统的高级部分——大脑皮层及其最接近的皮层下核对机体各种功能具有主导作用。上面说的垂钓良性刺激过程，也就是调节中枢神经系统的平衡过程，从而达到治病健身的目的。

（8）种花养鸟

种花，寄情于花红叶绿之中，会神清气爽，心胸欢畅。为花浇水、为花施肥、为花剪枝、为花培土、可以裨益身心，调剂生活情趣；养鸟，鸟儿不仅是大自然的歌手，还是人类的朋友。以鸟儿为友，以鸟儿相伴，会有一种难于言表的绝妙乐趣。在晚年的生活中，能栽上几盆鲜花儿，养上几只俊鸟儿，不但能观花赏鸟，借以精神焕发，还美化环境，真可谓“诗情画意皆良友，鸟语花香最可人。”应该说，“种花养鸟”有利于老年人的身心健康。

案例 1

陕西省某农村地区的百岁老人王选成，退休后开始钻研种花养花的学问，已经坚持 40 年了。王老爷子自 1975 年以来，就没有去过医院，只得过一些小感冒，也是吃点药就好了。腿脚灵便，手臂还很有力气。据他自己介绍，种花养花的兴趣使他心情愉悦，有了好心情，自然也就有了健康的身体。

案例 2

法国卢浮宫近代美术馆收购了一幅作品，出价高达 100 万美元，作者是安娜·麦阿利·莫泽斯。安娜·麦阿利·莫泽斯出生在美国纽约州乡下一个农民家庭，一出生就没有见过父亲。上小学 4 年级时，母亲离家出走，从此杳无音讯。为了生计，她辍学到一家农场当雇工，每天 5 点起床，要做几十人的早饭，然后去割干草、照料牲畜、熬奶油，直到晚上 10 点才能睡觉。这样的劳作一干就是 16 年，27 岁时结婚，先后生育了 11 个孩子。婚后几十年，她几乎没离开过家，日子都是在照料孩子的忙碌生活中度过的。

40 年过去了，她 67 岁时，丈夫被马踢伤，不久便不治身亡，从那时起，她患风湿症的手指开始麻木。为了恢复手指功能，70 岁时，她用自己过去使用农具和织针的手拿起了画笔。说是画笔，其实不过是一把现成的刷漆用的板刷。她每天在自己的房间里四处涂鸦。直到她的第一幅作品《农场·秋》装饰在商品陈列窗时，儿子才惊呼：“天哪，原来我妈妈是个画家！”此时，她已经 75 岁，人们从《农场·秋》的署名上，第一次知道了她的名字。

人们被她古稀之年学画的精神感动，更被她作品中表现出来的原始而古朴的气息震撼。不久，莫泽斯的作品传到国外，在某一次作品展时，排队参观的人达 11 万之多。“莫泽斯老奶奶圣诞贺卡”年销售量多达 2 500 万张。

莫泽斯从 70 岁拿起画笔到 101 岁去世前的 26 年里，共创作出近 300 幅作品，其中 100 多幅作品被世界各地美术馆收藏。莫泽斯虽然一生历尽千辛万苦还能长寿，当然有遗传因素，但是她对生活的热爱和永不放弃的精神，是长寿的主要原因。

上面介绍的适合农村老年人培养的兴趣爱好只是很少的一部分，除此之外，农村老年人还可以学学乐器，唱唱歌，下棋骑车摄影等等。

2. 参加娱乐活动，扩大社交

良好的人际关系对老年人的健康生活十分重要。现实生活中，有些老年人交际圈太小，甚至没有交际圈，结果影响损害了身体健康和心理健康，加快了本不应有的机体衰老和退化。扩大交际圈，多参加娱乐活动，有利于老年人的身心健康。

目前几乎全国的农村老人都缺少娱乐活动，在生活中都属于不折不扣的“电视儿童”，即使不少时候没有正儿八经看进去，也还是稳坐摇椅、沙发上，面对电视发呆，或边听边打瞌睡。专家表示，如果坐太久、宅太深，不但人的情绪容易走低，而且容易引发青光眼、心肌梗死、高血压、冠心病和癌症等疾病。老人一看电视就跟小孩似的，容易忘记时间，一晃就半天过去了。长期如此或引发眼压增高、头痛、头晕、身材倦怠和流泪等综合征状。此外，孤单感会伴随“大门不迈、二门不出”时间的增长而越来越深。因此，老年人应当站起来走出去，多参加娱乐活动，多交朋友。这对老年人十分有利。

首先，老年文化娱乐活动可以促进老年人的记忆力。老年人记忆力容易老化，多参加社会团体活动对老年人有显著的促进作用。曾经有一份对 1 000 位老年人的调查报告显示：由于年纪衰老产生的孤独感与自卑感易让老年人产生抑郁情绪，会影响老年人的认知力与记忆力。积极参加社会老年文化活动，会增加老年人交际活动机会，消除孤独感。更会促进思维的活跃，反应的敏捷，增强记忆力。保持社会活动、避免与社会脱离是维持老年人认知能力长期不衰的重要因素对预防老年痴呆有益。丰富多彩的环境和良性刺激能增加大脑的毛细血管形成，促进神经突触的发生。调查中显示，文化层次高，干部人群，经济状况良好的老年人群参加文化活动后精神明显优于其他人群。随着科学的发展、社会的进步以及人们物质生活水平的提高，老年人的文化生活也越来越丰富多彩，他们看书、看报、看电视、听广播、写字、绘画、养花、养鸟、打扑克、玩麻将、唱戏、拉琴等等，活动的内容很广泛。

随着老年人观念的进步，老年文化娱乐活动也出现了帮助老年人寻找伴侣的新功用。据某老年文化娱乐中心人士介绍，他们在今年的大型活动策划中，就考虑到老人们的这种寻偶需求，在他们即将组织的一系列老年文化活动中，都将文化活动与寻偶相结合，为单身老人提供更多相互结识、交流的机会。随着时代的进步，老年人的观念日趋开放，手头也越来越宽裕，通过有目的旅游活动择偶选伴的方式将成为不少单身老人的时尚选择。

另外，开展老年文化娱乐活动，有助于“健康老龄化”的实现。世界卫生组织于 1990 年提出了“健康老龄化”的奋斗目标，强调要采取有效措施，使老年人延缓衰老，提高其健康寿命和寿命质量，老年人心理健康标准：智力正常、情绪健康、意志坚强、心理协调、反应适度、关系融洽。总而言之，可归纳为：无精神障碍；性格健全；情绪稳定，能应对紧张压力；适应环境，能参与社会活动；人际关系和谐，有一定的交往能力；具有一定的学习、记忆能力；在工作和职业中，能充分发挥自己的长处，过着高质量的生活。老年文化活动使老年人身心得到愉悦，还可以开阔视野、陶冶情操，丰富精神生活，减少孤独、空虚和消沉之感，而且是一种健脑、健身的手段，有人称之为“文化保健”。通过“文化保健”身体得到调节，心理上得到平衡，对实现“健康老龄化”大有裨益。

最后，开展老年文化娱乐活动，老年人可以发挥自己的潜能。老年文化娱乐活动，有利于提高老年人闲暇生活的质量。老年人大多过着“休息型”“寄托型”的生活。老年人的休闲生活包括物质生活和精神生活两方面。随着人民生活水平的日益提高和社会保障体系的日趋完善，老年人必须对精神生活提出更高的要求。以丰富多彩的老年文化来充实老年人的生活，才能使大家增长知识，陶冶情操，增强体质，完善人格，才能使大家的晚年生活更放异彩。

不少老年人成天在家，老夫老妻抬头低头、出出进进，见到的都是老伴，无疑有孤独、寂寞之感。老年人应该多交些推心置腹的朋友，经常在一起聊天玩乐，不仅是治理老人孤独、寂寞的良方，而且也是完善老年人知识、老年人理想的一条途径。

多一个朋友，就是让老人们多了一个感情宣泄和交流的对象，多了一个如何处理好夫妻关系和人际关系的学习对象，也多了一个如何为人处事、建立和谐家庭、构建和谐人际关系的楷模对象，也使老年生活丰富多彩、兴趣盎然。心理学家和医学专家还建议，老年人要保持年轻的心态，还要多交一些“忘年交”，与年轻人交朋友，能够互相学习，做到优势互补，还能为老年人的内心世界注入青春活力。交朋友对任何年龄的人都是有益的。对老年人来说，交一两个知心朋友好处就更多了。从美国发表的一份对长寿老人的调查报告，就得出一个很有意思的结论：长寿老人朋友多。在接受调查的 1 730 名年逾八十的老寿星中，社会接触面广、朋友多的占 83%，至今仍有知心朋友的达 56%。因而调查者认为，广交朋友、交好友是老年人长寿的一个重要因素。

交朋友有助于自我调节情绪以达到心理平衡。现代生活复杂多变，即使老夫老妻、父子、婆媳之间，也会不可避免地发生种种冲突，因此不良情绪不可能完全防止产生。尤其是自己有愤怒、焦虑、忧伤、恐惧等情绪出现时，不要过分克制、压抑，宣泄是较好的调节方法。“宣泄”的对象，当然是你的知心朋友，他们会耐心地听你诉说，懂得如何开导、帮助你，一旦找到办法，不良情绪的困扰很快会摆脱。所以有人认为，好朋友往往胜过一些心理医生。当老年人身患重病时，朋友的探访，会带来难以估量的精神安慰。朋友的安慰和鼓励，会使疾病早日痊愈、康复。即使是长期卧床的病人，经常有好朋友来探访、聊天，也会给病人带来无限的温暖和乐趣，对生活可充满信心。另外，交朋友结伴而行，亦有益于健身防病。文娱活动和体育锻炼对老年人健康长寿，丰富生活内容是必不可少的，趣味相投的朋友结伴参加各类活动，不仅更安全，还会增加乐趣，巩固友谊。同时，朋友间相互倾诉彼此得失，能开宽视野，寻找和享受人生的乐趣，由于他们无忧无虑，无话不谈。所以，心情舒畅，相互帮助，取长补短、不断学习新的知识，培养新的情趣，这样使生活更充实、更美好，从而身心健康、延年益寿。

老年人在扩大交际，交朋友的时候应当注意以下几点：

（1）老人需要交益友，不交损友。交一些能够理解自己、支持自己、胸怀大度的朋友，经常互相走访，对于活跃晚年生活、和谐夫妻关系都有好处。而一些到处传闲话、只知索取不知付出的朋友，不如不交。

（2）老人的夫妻关系也需要经营，当老人不把老伴当做唯一依赖时，也就间接地经营好了夫妻关系。有时候老人可以和老伴共同出外访友，这对于老人心情的提升很有好处，也利于夫妻之间多一些共同语言。

（3）做儿女的需要理解老人的心理，支持父母多往外走，多交好朋友，而不要以为这是老人不安分守己。毕竟,朋友多了,对老人的夫妻感情有好处,儿女的负担也会变小。

3. 患病不惊,保持心理平衡

人到老年,会有一些独特的生理特点。例如,代谢和能量改变,细胞功能下降,器官功能改变,内分泌功能改变,免疫力下降等等。这些生理特点会导致老年人的身体容易出现一些疾病。2001 年 7 月 11 日,WHO(业界卫生组织)对欧、亚、美洲的 30 多个国家和地区进行健康抽样调查,该调查报告表明,57%的老年人患有不同程度的脂肪肝、高血脂、高血压、糖尿病。这些疾病已经越来越普遍化,且有进一步蔓延的势头。由于老年人脏器的组织结构和生理功能都有一定的退化改变,加之机体的免疫功能及抗病能力也有所减弱,因而出现慢性疾病较多。老年病是指与衰老有关的疾病,我们来看看老年人容易患哪些身体上的疾病:

(1) 呼吸系统疾病

随着年龄增加,肺逐渐老化,胸廓变形,前后径增大呈桶状,肋间肌,膈肌,呼吸肌萎缩使老年人胸式呼吸减弱。呼吸道黏膜萎缩,分泌黏液的细胞和排痰的纤毛上皮细胞减少,黏膜分泌局部抗体减少,这些使呼吸道清除功能降低,有利于细菌,病毒生长繁殖,所以老年人切勿患呼吸道感染。如肺炎,慢性支气管炎。老年病,加上多种肺部有胸部疾病经久不愈,使换气的肺泡减少,弹性降低,呼吸道残存总体增加,形成肺气肿。因而老年人患肺部疾病时容易发生低氧血症和呼吸衰竭。

(2) 内分泌的代谢系统疾病

1) 糖尿病:糖尿病是一种由多种原因引起的综合病症,其共同点是胰岛素不足或相对不足,分胰岛素依赖型和非胰岛素依赖型,均有遗传倾向,以后者遗传因素更强。老年糖尿病绝大部分为非胰岛素依赖型,并随着年龄增长其发病率亦增加。虽然糖尿病遗传因素不能排除,但积极防止诱发因素,如肥胖,精神刺激，长期进食过量，手术，体力活动。减少应激状态，则可使有糖尿病遗传史的成年人长期潜伏而不发病。

2）高血脂症：是老年的常见病之一，血脂与动脉粥感化，脂肪肝，血液黏稠有关。血液中脂肪有胆固醇，甘油三酯等。由于这些脂肪必须与一定蛋白质结合形成脂蛋白才能容于血液中运输全身，所以血脂升高常表现为血浆脂蛋白升高，血浆脂蛋白据脂蛋白的大小不一，可分为乳糜粒、极低密度脂蛋白，低密度脂蛋白（又称β脂蛋白），高密度脂蛋白（又称α脂蛋白）。低密度脂蛋白的主要成分是胆固醇，如血浆浓度升高，可引起胆固醇在血管壁细胞沉积，造成动脉硬化。而高密度脂蛋白升高时，有利于预防动脉硬化的发生。胆固醇升高或β脂蛋白升高，可引起冠心病，必须严格限制食胆固醇高的食物如蛋黄，动物内脏。血浆甘油三酯或极低密度脂蛋白的升高，常由于糖尿病，高糖饮食所引起，必须控制糖类摄入，预防糖尿病加以控制，药物降脂治疗只是饮食及运动的辅助措施。

（3）循环系统疾病

1）高血压病

高血压病是老年常见病，其患病率随着年龄增高而增加，另一方面，高血压又是老年人患冠心病，脑血栓病，心力衰竭，中风的主要病因。诊治高血压病对于增进健康，延长寿命起到积极作用。

2）缺血性心脏病

缺血性心脏病又称冠心病，是一种与年龄有关的疾病，老年人发病率高，是由于冠状动脉与其粥样硬化引起心脏缺血所致。心脏为需氧器官，需要充足的氧来供给心脏收缩所需要的能量，当心脏的耗氧量超过冠状血流所提供的血氧则产生缺血引起心绞痛。心电图表现为T波流量，ST段下降，这就是典型的缺血性心脏病。引起动脉硬化除与年龄有关外，高压，胆固醇，糖尿病，吸烟及缺乏体力活动，肥胖等可以加速，加重动脉硬化的发生，发展。

3）肺心病

肺心病是由于肺部疾病增加右心负担而继发的心脏病。80%～90%的慢性肺心病是由慢性支气管炎合并肺气肿进一步发展而来，所以积极治疗慢性支气管炎就可以预防肺心病的发生。

4）心律失常与传导阻滞

心脏能有节奏的跳动是因为它具有高

度特殊功能的心肌细胞，能发出有节律博动的窦房结、房室结、能传导生物电的传导系统。随着年龄的增长，各种老年性疾病如冠心病，高血压性心脏病，肺心病等原因使心脏在结构和功能上发生改变都可出现心律失常和传导阻滞。

5）心力衰竭

在正常情况下，心脏舒缩平衡活动，使心脏排出和回收血液保持动态平衡，一旦平衡失调，则发生心力衰竭。年龄使老年人心脏基本功能发生变化，心脏舒缩功能减退，排血量下降，冠状动脉供血减少，心脏蓄备功能降低，老年期易患冠心病，高血压性心脏病，肺心病，所以，老年心脏在一般情况下尚可搏击足够的血液，然而不能适应各种应激状态。老年人心衰最多见的诱发因素是各种感染疾病，尤其呼吸道感染占首位。另外心肌梗死，心律失常，输液过快，体力劳动，情绪激动都是老年人心衰的诱发因素，诱因对老年心衰的影响大于原有的心脏病，所以预防和控制诱因是防止老年的心衰的主要环节。

（4）消化系统疾病

随年龄的增长，肾排尿的时间延长，因而可能导致消化不良，老年人小肠黏膜绒毛的高度较年轻人低，而绒毛的密度却有轻度增加，导致黏膜表面明显减少，从而影响吸收功能，可发生吸收不良表现。老年人对脂肪吸收，尤其对钙的吸收低，所以老年人易出现骨质疏松。由于老年人肝脏合成作用降低，血清的蛋白亦可降低。老年人便秘较多，常因体力活动减少，肠蠕动缓慢，老年人多病，营养不良，全身衰弱使膈肌衰弱可引起便秘，又因牙齿缺失，只能吃细软的食物，食物中纤维太少，形成的粪便不足以使直肠黏膜产生机械刺激，不产生排便反射而便秘。

（5）老年人神经系统常见疾病

1）脑卒中

脑卒中泛指一切急性脑血管病，其共同特点有三：急性发病，以偏瘫，失语症状为主，病变在血管。脑卒中分为缺血性脑血管病和出血性脑血管病。常见的高血压性脑出血是由于脑内的小动脉破裂，血液流到脑组织中，直接或间接破坏脑组织，引起一系列临床症状，又如蛛网膜下腔出血，是由于脑底的动脉瘤或脑内外畸形血管破裂，血液流到蛛网膜下腔。缺血性脑血管病又分脑血栓塞。脑血栓是血管本身管壁增厚，坏死，管腔狭窄，并在此基础上，血流淤滞而凝固，形成闭塞，而脑栓塞血管本身并无病变，但其他部位脱落下来的栓子随血液循环流到这里，将血管堵塞。无论是脑血栓，脑栓塞，最后的结果都可能使闭塞血管支配的脑组织软化坏死，这种软化的病变称为脑栓塞。

2）老年期痴呆

老年期痴呆受见于老年，年龄越大发病越多，男女发病差不多，发病很隐匿。早期以记性减退为首要症状，以后逐渐出现智力低下，计算不全，出门回不了家，行为幼稚，由于病因不明，尚无有效的治疗。

3）血管性痴呆

血管性痴呆指脑血管病变产生痴呆。

心理学研究表明：疾病对人的心理影响是明显的。如患明显的心血管系统和神经系统疾病的老年人，其记忆力明显低于正常老年人；患高血压、冠心病的老人还容易变得焦虑恼怒。一些长期被疾病折磨的老人，心情也容易变得恶劣、沮丧、抑郁、消沉，对治疗失去信心，甚至整天沉默寡言、心情沉重，不愿与任何人接触。有的自暴自弃，不肯配合医生，拒绝治疗。有的老年病人则因为长期卧病在床，生活不能自理，久而久之会觉得自己拖累他人，内疚焦虑，甚至会产生自杀的念头。

由此可见，老年人一定要正确地面对疾病。健康的心理对治疗疾病有着非常重要的作用。老年人对待疾病一般有以下两种不科学的态度。一是对疾病莫名的恐惧和担心，捕风捉影，对号入座。二是不切实际地企图消灭疾病，恨不得马上就痊愈。这些态度都不可取。老年人对待疾病不要麻痹，不要掉以轻心，特别是被医生怀疑为肿瘤、冠心病时更不要存在侥幸心理，以免延误治疗的时机，但也不要走另一个极端，即过虑、多疑。有些老年人整天担心自己生病，有一点不舒适就认为大难临头，忧心忡忡。这种消沉的心境持续下去，反而会引起身体功能的严重失调。

案例 1

虽然对于心理暗示这一心理学层面的知识知之甚少，但胡阿姨却想用自己的经历告诉老年朋友，不良的心理暗示左右健康的力量有多大。

今年 60 岁的胡阿姨身体不算强健，性格却很开朗。她平时积极参加社区各项活动，早晚学习太极拳、太极剑，退休后的生活充实而快乐。不料，去年入秋的一场感冒彻底夺去了她健康的身体和乐观的心理。因为感冒诱发了肺气肿，病重时呼吸都很困难。

从“我这是怎么了？”的自问慢慢演变成“我是不是得了绝症？”甚至害怕自己活不过这个冬天。直到前不久，胡阿姨在女儿的陪同下前往医院看病。在医院的走廊里，羸弱的胡阿姨脸色苍白，每走几步就要扶着墙壁喘一阵儿。

经过问诊，做了CT，大夫说她得的就是肺气肿，没有任何她所想象的肿瘤等病。大夫还告诉她：肺气肿虽然不能根治，却也不可怕。保持乐观的生活态度，重要的是要补充营养，提高自身免疫力，避免感冒。大夫的一席话胜似灵丹妙药，在回家的路上，胡阿姨喃喃自语：“这我就没啥好怕的了。”当天下午，她理了头发还跟朋友出门去散步。尽管呼吸声仍然很重，但心态好了，也没有之前那般呼吸沉重。现在，胡阿姨每天早晚仍坚持锻炼，邻居们都惊叹她的变化，说她活得更乐观了。

案例2

闻军最近很焦虑，他65岁的母亲胃病比较严重，治疗了一段时间没有明显效果，老太太因此有些悲观。吃不好、睡不好，老太太精神状况一天不如一天，闻军夫妻俩劝她，要保持心情开朗，因为胃病和心情有很大关系，情绪不好往往会使胃病加重。可老太太听不进去，反复唠叨，自己肯定是得了胃癌，死亡的威胁日趋严重，整天提心吊胆，惶惶不可终日，总是觉得死神在向自己招手。老太太还不断跟老伴说，自己这辈子都没享什么福，现在条件好了，身体却成了这样，说着说着就哭起来。

患病老年人如果出现了上述心态，不仅对治病无益，往往还会造成严重的心理负担从而加重病情的发展，使病体更难康复。因此，老年人在患病时一定要注意调整心态，排除消极的心理情绪，积极配合医生进行治疗。什么是老年人在面对疾病时的正确态度呢？首先，老年人应该正确地认识疾病。疾病是一种痛苦，人人都想远离疾病。然而，疾病在许多时候更是一种信号，提示我们自己的生活方式、生活习惯存在某种问题，提示机体衰老将至，需要休养生息。在这层意义上说，疾病对我们是有所帮助的。俗话说："人吃五谷，哪能无病。"人到老年，机体逐渐老化，容易生病，本就是一件自然而然的事情，大可不必惊慌失措。每个老年人应该对疾病的到来有着充分的思想准备，既不要担惊受怕忧心忡忡，也不要不把疾病当回事，耽误治疗。

其次，在面对疾病的时候，老年人要有一种"既来之则安之"的心态。疾病一旦发生就会带来痛苦，降低我们的生活质量，消耗金钱，甚至威胁生命，因此它让我们沮丧、不安甚至恐惧，这是一种正常的反应，对疾病的恐惧是人类自觉进行保健的动力之一。但是，我们不能仅仅沮丧、不安和恐惧，我们对待疾病应该有一个正确的态度。没有人想要生病，但是疾病来了我们也没有办法，有了疾病就要配合医疗人员积极治疗，而不要将时间浪费在消极悲观上。老年人要知道，疾病是可以预防的。大多数疾病可以通过适当的保健方式进行预防，预防疾病是一个终生的行为，预防第一，治疗第二。疾病是可以治疗的。随着医学水平的不断提高，很多疾病可以治愈，一些不能完全治愈的也可以通过积极治疗缓解病情、减轻痛苦、提高生存质量或者延长生存期等，对一些严重的疾病灰心绝望、拒绝治疗是不恰当的。疾病有一个发生发展的过程，及早治疗可以及时终止疾病的深入发展，最大限度地减少对身体器官和功能的损害，更容易恢复健康。患病老人切忌有病乱投医。治病要科学合理，要有系统性，千万不可以跟着医疗广告走，那样很可能费力、费时、费钱却得不到疗效，甚至耽误治疗。病既然已经生了，过多的担心、恐惧只能对康复带来负面的影响，因此既来之则安之，以平常心视之，把心放宽些，扔掉心理包袱，积极治疗，是对待疾病的最佳心态。

老年人可以通过尝试一些心理疗法例如放松疗法、心理镇痛法来进行自我调节。放松疗法的原理是，一个人的心情反应包含"情绪"与"躯体"两部分。假如能改变"躯体"的反应，"情绪"也会随着改变。至于躯体的反应，除了受自主神经系统控制的"内脏内分泌"系统的反应，不宜随意操纵和控制外，受随意神经系统控制的"随意肌肉"反应，则可由人们的意念来操纵。也就是说，经由人的意识可以把"随意肌肉"控制下来，再间接地把"情绪"松弛下来，建立轻松的心情

状态。基于这一原理,“放松疗法”就是通过意识控制使肌肉放松,同时间接地松弛紧张情绪,从而达到心理轻松的状态,有利于身心健康。放松训练具有良好的抗应激效果。在进入放松状态时,交感神经活动功能降低,表现为全身骨骼肌张力下降即肌肉放松,呼吸频率和心率减慢,血压下降,并有四肢温暖,头脑清醒,心情轻松愉快,全身舒适的感觉。同时,加强了副交感神经系统的活动功能,促进合成代谢及有关激素的分泌。经过放松训练,通过神经、内分泌及自主神经系统功能的调节,可影响机体各方面的功能,从而达到增进心身健康和防病治病的目的。

可在家进行的放松疗法步骤:

(1) 练习者以舒适的姿势靠在沙发或躺椅上。

(2) 闭目。

(3) 将注意力集中到头部,咬紧牙关,使两边面颊感到很紧,然后再将牙关松开,咬牙的肌肉就会产生松弛感,逐次一一将头部各肌肉都放松下来。

(4) 把注意力转移到颈部,先尽量使脖子的肌肉弄得很紧张,感到酸、痛、紧,然后把脖子的肌肉全部放松,觉得轻松为度。

(5) 将注意力集中到两手上,用力紧握,直至手发麻、酸痛时止,然后两手开始逐渐松开,放置到自己觉得舒服的位置,并保持松软状态。

(6) 把注意力指向胸部,开始深吸气,憋一两分钟,缓缓把气吐出来;再吸气,反复几次,让胸部感觉松畅。

这样,依此类推,将注意力集中肩部、腹部、腿部,逐次放松。最终,全身松弛处于轻松状态,保持一两分钟。按照此法学会如何使全身肌肉都放松,并记住放松程序。每日照此操作2遍,持之以恒,必会使心情及身体获得轻松,睡前做一遍则有利于入眠。

现代医学认为,疼痛是一种心理状态,痛的感受与心理影响变化关系很大。有人曾对200名男女进行痛觉研究,当研究对象受到痛的刺激时,只要自己心里想“我不感到痛”,感觉便减轻7%～20%;让他们看电影时,痛觉便减轻12%;看有趣的电影时,痛觉减轻27%～29%。这项研究表明,用心理镇痛的方法来减轻或消除疼痛完全可以实现。心理镇痛方法简单。可以依靠患者的自我鼓励,也可以通过语言交流,相互鼓励,或者借助音乐、香味、图画、文字等物理、化学刺激和语言信号系统,也有采用一种叫“生物反馈仪”的电子仪器来达到止痛目的。必要时,还可借助安慰剂,其止痛效果有时竟超过麻醉药。

4. 摆脱老化情绪

当今世界，科学技术高速发展，促进了人类物质文化生活水平的不断提高，使人类平均预期寿命日趋延长。预计全球人口老龄化的高峰将诞生21世纪，因此，如何实现健康的老龄化，便成了人们的头等大事。健康的老龄化就是指进入老龄化社会时，大多数的老年人都保持着良好的身心状态。联合国国际劳工组织1993年的一份报告指出："压抑已成为20世纪最重要的健康问题之一。"美国学者最近研究发现，人类65%～90%的疾病都与心理上的压抑感有关。联合国国际劳工组织曾在一份报告中指出："压抑已成为20世纪最重要的健康问题之一。"对老年人而言，老化情绪是形成心理压抑的一个重要方面。因此，90年代以来，摆脱老化情绪，促进心理健康的活动在世界各国广泛发展起来，千百万群众通过慢跑于大街小巷，练拳于公园河边，或选食低脂食品的健身方式，重视心理和情绪健康的心理健康活动已经悄然兴起。

老化情绪是老年人对各种事物变化的一种特殊的精神神经反应，这种反应因人而异，表现复杂多变，严重干扰和损害老年人的生理功能、防病能力，影响神经、免疫、内分泌及其他各系统的功能，从而加速衰老和老年性疾病的发生和发展。现代老年医学研究证实，影响老年人心理健康的因素大致有三个方面。

（1）衰老和疾病：病人到60岁以后，体力和精力都会逐步下降，从而引起一系列生理和心理上的退行性变化。这种正常的衰老变化使老年人难免有"力不从心"的感受，并且带来一些身体不适和痛苦。尤其是高龄老人（指80以上的老年人），甚至担心"死亡将至"而胡乱求医用药。在衰老的基础上若再加上疾病，有些老年人就会产生忧愁、恐惧心理。当然，不同心理状态的老年人，对待衰老和疾病的态度迥然不同。

（2）精神创伤：有调查表明，精神创伤对老年人的生活质量、健康水平和疾病的疗效有重要的影响，有些老年人因此陷入痛苦和悲伤之中不能自拔，久而久之必将有损健康。

（3）环境变化：最多见的是周围环境或生活环境的突然变化，以及社会和家庭人际关系的影响，老年人对此往往不易适应，从而加速了衰老进程。

此外，文化程度、过度疲劳、营养缺乏、经济欠佳、孤独空虚、死亡临近等引起的老化情绪，对老年人的心理健康也有一定的影响。因此，充分消除有害的心理因素，培养积极的情绪是实现健康老龄化的重要途径之一。

情绪是一个人在物质文明与精神文明的体现，是心理活动的动力。长期以来，我国就有"人逢喜事精神爽""笑一笑，十年少""愁一愁，白了头"等民间谚语，说明保持积极的情绪有助于健康长寿。唐代著名诗人杜甫诗云“落日心犹壮，秋风病欲苏”，其意是指人老了，只要有雄心壮志，又好像回到朝气蓬勃的青壮年时代。老年人要做到人老心不老，对生活保持热情和兴趣，避免自己被老化情绪所困扰。

老年人怎样才能保持良好的身心状态呢，消除老化情绪呢？首先要用积极健康的心理对待变老这件事情，谨防恐老症。我们身边肯定会有这么一些人，有的人一见脸上有了皱纹便生“老将至矣”的感叹；有的人一见头上有了白发，便吃惊不小，顿生伤感。有的人50岁左右，就徒然觉得“老了”，年轻时的兴趣和爱好逐渐淡漠了，社交活动减少，不想参加集体活动；有的人不想做艰苦的拼搏和探索，没有了进取精神；有的人则把业余时间全消耗在搓麻将、打扑克或看电视、玩电子游戏上；还有的人过早地把一切“希望”都寄托在下一代，对自己完全丧失了信心。这些人的一个共同心态就是觉得人老了，这辈子没指望了，把自己列入老年人队伍里，使自己的生活黯淡无光，精神世界变得空虚与恐惧，加速了生理上的衰老。这种老化情绪如果不及时加以控制，无疑是自我折磨，磨损了意志，磨蚀了肌体，也磨掉了自强能力。

其次，老年人可以去学习新东西，防止安于现状，努力防止退化和灰心，要积极努力，拼搏向上，始终保持明快的心理和开朗的性格。有一些人被老化情绪困扰是由于对死亡的恐惧，人上了年纪，难免会想到死。尤其看到周围的老伙伴纷纷离开人世，难免唏嘘感叹。其实，老年人应该认识到，死亡是每个人的必然归宿，何不妨将对死亡的恐惧抛在脑后，踏踏实实过好每一天。老年人应该认识到，人生其实并不是太长，我们也许不能把握它的长短，但是要尽力提高它的质量。当死亡真正来临的时候，每个人都应该安然地、理智地、毫无惧色地接受它，随它奔向遥远的地方。

“莫道桑榆晚，为霞尚满天”。步入老年，并不意味着生活的结束，而是新生活的起点。老年医学研究、成果表明，人类的健康和寿命受到多种因素联合作用的影响，要实现健康长寿，必须因人而异，采取综合性措施。

5. 起居调理

起居是老年养生的一个重要方面，起居调理对老年人强身延年有着十分重要的作用。古代的养生学就对起居有过这样的描述，春夏宜养阳，秋冬宜养阴。因此，春季应“夜卧早起，广步于庭，被发缓形，以使志生”；夏季应“夜卧早起，无厌于日，使志无怒，使华成秀”；秋季应“早卧早起，与鸡俱兴，使志安宁，以缓秋刑”；冬季应“早卧晚起，必待日光，使志若伏若匿，若有私意，若有所得”。

在现实生活中我们看到了这种情况：有些老年人在退、离休前，身体很好很少得病，而在退、离休之后不久，却感体质下降，甚则病魔缠身，其中一个重要原因是不懂得起居有常的重要性。生活起居随意化，晚睡晚起，四体不勤，不事劳作，以为这样是享清福，而实际上后患无穷，只会加速衰老的到来。一般来说，人到老年后高血压、冠心病、脑血管意外、神经衰弱、心律失常、肺癌、气管炎、胃溃疡、胃炎、糖尿病、便秘等患病率增加，其中相当一部分与起居失调有一定关系。可见，要想少生病，身体健康，就必须做到起居有常。讲究起居调理养生，方能健康长寿。做到：

(1) 生活规律，睡眠充足

在日常生活中，老年人应保持一定的节奏，合理安排一天的活动，饮食、锻炼和睡眠，这对身体恢复具有重要作用。老年人要做到定时起床、定时进餐、定期体检、定时排大便、定时运动锻炼，形成规律，养成习惯。充足的睡眠、良好的睡眠状态能够修复机体并延缓衰老。睡眠姿势各人而异，但不宜俯卧，以舒适为宜，床软硬适中，床不宜过高，枕头高低合适，软硬适中，被子软而够暖，节制性生活，起夜小心，莫受凉。充足的睡眠可提高机体免疫力，改善老年人的心态。有学者研究指出，睡眠除了可消除疲劳、产生活力外，还与提高免疫功能、增强抗病能力有着密切关系。专家观察了从凌晨3～7点不能入睡的人，检查结果发现其体内免疫细胞的活性下降了很多，如果使其补眠一整夜再进行检测，免疫活性细胞又恢复到正常范围。另外，有人把病毒注入实验小鼠体内并阻止其睡眠，结果病毒数量剧增到1 000倍。而另一组有充分睡眠的实验小鼠，注入的病毒却被机体完全清除了。这说明睡眠对提高机体免疫功能有着不可忽视的作用。此外，古人说："安寝乃人生最乐。"一夜安稳的睡眠，可以让老年人肢体宽舒，心静神定，倍感愉悦。

（2）讲究卫生，习惯良好

良好的清洁卫生习惯和生活习惯是增进身心健康和延年益寿和的重要因素。注意把好"病从口入"这一关，勤洗手、注意进餐卫生、睡前刷牙、饭后漱口、科学洗澡、勤换内衣、睡前热水洗脚、戒烟酒。

人体机能随着年龄的老化而衰退，其中骨质疏松、下肢肌力萎缩、关节活动受限等，均可导致身体平衡性、协调性和承载力下降，加之老花眼、白内障、青光眼及服用降压药、降血糖药、镇静剂等易产生视物障碍，当老人面对突发状况时很容易跌倒发生伤害事故。有资料显示，跌倒已成为导致老年人骨折、中风，甚至意外死亡的重要因素，而绝大部分事故是可以预防的。所以，上了年纪的老年人还要养成良好的生活习惯，做到一切行动都要"慢"。在活动时注意节奏，每个动作后可暂停片刻，防止眩晕和不稳定。如睡醒后，应在床上躺半分钟，然后坐起半分钟，再双腿下垂半分钟，坚持这几个"半分钟"，可有效防意外发生。

其次，子女要改善老年人的居住环境，做到"一切为老人着想"。一是老年人宜居住在楼房矮层或带电梯的房子；二是居室要宽敞明亮，走

廊、门槛或阶梯处最好设置夜间感应式照明灯；三是房间宜使用木地板或薄地毯，室内陈设宜简单；四是浴室要使用抓地力好、防滑的地砖；五是要告诫老人不要自行登高取物，避免发生意外。

(3) 看电视要节制

由于缺少陪伴，电视已经是农村老年人每天最亲密的朋友，这并不是一句玩笑话。自从电视普及以来，它就成为了人们日常生活消遣的一部分，尤其是对于社交活动急剧减少的老人来说更是如此。国内有调查显示，老人们靠电视打发时间、接触社会，甚至还可以抒发情感。有九成老人看电视很频繁，并把它排在日常娱乐方式的首位。问题是，当老人过度依赖电视的时候，电视却在无形中伤害着他们。

老年人看电视时间过长，对身体会带来不良影响。如果每天长时间看电视，容易发生老年性白内障和老年黄斑变性，对眼睛带来危害，老年人看完电视后要洗脸、做眼保健操，以清除附着在皮肤上的灰尘和变态粒子，恢复眼睛疲劳，保护视力。长时间坐着看电视会使老人动得越来越少，骨骼长时间不受力，心肺功能、肌肉得不到锻炼，容易出现腰腿酸痛、颈椎不适等症状，可能导致肥胖、骨质疏松和肌肉退化。看电视属于被动接受信息，缺乏主动参与，时间久了老人会不爱动脑子，反应也就越来越慢，记忆力减退，时间长了可能发生老年痴呆。吃完饭就坐下看电视，减少了胃肠蠕动，时间久了伤肠胃。很多电视剧5集连播，老人守在电视前一看就是几个钟头，生活规律常常被打乱，该睡午觉的时候没能睡午觉，该吃药的时候忘了吃药，这对健康十分不利。还有一些老人边看电视边睡觉，这样大脑无法进入深度睡眠，不能保证充足有效的睡眠。老年人经常看电视还容易陷入负面情绪，当今社会随着家庭纠纷类节目增加，婆媳大战、财产纠纷、子女不赡养老人等内容也不少，很多老年人看这类节目时会对号入座，看后郁闷、生气，甚至会长时间被负面消极情绪包围，认为每个家庭都是如此，自己家庭中的问题也很难解决，最终放弃改变，对生活丧失热情，更加恐惧死亡，产生焦虑与不安。

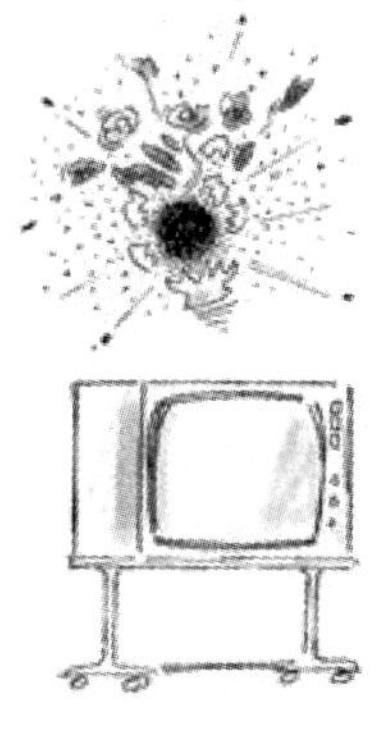

老年人要健康看电视

（1）不要饭后马上看电视

饭后人体内的血液都集中到消化器官，马上看电视脑部就会分去大量的血液，抑制消化腺的分泌功能，妨碍肠胃的正常工作，引起消化不良。大脑内的血液供应量也不足，会引起脑部缺氧。

（2）不要长时间固定姿势看电视

老年人本来就容易肢体肌肉僵硬，如果长时间以一种姿势久坐不动，易造成颈椎发僵，肢体麻木。还可加重血管、神经已有的退行性病变。

（3）不要看过于刺激的电视节目

老年人一般患有一些老年性疾病，如高血压、冠心病、糖尿病等。如果经常看一些大悲大喜的电视节目，易导致病情加重。因为过度悲喜会使体内的激素水平突然变化，轻者可以使心跳加快、血压升高，重者引发脑血管破裂而中风，有心脏病的人还会因心脏缺血出现心绞痛甚至心肌梗死。

（4）坐硬靠椅看电视

老年人由于颈椎、腰椎及腰肌本已有不同程度的退变或萎缩，协调、代偿功能差，经不起长时间看电视时屈颈、弓背、弯腰等不良体位的折磨，易引发颈椎病、腰椎骨关节炎或腰突症，导致电视性颈腰综合征。因此，老人最好坐在八仙椅这种硬质有靠背的椅子上看电视。

（5）看电视每次两小时左右

为了避免看电视伤害，每次看电视以 2 小时左右为宜，最多不要超过 3 小时。每看 1 小时节目后，应站起来活动 10 分钟。每天别超过 4 小时。

（6）看电视的整个过程中要调整身体姿势

有不适即调节，别窝着不动，如抬抬头、伸伸臂、挺挺腰、挪挪腿，以缓解固定颈腰姿势造成的疲劳。

老年人的起居调理可根据季节的不同进行转变。

春天的时候，人的气血从里面往外走，整个自然界也是处在万物生发的时候。《黄帝内经》讲了，在这个季节里，一定要记住，要“夜卧早起，广步于庭。”夜卧就是天黑了以后，你就应该睡觉了；早起，就是早上早点起来。这是因为春天体内的气血往外走，我们晚上早一点睡的话，有助于阴气的避藏，有利于气血恢复。“广步于庭”就是告诉我们经常到外面去散散步，感受一下大自然万物生发的气息，很自然地和自然界构成一种和谐的状态。有的老人一到春天，一困一乏就没完没了地老睡觉，这肯定是不行的。在情志上，因为春天是一个生发的季节，人的情志也应该是积极生发的。中医说五脏里面，肝在季为春，也就是说肝在春季对人体起到非常重要的作用。为什么这么说呢？因为肝有抒发的作用，它调节气机，可以让你气血往外走。“肝喜调达，而恶抑郁。”说的就是肝希望你非常高兴、非常愉快，所以老年人要记住，春天的时候一定不要郁闷，因为在春天你一郁闷，肝气就要受影响了，气血就不能够顺畅地生发。所以春天的时候，最好每天都高高兴兴的，别郁闷。这是非常重要的养生法则，因为自然界万物都在生发，你天天见谁谁不高兴，你自己就把自己变成了一种郁闷的状态，就和这个时令不能够和谐在一起了。

夏天的时候，人容易心情烦躁，动不动就发脾气。这是因为夏天气血都到外面来了，里面的气血都相对不足，所以遇见点事就容易生气发火。因此，老年人一定要记住，夏天要忌怒，别发脾气，或者尽量少发脾气。夏天的时候，本来你的气血都在外面了，你再一发脾气，血压就上来了，心哪里还能健康？忌怒就会避免这样的情况发生。那么，老年人夏天应该怎样调理自己的起居生活呢？夏天的时候要“晚卧早起，无厌于日”，说的就是夏天的时候，可以晚点睡，晚点睡早点起，可以睡得少一点，哪怕你中午再补点觉都可以。但是，这里说的晚不是无限度的晚。

到了秋天的时候，老年人健康的起居生活养生总结起来就是要“早卧早起，与鸡俱兴”。大家都知道，鸡是夜盲症，它一到黑天就奔鸡窝走了，“与鸡俱兴”就是说秋天的时候的生活规律要跟着鸡走，鸡只要是进窝了，你就睡觉，鸡出来了你就起来，与鸡俱兴。这时候，气血正好是从外面向里面收的时候，大家知道，白天人的阳气都在外面，晚上阳气归于内了，那么如果老年人能够按照与鸡俱兴这样早卧早起的话，那么气血就符合这个往里已逐渐储藏的这么一种状态。另外，秋天的时候，既有非常美的景色，也容易一种悲哀的情绪，由于万物都凋零了，很容易产生悲秋的情绪。但秋天忌的是悲，别老伤感，中医说的“肺”和这个悲之间是相关的，这时候自己一定要注意，过悲就会伤肺。

到冬天的时候，老年人要“早卧晚起，必待日光”，就是等太阳出来了，再起来最好。现在有很多老年人，大冬天5点多钟不到6点就出去锻炼，这种锻炼并不科学。冒着雾露风雪去锻炼不符合中医养生的规律。

日常起居中最忌的六件事

（1）清晨忌吸烟

人苏醒时新陈代谢尚未恢复到正常水平，呼吸的频率较慢，体内积滞的二氧化碳较多，这时吸烟会使支气管因抽烟的刺激而导痉挛收缩，使二氧化碳的排出受阻，从而产生气闷、头晕、乏力等症状。

（2）空腹忌喝牛奶

牛奶中的蛋白质经过胃与小肠消化成氨基酸才能在小肠被吸收，而空腹喝牛奶时胃排空很快，蛋白质还不及被吸收即排到大肠，不但造成营养的浪费，而且蛋白质还会在大肠内形成有毒物质。

（3）如厕看报

大便是人的神经低级和高级中枢共同参与的活动，许多人习惯于拿上一份报纸或一本书，一蹲就是小半天。如厕看书报不但会使排便意识受到抑制。失去了直肠对粪便刺激的敏感性，久而久之会引起便秘。

（4）室内忌养飞鸟

鸟粪中带有鹦鹉病毒、岛型结核杆菌等细菌，鸟粪被鸟踏碎以后，病毒与病菌便飞扬在空气中，这对室内的身体健康很不利。若人体长时间吸入，会诱发呼吸道黏膜充血、咳嗽、痰多、发烧等症状，严重者还会出现肺炎与休克。

（5）洗澡时间忌过长

洗澡时，热水产生出大量的水蒸气，附在水中的有毒物质如三氯乙烯、三氯甲烷等分别被蒸发 80%和 50%以上。有些有毒物质随蒸气被身体部分吸收，进入血液循环系统，危害很大。而且，在较热的水中洗澡时间过久。对心脏也不利。

（6）睡觉窗户忌紧闭

人入睡后，每分钟要吸入 300 毫升氧气呼出 250 毫升二氧化碳，如果门窗紧闭，密不透风，不消 3 小时，室内二氧化碳量就会增加 3 倍以上，细菌、尘埃等有害物质也会成倍增长。因此，睡觉时应留些窗缝，以便让室外新鲜空气不断流入，室内二氧化碳及时排出。

6. 不生闷气

俗话说“笑一笑，十年少”，大凡长寿之人都是心态平和、爱笑的人。成天苦瓜脸，没事儿就生气的人很难有幸福的晚年生活。生闷气是一种十分不好的生活习惯。生闷气，并不都是因为生活中遇到不幸事件、不如意事情，更多时候是人的主观内在素质的弱点造成的。尤其是性格内向的人最爱生闷气，遇到不顺心的事常常郁积于心，不肯向人吐露，陷于焦虑、苦闷之中而不能自拔。过于注意自我，为个人利益患得患失，也会导致爱生闷气。想得到的利益而没得到时，有“患失之忧”，得到了又产生“患得之忧”。总之，得也忧，失也忧；进也忧，退也优；一天到晚忧心忡忡。

生闷气，尤其是老年人生闷气会有哪些危害呢？（1）首先便是伤脑。生气时，大脑思维往往会突破常规，做出一些鲁莽或过激的举动，生气会对大脑中枢形成恶劣刺激，气血上冲，容易引发脑出血等危险。（2）伤神。人在生气的状态下，心情激动，难以平复，这样就会严重影响睡眠，致使神志恍惚，无精打采。（3）伤肤。经常生气的人往往颜面憔悴、双眼水肿、皱纹多生。（4）伤内分泌。生气还会引起甲状腺功能亢进，容易导致内分泌失调。（5）伤心。所谓急火攻心。生气时心跳加快，伴随着会出现心慌、胸闷等异常状况，甚至诱发心绞痛或心肌梗死。（6）伤肺。人在生气时，呼吸急促，容易导致气逆、肺胀、气喘、咳嗽等，从而危害肺的健康。（7）伤肝。“肝火”一词很能说明肝脏与不良情绪的紧密关系。人处于生气状态时，可致肝气不畅、肝胆不和、肝部疼痛。（8）伤肾。经常生气，还会危害肾脏。可导致肾气不畅，闭尿或尿失禁等状况。（9）伤胃。人们在生气的时候经常会说“唉，气得我饭都吃不下了”，经常这个样子，必然会导致胃肠消化功能紊乱。

科学试验告诉我们，人的感情无论怎样压抑，最终都要通过各种途径宣泄出去。因此，老年人在发觉自己正在生闷气的时候，要想办法解决。

首先应找出使自己生闷气的原因：是什么事使我这样？为什么它会使我这样？尽量用客观的态度来分析这件事，它是客观存在的，它影响了我们的情绪。而情绪不一定是这件事本身引起的，有可能是自己的思路，也即思考问题的方式、对事件的看法引起的。如果老年人实在气愤难平，影响到身心健康，建议去找自己最信任的朋友聊聊或是找心理咨询师谈谈，倾诉内心的苦闷，也许会让心情得到放松。另外，做一些放松运动，如瑜伽、太极，或者去参加一些自己喜爱的运动，到户外去呼吸呼吸新鲜空气，把心里的事扔到一边，也对心情的放松有帮助。

扩展心胸，扩大社交范围，充实知识，善于调试，不要自寻烦恼，转移心理活动方向，这些都是老年人可以学习尝试的消除爱生闷气的毛病的方法。

7. 经常散步

南朝刘孝威在《奉和六月壬午应令诗》中写道："神心重丘壑，散步怀渔樵。"唐韦应物《秋夜寄丘二十二员外》诗云："怀君属秋夜，散步咏凉天。"宋宇文虚中《和高子文秋兴》之一："散步双扶老，栖身一养和。"魏巍《东方》第五部第十章："周仆在一边悠闲地散步。"散步最早源自魏晋南北朝时期名士服用五石散后的药物反应，五石散据说由紫石英，白石英，赤石英，钟乳石，硫磺等矿物配置而成，具有较强毒性，五石散服下后身体发热，药性发作时必须行走散发，因此有行散，行药的说法，后五石散虽然逐渐退出历史舞台，但行散的方式还是保留下来，并演化为今天所说的散步。

散步对骨质疏松症、颈腰椎病、肥胖症、高血糖、高血脂、高血压、冠心病、动脉硬化、中风后遗症、神经衰弱、抑郁症、便秘、免疫力低下等疾病，有着辅助治疗的作用。散步与"生命振荡说""天人合一""有氧运动"等科学理论有着不解之缘。在现实社会中，散步是最简单的、最经济的、最有效的，最适合人类防治疾病、健身养生的好方法，也是最为人们熟知的运动方式。然而，正是为熟知，人们对散步在养生、预防、治疗、康复等方面的作用并没有充分重视。长期以来人们只是更多地把它当成茶余饭后休闲的一种随意活动。随着社会的发展，散步在医学领域中的重要价值正越来越受到人们的普遍关注。每年的9月29日是"世界散步日"。在这一天，全世界各个不同国家的千百万追求健康的人们都会涌上街头，用散步大巡游来庆贺这个节日。

散步非常适合老年人，健康是最大的财富，散步能增强体质，平衡心态，防治疾病，散步是一项最常见的体育运动，既安全又易行。对于老年人来说，散步是最理想、最方便的有氧运动。如果老年人能让散步成为一种习惯，它将大大地改善老年人的健康。但是散步不当也会起到反作用。

在慢跑过程中，脚在每次着地时所承受的重量是体重的3～4倍；而在散步的过程中，由于总有一只脚接触地面，因此，脚承受的重量只有体重的1～

1.5倍。随着年龄的增长，经常跑步的人会受到越来越多的膝伤、踝伤和背伤的困扰，而散步给人体关节和骨骼带来的负担则要轻很多。散步有助于增强心脏和肌肉的力量、降低胆固醇、降低高血压，并有助于治疗糖尿病；能够改善睡眠；增强人的活力和耐力，以及人的整体力量的灵活性和平衡性；能增强骨质，降低患骨质疏松症的可能性；饭后散步有助于缓解轻度的消化不良症等。

其实散步也是有讲究的，膝关节是分泌滑液的，随着年纪越来越大，老年人所产生的滑液较少，从而导致膝关节变脆。有骨质增生的老年人特别要注意，锻炼时蹲起动作不要过量，也不是做得越多越好。散步时要穿一双舒适的鞋子，还要选择有阳光的天气散步，早晨不要过早，等太阳出来后再去散步，并且在散步前后各喝1杯水，避免脱水；在散步期间或散步后进行伸展运动，会有锦上添花的锻炼效果；避免剧烈的运动，时间不要过长，老年人一般的散步时间在40分钟内最合适。科学的散步有益健康，不科学的散步则可能带来伤害。因此，老人散步应注意以下几点：

（1）从较小的强度开始，循序渐进；

（2）尽量不要在坡地散步，这对保护膝关节有利；

（3）不要背着手散步。背着手散步不能充分活动身体各部位，也不利于身体放松，不能达到最好的运动效果。如果遇上有石子及坑洼路面，背手走路不能迅速平衡身体，很容易摔倒。因此，散步时要保持正确的姿势，挺胸、抬头、摆臂，有利于全身运动和身体协调。

除此之外，老年人散步时还要注意：

（1）由于人体在运动时，需氧量高，所以散步地点最好选择在空气清新、有草有木的地方；

（2）散步的时候，千万不要到没有人的地方去，万一有什么事情发生，至少可以得到帮助；

（3）老人最好随身带一个牌子，写上自己的姓名、年龄、联系电话及有何疾病等信息。一旦出现意外情况，可以在第一时间得到抢救。

对于一些有着慢性病和体质虚弱的老年人来说，散步更应该有“讲究”。患慢性病和体质虚弱的老年人在散步时，最重要的是掌握好平衡。老人随着年纪增大，各种慢性疾病也会增加。这种情况下，老年人无论是在大脑的反应能力、肌肉和骨骼的支撑能力，还是在身体的协调能力等方面，都会变得迟缓。一旦失去平衡，很容易摔倒。所以，为了保持身体平衡，体弱的老人在散步时最好拄个拐杖，拐杖的高度要与手的位置相符，拐杖的底部和把手都要防滑。此外，不同类型的老年人，散步的姿势也有所不同。

体质虚弱的老年人散步时，应适当将两只手臂甩开，步伐迈大些，散步的速度最好由慢到快，这样可以尽量将全身活动开，使全身各器官都能参与到运动中，有效地促进体内的新陈代谢。一般每天散步 1～2 次，每次 1 小时左右。

肥胖的老年人散步时，可适当将散步的时间、距离拉长，并将运动量加大些。最好坚持每天散步 2 次，每次一个半小时。散步时可适当走快些，使体内多余的脂肪得到充分燃烧，从而达到减轻体重的目的。

患有高血压的老年人散步时，可尽量使脚掌着地、胸脯挺起，不要过分弯腰驼背，以免压迫胸部，影响心脏的正常功能。步伐应以中慢速为宜，不要太快，否则容易使血压升高。最好不要在早上散步，而应选择晚饭后。因为一般来说，早晨人体血压最高，傍晚相对稳定。

患有冠心病的老年人散步时，最好慢速行走，以免心律失常，诱发心绞痛。散步最好在餐后半小时到一小时后，每天两三次，每次半小时。

患有糖尿病的老年人散步时，要特别注意先吃点东西，不能饿着肚子，否则很容易使大脑供血不足，出现低血糖，严重时还会因头晕导致摔跤。餐后散步时，步幅可以适当加大，挺起胸脯，甩开手臂，每次散步以半小时到一小时为宜。

由于每个人的心肺功能不一样，所以散步时要量力而行。根据各自身体的承受能力，加快或减慢行走速度。一旦出现胸闷、心慌、头晕等情况，就应该停下来歇一歇。

下面介绍几种适合不同老年人的散步法。

（1）普通散步法

速度以每分钟 60～90 步为宜，每次 20～30 分钟。适合患冠心病、高血压、脑出血后遗症、呼吸系统疾病的老年人。

（2）逍遥散步法

老年人饭后缓步徐行，每次 5～10 分钟，可舒筋骨、平血气，有益于调节情绪、醒脑养神、增强记忆力。

（3）快速散步法

散步时昂首挺胸、阔步向前，每分钟走 90～120 步，每次 30～40 分钟。适合慢性关节炎、胃肠道疾病恢复期的老年患者。

（4）定量散步法

即按照特定的线路、速度和时间，走完规定的路程。散步时，以平坦路面和爬坡攀高交替进行，做到快慢结合。对锻炼老年人的心肺功能大有益处。

（5）摆臂散步法

散步时，两臂随步伐节奏做较大幅度摆动，每分钟 60～90 步。可增强骨关节和胸腔功能，防治肩周炎、肺气肿、胸闷及老年慢性支气管炎。

（6）摩腹散步法

散步时，两手掌旋转按摩腹部，每走一步按摩一周，正反方向交替进行。每分钟 40～60 步，每次 5～10 分钟。适合患慢性胃肠疾病、肾病的老年人。

（7）倒退散步法

散步时双手叉腰，两膝挺直。先向后退、再向前走各 100 步，如此反复多遍，以不觉疲劳为宜。可防治老年人腰腿痛、胃肠功能紊乱等症。

身体适当运动对老年人的健康好处多多。在预防治疗疾病的过程中都能发挥积极的作用，也是促使老年人长寿的重要途径之一。坚持锻炼，适当运动，可增进老年人的生理和心理健康，达到防病祛病的目的。

8. 宽容忍让

据有关资料统计，近年来，因人际关系矛盾激化，情绪偏激，不能容忍，而致恶性行凶者，占全部凶杀的 60%。有理由认为，人们如果变得冷静了、明智了、宽容了，世间就不会发生太多的悲剧，不会出现太多的恐怖。“和为贵，忍为高”。聪明的人懂得退让，因为忍耐能带来幸福。很多时候，两强相遇，狭路相逢，双方如果能够明智地各退一步，那么，大家都有条生路。“小不忍，致大灾”；“忍一时之气，免百日之忧”。古往今来，人世间多少憾事、多少不幸、多少悲剧、多少恐怖都是因为人与人之间争强斗逞，不能相互宽容而发生。什么是宽容？法国 19 世纪的文学大师雨果曾说过这样一句话：“世界上最宽阔的是海洋，比海洋宽阔的是天空，比天空更宽阔的是人的胸怀。”宽容是一种博大，它能包容人世间的喜怒哀乐；宽容是一种境界，它能使人生跃上新的台阶。对于老年人来说，宽容是一种洞察。世界由矛盾组成，任何人或事情不会尽善尽美。无论是“患难之交”“亲朋好友”，还是“金玉良缘”“模范丈夫”，都是相对而言。他们的矛盾、苦恼常被掩饰在成功的光环下，而掩盖的工具恰恰是宽容。不必羡慕人家，不要苛求自己，常用宽容的眼光看世界，事业、家庭和友谊才能稳固和长久。宽容更是忍耐。老年人在生活中也会遇到种种不快乐之事，别人的批评和误解，过多的争辩和“反击”实不足取，唯有冷静、忍耐、谅解最重要。相信这句名言：“宽容是在荆棘丛中长出来的谷粒。”能退一步，天地自然宽。宽容也是忘却。人人都有痛苦，都有伤疤，动辄去揭，便添新创，旧痕新伤难愈合。学会忘却，生活才有阳光，才有欢乐。宽容更是一种潇洒。“处处绿杨堪系马，家家有路到长安。”宽厚待人，容纳非议，是家庭幸福美满之道。事事斤斤计较、患得患失，活得也累，难得人世走一遭，潇洒最重要。

宽容忍让的小故事

(1) 宰相肚里能撑船

三国时期的蜀国,在诸葛亮去世后任用蒋琬主持朝政。他的属下有个叫杨戏的,性格孤僻,讷于言语。蒋琬与他说话,他也是只应不答。有人看不惯,在蒋琬面前嘀咕说:“杨戏这人对您如此怠慢,太不像话了!”蒋琬坦然一笑,说:“人嘛,都有各自的脾气秉性。让杨戏当面说赞扬我的话,那可不是他的本性;让他当着众人的面说我的不是,他会觉得我下不来台。所以,他只好不做声了。其实,这正是他为人的可贵之处。”后来,有人赞蒋琬“宰相肚里能撑船”。

(2) 总理轶事

有一次,理发师正在给周总理刮胡须时,总理突然咳嗽了一声,刀子立即把脸给刮破了。理发师十分紧张,不知所措,但令他惊讶的是,周总理并没有责怪他,反而和蔼地对他说:“这并不怪你,我咳嗽前没有向你打招呼,你怎么知道我要动呢?”

(3) 负荆请罪

蔺相如因为“完璧归赵”有功而被封为上卿,位在廉颇之上。廉颇很不服气,扬言要当面羞辱蔺相如。蔺相如得知后,尽量回避、容让,不与廉颇发生冲突。蔺相如的门客以为他畏惧廉颇,然而蔺相如说:“秦国不敢侵略我们赵国,是因为有我和廉将军。我对廉将军容忍、退让,是把国家的危难放在前面,把个人的私仇放在后面啊!”这话被廉颇听到,就有了廉颇“负荆请罪”的故事。

(4) 仁义胡同

明朝年间,山东济阳人董笃行在京城做官。一天,他接到家信,说家里盖房为地基而与邻居发生争吵,希望他能借权望来出面解决此事。董笃行看后马上修书一封,道:“千里捎书只为墙,不禁使我笑断肠;你仁我义结近邻,让出两尺又何妨。”家人读后,觉得董笃行有道理,便主动在建房时让出几尺。而邻居见董家如此,也有所感悟,同样效法。结果两家共让出八尺宽的地方,房子盖成后,就有了一条胡同,世称“仁义胡同”。

一位老妈妈在他50周年金婚纪念日那天,向来宾道出了她保持婚姻幸福的秘诀。她说:“从我结婚那天起,我就准备列出丈夫的10条缺点,为了我们婚姻的幸福,我向自己承诺,每当他犯了这10条错误中的任何一项的时候,我都愿意原谅他。”有人问，那10条缺点到底是什么呢？她回答说：“老实告诉你们吧，50年来，我始终没有把这10条缺点具体地列出来。每当我丈夫做错了事，让我气得直跳脚的时候，我马上提醒自己：算他运气好吧，他犯得我可以原谅的那10条错误当中的一个。”这个故事告诉我们：在婚姻的漫漫旅程中，不会总是艳阳高照，鲜花盛开，也同样有夏暑冬寒，风霜雪雨。面对生活中的一些小矛盾，如果能像那位老妈妈一样，学会宽容和忍让，你就会发现，幸福其实就在你的身边。在人生中，宽容实在是一种无坚不摧的力量。互相宽容的朋友一定百年同舟；互相宽容的夫妻一定千年共枕；互相宽容的世界一定和平美丽。

结 语

心理养生对老年人来说非常重要。老年人的心理养生要记住以健康为中心。健康是第一要素，拥有健康本身就是一种享受。身体不好，就会增加保持良好心态的难度，也会使得生活质量下降。此外，心理养生要做到三个忘记。忘记年龄、忘记疾病、忘记恩怨。忘记年龄就是不要总想着自己的年纪，甩掉由于年事已高而带来的心理负担。忘掉疾病就是要享受生活，即便是在患病状态下也不要失去生活的信心和热情。忘记恩怨是指老年人要宽容忍让心胸开阔。关注身体健康，关注心理养生，让每一位农村老人，都有一个幸福快乐的晚年生活。

参考文献

[1] 汪元宏编著. 中老年心理保健. 安徽:安徽大学出版社,2004 年.

[2] 陈露晓编. 老年人心理卫生与保健. 北京:中国社会出版社,2009 年.

[3] 吴明霞编. 中老年农民心理保健手册. 重庆:重庆出版社,2013 年.

[4] 陈露晓编. 老年人心理问题诊断. 北京:中国社会出版社,2009 年.

[5] 李争平,王爱莲著. 青少年心理健康测试与调适. 北京:京华出版社,2007 年.

[6] 马玉荣著. 青少年心理健康大讲堂. 北京:石油工业出版社,2007 年.

[7] 方双虎著. 农民工心理健康读本. 上海:上海财经大学出版社,2012 年.

[8] 王于庆,高云斐著. 现代农民工心理健康与心理调试. 北京:中国言实出版社,2013 年.

[9] http://www. guduzheng. com. cn/ 中国孤独症网.

[10] 林葳编著. 留守儿童心理健康常识. 内蒙古:内蒙古文化出版社,2010 年.

[11] http://xl. 99. com. cn/ 健康网.